Heidelberger Taschenbücher Band 63

Z. G. Szabó

Anorganische Chemie

Eine grundlegende Betrachtung

Mit 16 Abbildungen und 20 Tabellen

Springer-Verlag Berlin Heidelberg New York 1969

Prof. Dr. Z. G. SZABÓ
Institut für Anorganische und Analytische Chemie
der L. Eötvös Universität Budapest

ISBN-13: 978-3-540-04556-4   e-ISBN-13: 978-3-642-85623-5
DOI: 10.1007/978-3-642-85623-5

Das Werk ist urheberrechtlich geschützt. Die dadurch begründeten Rechte, insbesondere die der Übersetzung, des Nachdruckes, der Entnahme von Abbildungen, der Funksendung, der Wiedergabe auf photomechanischem oder ähnlichem Wege und der Speicherung in Datenverarbeitungsanlagen bleiben, auch bei nur auszugsweiser Verwertung, vorbehalten.
Bei Vervielfältigungen für gewerbliche Zwecke ist gemäß § 54 UrhG eine Vergütung an den Verlag zu zahlen, deren Höhe mit dem Verlag zu vereinbaren ist.
© by Springer-Verlag Berlin · Heidelberg 1969. Library of Congress Catalog Card Number 76-94159.
Die Wiedergabe von Gebrauchsnamen, Handelsnamen, Warenbezeichnungen usw. in diesem Werk berechtigt auch ohne besondere Kennzeichnung nicht zu der Annahme, daß solche Namen im Sinne der Warenzeichen- und Markenschutz-Gesetzgebung als frei zu betrachten wären und daher von jedermann benutzt werden dürften.
Titel-Nr. 7591

Vorwort

Der Unterricht der Chemie und so auch der Unterricht der anorganischen Chemie sieht die Anschaffung von Materialkenntnissen vor. Die Studenten müssen also ihrem Gedächtnis notwendigerweise auch gewisse Angaben einprägen, und es besteht bloß die Frage, welche es sein sollen? Individuelle, d. h. sich nur auf einen bestimmten Stoff beziehende, oder Grundgrößen, aus denen durch Deduktion eine ganze Reihe von Fachkenntnissen abgeleitet werden kann. Das Ziel einer modernen Vorlesung über anorganische Chemie kann nur sein, eine Auswahl und Zusammenstellung jener grundlegenden Daten zu bieten, aus denen solche Deduktionen möglich sind.

In den anorganisch-chemischen Vorlesungen soll sich der Studierende anstatt der voneinander oft unabhängigen Daten den Platz der Elemente im periodischen System, woraus sich die Elektronen-Verteilung des freien Atoms unmittelbar ergibt, ferner die ungefähren Dimensionen der Atome oder wenigstens ihre Dimensionsverhältnisse und endlich die annähernden Werte der Elektronegativitäten einprägen. Damit gewinnt der Student solche Rahmen, in die er die zahlenmäßigen Feststellungen der anorganischen Chemie schon leichter, weit logischer, einordnen kann.

Heute stehen uns die allgemeinen theoretischen Grundlagen der anorganischen Chemie, welche nur teilweise physikalisch-chemisch sind, bereits zur Verfügung. Im Besitz dieser neuen Grundlagen ist es notwendig, die Vorlesung der anorganischen Chemie umzugestalten.

Diese Umgestaltung ist um so mehr nötig, als der für das Studium der anorganischen Chemie vorgesehene Zeitraum, obwohl sich die Kenntnisse unaufhörlich vermehren, nicht verlängert werden kann. Auch schon deshalb muß im Aufbau der Vorlesung bei der Auswahl des Stoffes ein radikales Prinzip zur Geltung kommen.

Der Verfasser ist Herrn Dozent Dr. M. ZIEGLER (Heidelberg) für die stilistische Bearbeitung des Manuskripts zu aufrichtigem Dank verbunden.

Budapest, Sommer 1969   Z. G. SZABÓ

Inhaltsverzeichnis

Einleitung 1

I. Allgemeine Gesetzmäßigkeiten in der anorganischen Chemie . . 3

   1. Das Periodensystem der Elemente 3
   2. Der Aufbau der Elektronenhülle 4
   3. Änderung der Eigenschaften der Elemente im Periodensystem: Die Gruppierung der Elemente 6
   4. Die Größe der Atome und Ionen 11
   5. Die Bildung von Ionen aus Atomen 12
   6. Die Stabilisierung der Elektronenhülle beim Zusammenschluß von freien Atomen. Bindungstypen 16
   7. Übergang zwischen den Bindungstypen 20
   8. Die Elektronegativität 23
   9. Bindungstypen zweiter Art 31
  10. Die durch die Bindungstypen bestimmten Eigenschaften . . . 33

II. Die charakteristischen Eigenschaften der einzelnen Elementgruppen 36

   1. Polymorphie 36
   2. Die physikalischen Eigenschaften der Elemente 38
   3. Die chemischen Eigenschaften, die Reaktionsfähigkeit der Elemente 43
   4. Energetische Beziehungen chemischer Reaktionen 45
   5. Der Wasserstoff 48
   6. Die Edelgase 52
   7. Die nichtmetallischen Elemente 54
      a) Die Halogene 56
      b) Die Sauerstoffgruppe 59
      c) Die Stickstoffgruppe 60
      d) Der Kohlenstoff 61
   8. Halbmetalle 62
   9. Die Alkali- bzw. die Erdalkalimetalle 65
  10. Metalle zweiter Art 67
  11. Übergangsmetalle 69
  12. Die seltenen Erden 72

III. Die Eigenschaften der Verbindungen 76

   1. Der strukturelle Aufbau von Verbindungen 76
   2. Die physikalischen Eigenschaften von Verbindungen. Aggregatzustand und Farbe 79

3. Die physikalischen Eigenschaften der Verbindungen. Löslichkeit 82
4. Die Stabilität von anorganischen Verbindungen und ihre Reaktionsweisen 84
5. Hydride 88
6. Halogenide 95
7. Oxide 101
    a) Basische Oxide 102
    b) Saure Oxide 104
    c) Neutrale Oxide 107
8. Hydroxide 108
9. Sulfide und andere binäre Verbindungen 113
10. Salze der Oxosäuren 116
11. Peroxiverbindungen 121
12. Komplexverbindungen 124

IV. Anorganische Oxydations-Reduktionsvorgänge 132

V. Die biologische Bedeutung der Elemente und deren Verbindungen 137

VI. Geochemisches Vorkommen und Häufigkeit der Elemente . . . 141

VII. Allgemeine Methoden zur Darstellung von Elementen und anorganischen Verbindungen 146
    1. Allgemeine Bemerkungen 146
    2. Die Darstellung der Elemente 147
    3. Verfahren zur Darstellung von Verbindungen 150

VIII. Die praktische Verwendung von Elementen und anorganischen Verbindungen 156
    1. Elemente 156
    2. Verbindungen 158

Einleitung

Die anorganische Chemie behandelt die physikalischen Eigenschaften, die Reaktionen sowie die Darstellungsweisen der Elemente und Verbindungen mit Ausnahme der Verbindungen des Kohlenstoffs, die der organischen Chemie angehören. Sie versucht Zusammenhänge zwischen diesen Daten zu erkennen, und diese auf theoretischer Grundlage zu erklären.

Die ersten chemischen Kenntnisse wurden auf dem Gebiet der anorganischen Chemie gesammelt; sie ist somit der älteste Zweig der Chemie. Die theoretische Begründung dieser Daten blieb jedoch im Vergleich zur systematischen und logischen Entwicklung der organischen oder physikalischen Chemie zurück. Dadurch kam die lexikale Eigenart der anorganischen Chemie zustande.

Im 2. Jahrzehnt dieses Jahrhunderts wurde das moderne Atommodell entwickelt, das eingehendere Kenntnisse über die Eigenschaften der Elektronen und ihre Verteilung um den Atomkern vermittelte. Darauf aufbauend hat sich vor etwa drei Jahrzehnten ein theoretischer Zweig in der anorganischen Chemie ausgebildet, die anorganische Strukturchemie. Sie beschäftigt sich mit der räumlichen Anordnung der Atome und mit der Natur der zwischen den Atomen und Molekeln wirkenden Bindungskräfte.

Wichtig für die Entwicklung in der theoretisch-anorganischen Chemie war die Erkenntnis, daß die Elektronenhülle kein starres Gebilde darstellt, sondern daß sie deformierbar ist. Damit konnte man kontinuierliche Veränderungen in den Eigenschaften erklären. Auch thermochemische Daten, die teilweise schon im vergangenen Jahrhundert bestimmt worden waren, gewannen große Bedeutung. Aus diesen konnte die Größe der zwischenatomaren Kräfte, die Bindungsstärke, ermittelt werden, die dann weiterhin Hinweise auf die Reaktionsfähigkeit ergab.

Den Aufbau der Elektronenhülle für die einzelnen Elemente werden wir noch kennenlernen. Es sollte aber jetzt schon hervorgehoben werden, daß mit Ausnahme der Edelgase ein einzelnes Atom unter Normalbedingungen nicht stabil sein kann. Es ist eine fundamentale Frage der anorganischen Chemie, wie sich die Atome der einzelnen Elemente stabilisieren, wenn gleichartige oder verschiedenartige Atome aufeinander treffen.

Da diese Stabilisierung vom Aufbau der Elektronenhülle abhängt, ist die Kenntnis des Elektronensystems der freien Atome wichtig. Die

Elektronenkonfiguration bestimmt die Eigenschaften, von denen schon seit langem bekannt ist, daß sie periodische Funktionen darstellen. Der Grund liegt darin, daß auch die Elektronenhülle periodisch aufgebaut ist. Die anorganische Chemie sollte deshalb auf dem Periodensystem der Elemente aufgebaut werden. Ein solches Periodensystem sollte die Elektronenverteilung eindeutig und klar wiedergeben. Identische Elektronenanordnungen bewirken identische Eigenschaften. Abweichende Eigenschaften werden durch sekundäre Faktoren, wie z. B. der Größe des Atoms oder des Ions bedingt. Der Einfluß dieser Faktoren wird jedoch heute schon sehr gut verstanden. Es ist deshalb in der modernen anorganischen Chemie nicht nötig, die physikalischen und chemischen Eigenschaften für jedes Element und jede Verbindung einzeln zu beschreiben. Wenn man die oben erwähnten sekundären Faktoren entsprechend berücksichtigt, kann man die Elemente und Verbindungen in größere Gruppen zusammenfassen, und sie so gemeinsam behandeln. Hat man die Zusammenhänge in der anorganischen Chemie erkannt, so ist das Einprägen der Stoffkenntnisse wesentlich einfacher und leichter, da für größere Elementgruppen bzw. Verbindungsgruppen die Änderungen parallel verlaufen.

Im Rahmen dieser Einleitung sollte man noch auf zwei wichtige Punkte hinweisen, welche das Bild der anorganischen Chemie in den letzten Jahrzehnten grundsätzlich geändert haben.

Einmal ist der Begriff des Molekulargewichtes, wie wir ihn vom Daltonschen Atommodell her für Gase, Flüssigkeiten und Festkörper zu verstehen haben, für letztere nur bedingt zutreffend. Für Molekülverbindungen ist er es sicherlich noch. Bei Ionenverbindungen jedoch sollten wir zwischen dem Molekulargewicht als solchem und dem Formelgewicht unterscheiden. Im Gitter des festen Chlorwasserstoffs beispielsweise sind diskrete HCl-Molekeln anwesend, im Gitter des Kochsalzes jedoch kann man eine isolierte NaCl-Einheit nicht mehr erkennen. Die Bausteine des Kochsalzgitters sind Na^+- und Cl^--Ionen. Die elektrostatischen Kräfte beider Ionen wirken gleichmäßig nach allen Richtungen des Raumes, es bestehen zwischen den Na^+- und Cl^--Ionen keine individuellen Bindungen.

Zum zweiten spielt das Wasser als Lösungmittel in der heutigen anorganischen Chemie nicht mehr die dominierende Rolle wie zu Beginn dieses Jahrhunderts. Die heutige präparative anorganische Chemie bevorzugt in den meisten Fällen nichtwäßrige Lösungsmittel; außerdem ist sie oft gezwungen, unter Ausschluß von Luft zu arbeiten. Eine Erleichterung ist es dagegen für den präparativen Anorganiker, daß er heute den größten Teil der benötigten Chemikalien käuflich erwerben kann.

I. Allgemeine Gesetzmäßigkeiten in der anorganischen Chemie

1. Das Periodensystem der Elemente

Die systematische Anordnung der Elemente wurde erst dann möglich, als man bereits eine größere Anzahl von Elementen entdeckt und ihre wichtigsten physikalischen und chemischen Eigenschaften beschrieben hatte. Der erste Anstoß kam bereits 1819 von DÖBEREINER. Er faßte chemisch ähnliche Elemente zu sogenannten Triaden zusammen und ordnete sie nach ihrem Atomgewicht. Solche Triaden bildeten beispielsweise die Metalle Lithium, Natrium und Kalium und die Halogene Chlor, Brom und Jod. Auf solchen ersten Versuchen aufbauend ordneten 1869 der Russe MENDELEJEFF und unabhängig davon der Deutsche MEYER die Elemente nach steigendem Atomgewicht an. Dabei stellten sie fest, daß sich die Eigenschaften der Elemente in periodischer Weise regelmäßig ändern. Durch Untereinanderstellen von Elementen mit ähnlichen chemischen Eigenschaften erhielten MENDELEJEFF und MEYER somit das Periodensystem der Elemente. Die beiden ordnenden Faktoren waren das Atomgewicht und die chemische Eigenschaft. Da MENDELEJEFF dieses Prinzip konsequent anwandte, erkannte er, daß beim Aufbau des Systems gewisse Plätze unbesetzt gelassen werden mußten. Er schloß daraus, daß die dorthin gehörenden Elemente noch nicht bekannt waren. Die dadurch angeregte erfolgreiche Suche nach den neuen Elementen hat dann seine Voraussagen auch tatsächlich sehr schön bestätigt. Im Zeitalter von MENDELEJEFF und MEYER galt das Atom als unteilbar. Heute erfolgt die systematische Einteilung der Elemente aufgrund der Struktur der Atome. Diese Klassifizierung stimmt von wenigen Ausnahmen abgesehen mit dem System von MEYER und MENDELEJEFF überein. MENDELEJEFF erkannte zwar, daß man in einigen Fällen die Reihenfolge der Elemente nach steigendem Atomgewicht umkehren mußte, aber die Existenz der Edelgase entging ihm. Die Reihenfolge der Elemente wird heute durch die Kernladungszahl bestimmt, die deshalb auch Ordnungszahl heißt. Die physikalischen und chemischen Eigenschaften sind also periodische Funktionen der Ordnungszahl.

Außer den periodisch wiederkehrenden Eigenschaften besitzen die Elemente auch solche Eigenschaften, die sich wie die Ordnungszahl monoton ändern. So hat MOSELEY schon festgestellt, daß die Frequenz der charakteristischen Röntgenstrahlung sich gleichsinnig mit der Ordnungszahl verändert. Durch dieses grundlegende Gesetz von MOSELEY ist sichergestellt, daß heute alle Elemente bekannt sind.

2. Der Aufbau der Elektronenhülle

Der Aufbau der Elektronenhülle erfolgt nach ganz bestimmten Gesetzmäßigkeiten. Diese können formuliert werden mit
1. dem Gesetz der Quantenzahlen,
2. dem Pauli-Prinzip,
3. dem Bestreben, ein Energieminimum zu erreichen.

Das Gesetz der Quantenzahlen sagt aus, daß zur Charakterisierung eines jeden Elektrons im Atom vier Angaben, vier Quantenzahlen notwendig sind. Diese Quantenzahlen sind: die Hauptquantenzahl n, die Nebenquantenzahl l, die magnetische Quantenzahl m, und die Spinquantenzahl s.

Die Hauptquantenzahl kann die Werte 1, 2, 3, ... annehmen. Der Wert der Nebenquantenzahl kann 0, 1, 2, ... bis $n-1$ betragen. Die magnetische Quantenzahl nimmt die Werte von $-l$ über 0 bis $+l$ an. Die Spinquantenzahl ist $+1/2$ oder $-1/2$.

Das Pauli-Prinzip besagt, daß in keinem Atom und, wie sich später herausstellte, auch in keinem Molekül zwei Elektronen existieren können, die in allen vier Quantenzahlen übereinstimmen. Aufgrund dieses Prinzips kann festgestellt werden, wie viele Elektronen insgesamt die gleiche Hauptquantenzahl besitzen können, oder mit anderen Worten, wie viele Elektronen sich auf einer bestimmten Schale befinden. Die untenstehende Tabelle veranschaulicht dies.

Das Bestreben eines Systems, ein Energieminimum zu erreichen, bedeutet, daß sich die Elektronen im Anziehungsbereich des positiven Kernes so anordnen, daß ihre Energie einen minimalen Wert annimmt. Je näher eine Schale dem Kern ist, desto kleiner wird die Energie der

Tabelle 1. *Die maximale Anzahl der Elektronen auf einer Schale*

Hauptquantenzahl n	Nebenquantenzahl l	Magnetische Quantenzahl m	Spinquantenzahl s	Anzahl der Elektronen	
1	0 (s)	0	$\pm 1/2$	2	
2	0 (s)	0	$\pm 1/2$	2	8
	1 (p)	-1 0 $+1$	$\pm 1/2$	6	
3	0 (s)	0	$\pm 1/2$	2	18
	1 (p)	-1 0 $+1$	$\pm 1/2$	6	
	2 (d)	-2 -1 0 $+1$ $+2$	$\pm 1/2$	10	
n	0 – l – $n-1$	$-l$ —— 0 —— $+l$	$-1/2, +1/2$	$2n^2$	
	0, 1, 2 $n-1$	$-l, \ldots 0, \ldots +l$			

auf ihr befindlichen Elektronen. Eine weitere Differenzierung der Energie der Elektronen erfolgt durch die Nebenquantenzahl l. Gemäß der Nebenquantenzahl unterscheiden wir nämlich verschiedene Bahnen oder Unterschalen. Zu den einzelnen Nebenquantenzahlen gehören folgende Bahnen, deren Energie in der angegebenen Reihenfolge zunimmt.

Wenn die Nebenquantenzahl 0 ist, spricht man von s-Bahnen
Wenn die Nebenquantenzahl 1 ist, spricht man von p-Bahnen
Wenn die Nebenquantenzahl 2 ist, spricht man von d-Bahnen
Wenn die Nebenquantenzahl 3 ist, spricht man von f-Bahnen.

Bei der Auffüllung einer Schale werden immer erst die s-Bahnen, danach die p-Bahnen und dann die d-Bahnen berücksichtigt. Wie aus Tabelle 1 ersichtlich, können auf der s-Bahn 2, auf den p-Bahnen 6, auf den d-Bahnen 10 und auf den f-Bahnen 14 Elektronen Platz nehmen. Von diesen Elektronen unterscheiden sich je zwei nur durch ihre Spinquantenzahl, sie benutzen denselben Aufenthaltsraum, denselben Orbital. So besteht eine s-Unterschale aus einem, die p-Unterschale aus 3, die d-Unterschale aus 5 und die f-Unterschale aus 7 Orbitalen. Infolge der zwischen den Elektronen herrschenden Abstoßungskräfte erfolgt die Auffüllung der Unterschalen so, daß zunächst alle Orbitale mit einem Elektron besetzt werden. Die Orbitale werden also zunächst halb besetzt. Erst dann werden die Orbitale mit einem zweiten Elektron aufgefüllt, d. h., daß die Paarung der Elektronen auf einer s-Bahn mit dem zweiten, auf einer p-Bahn mit dem vierten, auf einer d-Bahn mit dem sechsten und auf einer f-Bahn mit dem achten einzubauenden Elektron beginnt. Dies ist das Gesetz der maximalen Multiplizität. Die Elektronen sind bei der Auffüllung der einzelnen Bahnen bestrebt, in maximaler Anzahl ungepaart zu bleiben. Die zu den einzelnen Bahnen gehörenden relativen Energieniveaus zeigt Abb. 1. In der hier benutzten Kästchen-Schreibweise entspricht ein Kästchen einem Orbital.

Entsprechend diesem relativen Energieniveauschema werden zunächst die Bahnen $1s$, $2s$, $2p$, $3s$, $3p$ besetzt. Die nächsten Elektronen aber besetzen nicht die $3d$-Schale, sondern es wird zunächst die $4s$-Schale mit dem niedrigeren Energieniveau aufgefüllt. Dann erst erfolgt die Besetzung der $3d$-Schale mit 10 Elektronen, an die sich die Auffüllung der $4p$-Schale anschließt. Die Ursache liegt darin, daß die abschirmende Wirkung der bereits aufgefüllten Schalen gegen die Anziehung durch den Kern bei den $4s$-Elektronen geringer als bei den $3d$-Elektronen ist. Die $4s$-Elektronen werden stärker vom Kern angezogen, weniger die $3d$- und am geringsten die $4p$-Elektronen. Daher besitzen die $4s$-Elektronen die kleinste Energie, dann folgen die $3d$- und $4p$-Bahnen; zunehmende Energie bedeutet aber immer abnehmende Stabilität. Gleiches gilt für die 5. Periode, wo nach dem Ausbau der $4p$-Bahn nicht die $4d$-Bahn, sondern die $5s$-Bahn der 5. Schale aufgefüllt wird. Erst dann erfolgt der Einbau in die $4d$-Bahn und anschließend in die $5p$-Bahn. Noch komplizierter wird es nach dem Einbau der $6s$-Elektronen, wenn

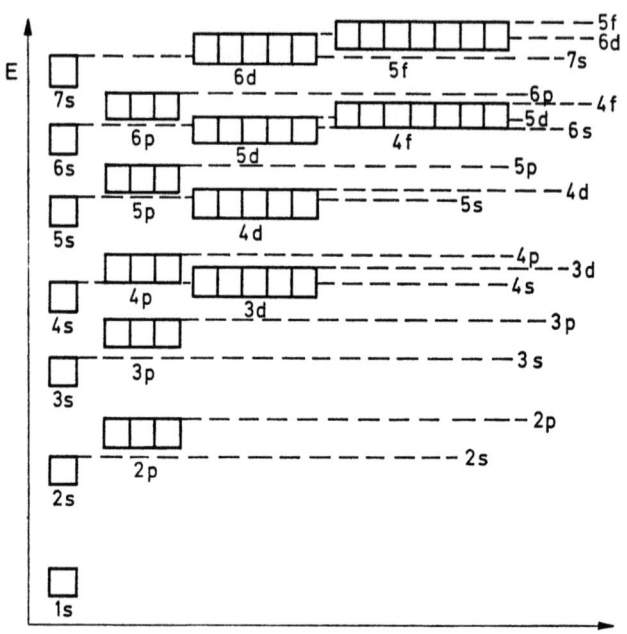

Abb. 1. Die zu den einzelnen Bahnen gehörenden relativen Energieniveaus

nur ein Elektron auf die 5d-Bahn gelangt, und die Orbitale der noch leeren 4f-Bahn der 4. Schale aufgefüllt werden.

Die Verteilung der Elektronen auf die verschiedenen Energieniveaus wird in der Smith-Stonerschen Tabelle gezeigt. Aus Abb. 1 ist zu ersehen, daß die Energieniveaus der einzelnen Bahnen auf den höheren Schalen ziemlich nahe beieinander liegen. Dadurch ist verständlich, daß die Elektronen leicht von einer Bahn auf die andere übergehen können. Daraus erklärt sich auch die scheinbare Anomalie, welche z. B. im Falle des Chrom oder Palladium in der Smith-Stonerschen Tabelle auftritt. Diese anomalen Anordnungen beziehen sich aber auf die freien Atome und nicht auf den gebundenen Zustand; sie sind deshalb vom Standpunkt des Chemikers aus gesehen ohne Bedeutung.

3. Die Änderung der Eigenschaften der Elemente im Periodensystem: Die Gruppierung der Elemente

Die chemischen Eigenschaften der Elemente werden durch die Zahl und die Art der Außenelektronen, die auch als Valenzelektronen bezeichnet werden, bestimmt. Je nachdem ob es sich um s-, p-, d- oder f-Elektronen handelt, werden Elemente und Verbindungen verschiedener Eigenschaften gebildet. Aus der genauen Kenntnis der Elektronenverteilung können deshalb fundamentale Eigenschaften und Zusammenhänge in der anorganischen Chemie abgeleitet werden. Aus diesem

Tabelle 2. *Verteilung der Elektronen nach* SMITH-STONER

			1s	
1	H		1	
2	He		2	

			2s	2p
3	Li	Heliumhülle	1	
4	Be		2	
5	B		2	1
6	C		2	2
7	N		2	3
8	O		2	4
9	F		2	5
10	Ne		2	6

			3s	3p
11	Na	Neonhülle	1	
12	Mg		2	
13	Al		2	1
14	Si		2	2
15	P		2	3
16	S		2	4
17	Cl		2	5
18	Ar		2	6

			3d	4s	4p
19	K	Argonhülle		1	
20	Ca			2	
21	Sc		1	2	
22	Ti		2	2	
23	V		3	2	
24	Cr		5	1	
25	Mn		5	2	
26	Fe		6	2	
27	Co		7	2	
28	Ni		8	2	
29	Cu		10	1	
30	Zn		10	2	
31	Ga		10	2	1
32	Ge		10	2	2
33	As		10	2	3
34	Se		10	2	4
35	Br		10	2	5
36	Kr		10	2	6

			4d	5s	5p
37	Rb	Kryptonhülle		1	
38	Sr			2	
39	Y		1	2	
40	Zr		2	2	
41	Nb		4	1	
42	Mo		5	1	
43	Tc		5	2	
44	Ru		7	1	
45	Rh		8	1	
46	Pd		10	0	
47	Ag		10	1	
48	Cd		10	2	
49	In		10	2	1
50	Sn		10	2	2
51	Sb	Kryptonhülle	10	2	3
52	Te		10	2	4
53	I		10	2	5
54	Xe		10	2	6

		4f	5d	6s	6p
55	Cs			1	
56	Ba			2	
57	La		1	2	
58	Ce	1	1	2	
59	Pr	2	1	2	
60	Nd	3	1	2	
61	Pm	4	1	2	
62	Sm	5	1	2	
63	Eu	6	1	2	
64	Gd	7	1	2	
65	Tb	8	1	2	
66	Dy	9	1	2	
67	Ho	10	1	2	
68	Er	11	1	2	
69	Tm	12	1	2	
70	Yb	13	1	2	
71	Lu	14	1	2	
72	Hf	14	2	2	
73	Ta	14	3	2	
74	W	14	4	2	
75	Re	14	5	2	
76	Os	14	6	2	
77	Ir	14	7	2	
78	Pt	14	10	0	
79	Au	14	10	1	
80	Hg	14	10	2	
81	Tl	14	10	2	1
82	Pb	14	10	2	2
83	Bi	14	10	2	3
84	Po	14	10	2	4
85	At	14	10	2	5
86	Rn	14	10	2	6

(Xenonhülle)

		5f	6d	7s
87	Fr			1
88	Ra			2
89	Ac		1	2
90	Th*	1	1	2
91	Pa	2	1	2
92	U	3	1	2
93	Np	4	1	2
94	Pu	5	1	2
95	Am	6	1	2
96	Cm	7	1	2
97	Bk	8	1	2
98	Cf	9	1	2
99	Es	10	1	2
100	Fm	11	1	2
101	Md	12	1	2
102	No	13	1	2
103	Lw	14	1	2

(Radonhülle)

* Die Besetzung der 5f- und 6d-Orbitale kann hin und her schwanken.

Grunde ist wohl das Periodensystem am geeignetsten, das die Elektronenkonfiguration der einzelnen Elemente unmittelbar angibt. Das in Tabelle 3 aufgeführte Periodensystem ist unter diesem Aspekt zusam-

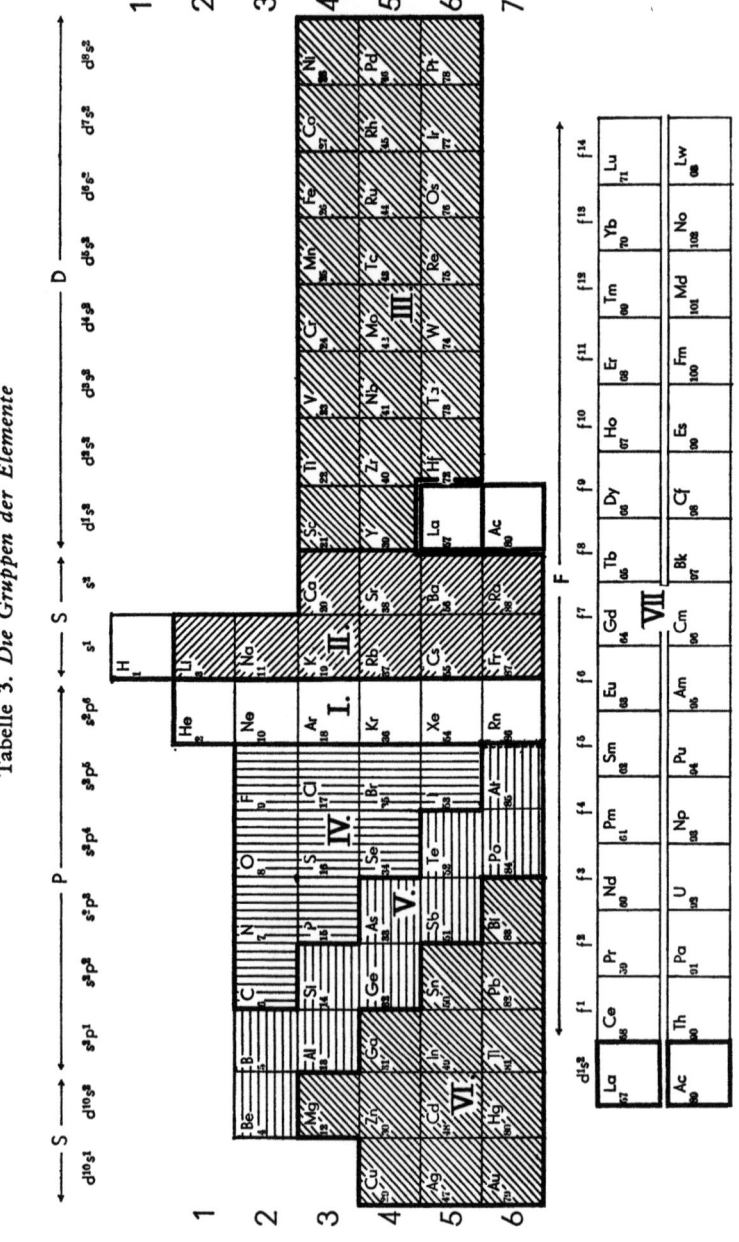

Tabelle 3. Die Gruppen der Elemente

mengestellt, es basiert auf der Elektronenverteilung der freien Atome. Die Elemente sind hier infolge ihrer Ähnlichkeit in größere Gruppen eingeteilt. Dabei ist zu beachten, daß auf der linken Seite des Periodensystems diejenigen Elemente durch eine Doppellinie voneinander getrennt sind, bei denen die Bindungstypen besonders verschieden sind.

Die Elemente können in folgende sieben größere Gruppen eingeteilt werden:

1. Edelgase mit $s^2 p^6$-Elektronenkonfiguration.
2. Alkali- und Erdalkalimetalle mit s^1- bzw. s^2-Elektronenkonfiguration.
3. Übergangsmetalle, bei welchen d-Schalen aufgefüllt werden: $(n-1) d^x n s^2$. Die Bezeichnung $(n-1)$ bzw. n bedeutet, daß das s-Elektron immer eine um 1 größere Hauptquantenzahl besitzt als das d-Elektron. Die Anzahl der d-Elektronen (x) variiert zwischen 1—8.
4. Nichtmetalle, bei denen die Elektronenkonfiguration zwischen $s^2 p^2 - s^2 p^5$ variiert. Hier tritt eine gewisse Überschneidung mit den Halbmetallen auf, bei denen diese Elektronenverteilung gleichfalls auftritt, die Hauptquantenzahl jedoch immer größer ist.
5. Halbmetalle mit den Elektronenkonfigurationen $(n-1) d^{10} n s^2$ und $s^2 p^1 - s^2 p^5$, wobei $(n-1) d^{10}$ besagen soll, daß die d-Elektronen eine um 1 niedrigere Hauptquantenzahl besitzen als die s- bzw. p-Elektronen.
6. Metalle 2. Art, bei welchen die Elektronenkonfigurationen $(n-1) d^{10} n s^1$, $(n-1) d^{10} n s^2$ und $s^2 p^1 - s^2 p^3$ auftreten.
7. Seltene Erden, die die Elektronenverteilung $(n-2) f^x (n-1) d^1 n s^2$ besitzen; x kann die Werte 1 bis 14 annehmen.

Die Einteilung der Elemente in die obigen sieben Gruppen geschieht aufgrund der ähnlichen Eigenschaften; die Grenzen sind jedoch nicht scharf sondern fließend. So zeigt z. B. das Aluminium, das in die Gruppe der Halbmetalle eingeordnet wurde, in elementarem Zustand ausgesprochen metallische Eigenschaften, während das Bor oder Silicium viele nichtmetallische Eigenschaften besitzen. Das Aluminium hat aber in seinen Verbindungen Eigenschaften, welche nur bei den analogen Verbindungen der nichtmetallischen Elemente beobachtet werden. Unsere Gruppierung ist also wie jede Einteilung in Elementgruppen ein Kompromiß.

Die physikalischen und chemischen Eigenschaften ändern sich im Periodensystem ziemlich regelmäßig. Im Zusammenhang mit der Veränderung der Eigenschaften spricht man oft von Verwandtschaften. Unter Verwandtschaft verstehen wir das Gemeinsame bzw. die Ähnlichkeit in den Eigenschaften gewisser Elemente. Man unterscheidet vertikale und horizontale Verwandtschaften. Die vertikale Verwandtschaft deutet auf ähnliches Verhalten von untereinander angeordneten, d. h. vertikal zusammengehörenden Elementen hin. Eine horizontale Verwandtschaft ergibt sich dagegen, wenn eine Übereinstimmung der

Eigenschaften von nacheinander folgenden Elementen vorliegt. In diesem Zusammenhang können folgende zwei Regeln aufgestellt werden:

1. die horizontale Verwandtschaft ist an den Rändern des Periodensystems größer als in der Mitte.

2. die vertikale Verwandtschaft ist vor allem in der Mitte des Periodensystems stark ausgeprägt.

Diese Regeln können am Besten durch Beispiele erläutert werden. So sind die Eigenschaften von Eisen, Kobalt und Nickel ähnlicher als die der in der Mitte eingereihten Elemente Kalium, Calcium und Scandium. Dagegen weisen Natrium, Kalium und Rubidium größere Ähnlichkeit in ihrem Verhalten auf, als man es im Falle von Nickel, Palladium und Platin antrifft. Die gleiche Erscheinung tritt auf, wenn man einmal Chlor, Brom und Jod und andererseits Kupfer, Silber und Gold miteinander vergleicht. Auf Grund dieser Zusammenhänge kann man oft die Eigenschaften benachbarter Elemente ableiten. Neben den beiden eben erwähnten Verwandtschaften besteht noch eine diagonale Verwandtschaft, die allerdings weniger stark ausgeprägt ist. Dies ist in Tabelle 3 durch die stufenartige Abgrenzung in der linken Hälfte des Periodensystems angedeutet.

Die Änderung des elektropositiven bzw. elektronegativen Charakters der Elemente innerhalb einer Gruppe oder innerhalb einer Periode ist für den Chemiker wohl die wichtigste Veränderung. Der elektropositive Charakter nimmt im mittleren S-Feld der Tabelle 3 von rechts nach links und von oben nach unten immer zu. So ist z. B. das Kalium positiver als das Natrium bzw. das Barium positiver als das Calcium. Auf der linken Seite des Systems — bei den negativen Elementen — nimmt der elektropositive Charakter ebenfalls von rechts nach links und von oben nach unten bis zur stufenartigen Abgrenzung zu. Dementsprechend ist Fluor das negativste Element und von den Halogenen das Jod das elektropositivste. Das Astat gehört schon der Gruppe der Halbmetalle an. In horizontaler Richtung nimmt die elektronegative Eigenschaft bis zum Bor und Beryllium so stark ab bzw. die elektropositive nimmt so stark zu, daß das Beryllium in der Gruppe der Halbmetalle den ausgeprägtesten metallischen Charakter besitzt.

Bei den Elementen des D-Feldes und den Metallen 2. Art ändert sich vertikal gesehen der elektropositive Charakter im elementaren Zustand in entgegengesetzter Richtung, d. h. er nimmt von unten nach oben zu. Das wird deutlich, wenn man z. B. die Löslichkeit in Säuren betrachtet. Dagegen ist horizontal keine bedeutende Veränderung festzustellen. Das Maximum der Elektropositivität liegt im Falle der Übergangselemente bei der Mangangruppe, im Falle der Metalle 2. Art bei der Galliumgruppe. Auch hier ist die Löslichkeit in Säuren ein Maß für die Elektropositivität. Je positiver ein Metall ist, desto leichter wird es im elementaren Zustand von einer Säure angegriffen. Natürlich darf die Erscheinung der Passivierung nicht außeracht gelassen werden.

4. Die Größe der Atome und Ionen

Die chemischen Eigenschaften eines Elementes werden außer von seinen Valenzelektronen auch noch von der Größe der Atome bestimmt. Wichtige atomare Konstanten wie z. B. das Ionisierungspotential werden durch die geometrischen Abmessungen bestimmt. Das Periodensystem in Tabelle 4 gibt ein anschauliches Bild über die relative Größe der Atome bzw. der Ionen. Die Kreise mit ausgezogener Linie geben die Atomdurchmesser, die Kreise mit gestrichelter Linie geben die Durchmesser der häufigsten Ionen wieder. Der angegebene Maßstab erlaubt

Tabelle 4. *Das Periodensystem: die Größe der Atome und Ionen*

es, die Durchmesser der Atome bzw. der Ionen in Angströmeinheiten abzuschätzen.

Eine höhere Hauptquantenzahl bedeutet, daß mehr Schalen um den Atomkern angeordnet sind, so daß der Atomdurchmesser der Elemente mit steigender Hauptquantenzahl zunimmt. Innerhalb einer Periode nimmt der Atomdurchmesser mit steigender Ordnungszahl ab. Eine höhere Ordnungszahl bedeutet zwar mehr Elektronen, aber die positive Kernladung nimmt gleichzeitig zu, so daß die Anziehung durch den Atomkern stärker wird. Die Elektronenhülle schrumpft dadurch allmählich zusammen, und das Atom wird kleiner. Besonders stark ist diese Kontraktion bei den Übergangsmetallen und den Seltenen Erden. Dadurch, daß bei diesen Elementen innere Schalen besetzt werden, die positive Kernladung aber erhöht wird, rücken die Elektronen der äußersten Schale näher an den Kern heran.

Aus den Ionendurchmessern ist zu entnehmen, daß der Durchmesser der positiven Ionen geringer ist als der Durchmesser der neutralen Atome. Positive Ionen entstehen durch Abspaltung der Valenzelektronen. Dadurch wird die äußerste Schale nicht besetzt, und der Durchmesser des positiven Ions wird kleiner. Nimmt ein Atom Elektronen auf, entsteht ein negatives Ion. Da die Anziehung des positiven Kerns auf diese Elektronen geringer ist, und die Abstoßung der Elektronen untereinander zunimmt, ist es verständlich, daß der Durchmesser der negativen Ionen größer wird.

Die Alkalimetalle bilden einfach positiv geladene Ionen; darin haben sie die Elektronenkonfiguration der unmittelbar vor ihnen stehenden Edelgase. Der Durchmesser des Ions ist jedoch viel kleiner als der des neutralen Edelgasatoms. Dies ist verständlich, da im Fall der positiven Alkalimetallionen eine um 1 größere Kernladung auf die gleiche Anzahl von Elektronen und auf ein Elektronensystem gleicher Konfiguration einwirkt. Wird dagegen aus einem Chloratom ein Chloridion, so nimmt dieses die Elektronenkonfiguration des nach ihm stehenden Argons an. Die Durchmesser des Argonatoms und des Chloridions unterscheiden sich aber nicht wesentlich voneinander. Dieser Umstand wird damit erklärt, daß in diesem Falle die Änderung der Elektronenzahl verhältnismäßig kleiner ist als bei der Bildung von Alkalimetallionen.

Für die Deformierbarkeit der Elektronenhülle ist die geometrische Abmessung der Atome und Ionen ausschlaggebend. Diese Deformierbarkeit bestimmt wesentlich die physikalischen und auch die chemischen Eigenschaften; davon wird später die Rede sein.

5. Die Bildung von Ionen aus Atomen

Bei chemischen Reaktionen ist oft diejenige Energiemenge außerordentlich wesentlich, die etwas aussagt über die Arbeit, die geleistet werden muß, um ein oder mehrere Elektronen von den Atomen abzuspalten. Diese Ionisierungsarbeit, die gegen die Anziehungskraft des

Kernes geleistet werden muß, wird, wie Tabelle 5 zeigt, kleiner, je weiter die Elektronen vom Kern entfernt sind. Demzufolge können die äußeren Elektronen der Alkali- bzw. der Erdalkalimetalle unter Aufwendung von verhältnismäßig geringer Energie abgegeben werden. Dies bedeutet, daß diese Elemente als solche am leichtesten ionisierbar und damit am reaktionsfähigsten sind.

Tabelle 5

Ionisierungspotentiale (eV/Atom)

He^+	Ne^+	Ar^+	Kr^+	Xe^+	Rn^+
24,6	21,6	15,7	14,0	12,1	10,7
H^+	Li^+	Na^+	K^+	Rb^+	Cs^+
13,6	5,3	5,1	4,3	4,1	3,9
Ca^{2+}	Sr^{2+}	Ba^{2+}			
11,9	11,0	10,0			
F^+	Cl^+	Br^+	I^+		
17,4	13,0	11,8	10,4		
Fe^+	Fe^{2+}	Fe^{3+}	Fe^{8+}		
7,9	16,1	30,6	151,1		
S^+	S^{2+}	S^{3+}	S^{4+}	S^{5+}	S^{6+}
10,3	23,3	34,8	47,2	72,5	88,0

Elektronenaffinitäten (eV/Atom)

H^-	F^-	Cl^-	Br^-	I^-
−0,716	−3,5	−4,0	−3,8	−3,4
	O^-	S^-		
	−1,3	≈−1,7		
	O^{2-}	S^{2-}		
	+7,2	+3,4		

Die Abspaltungsarbeit für Elektronen nimmt nicht mit der Zahl der abgespaltenen Elektronen gleichmäßig zu, weil es gewisse Elektronenanordnungen gibt, bei denen die Abtrennung einen besonders hohen Energieaufwand erfordert. Die $s^2 p^6$-Anordnung bei den Edelgasen ist eine solche besonders stabile Elektronenkonfiguration. Diese auffallende Stabilität kommt daher, daß gerade 8 Elektronen um den Kern bzw. den Atomrumpf so angeordnet werden können, daß dabei die Anziehungskraft des positiven Atomkerns auf die Elektronen maximal, und die Abstoßung der Elektronen untereinander minimal ist. Wenn einmal die $s^2 p^6$-Edelgaskonfiguration erreicht ist, hört die Reaktionsbereitschaft des Systems praktisch auf. Die Elemente, die nach den Edelgasen stehen, können also durch Elektronenabgabe, durch Bildung positiver Ionen, Edelgaskonfiguration erreichen. Umgekehrt können diejenigen Elemente, die vor den Edelgasen stehen, durch Elektronenaufnahme eine solche stabile Anordnung erhalten. Dabei stimmt im allgemeinen die Zahl der abgegebenen bzw. aufgenommenen Elektronen mit der auf das Edelgas bezogenen Platznummer überein. Es muß dabei aber beachtet werden, daß bei Elementen, die mehrere Elektronen abgeben müssen, um die stabile Edelgaskonfiguration zu erreichen, die Abgabe weiterer Elektronen nicht mehr vom neutralen Atom, sondern vom positiv geladenen Ion geschieht. Dies bedingt eine höhere Abspaltungsarbeit. Deshalb ist die Bildung von Ionen mit einer höheren Ladung als +4 weniger wahrscheinlich. Bei Elementen, die gerade vor den Edelgasen stehen, erfolgt die Aufnahme eines Elektrons noch mit Energieabgabe. Diese Energie ist die Elektronenaffinität. Bei Aufnahme eines zweiten Elektrons, bei der Bildung eines Ions mit der Ladung −2 also, wird bereits Energie benötigt, weil man zu einer negativen Ladung gegen die Abstoßung ein neues Elektron hinzufügen muß. Eben deshalb ist die Bildung von Ionen mit einer höheren Ladung als −2 ebenfalls unwahrscheinlich.

Scandium und Yttrium besitzen neben zwei s-Elektronen auch schon ein d-Elektron, und durch Abspaltung dieser drei Elektronen bildet sich ein Ion mit der Oxydationszahl +3. Die Elemente der Titan-Gruppe wandeln sich durch Abgabe von 2 s- und 2 d-Elektronen in Ionen der Oxydationszahl +4 um. Bei letzteren kommen jedoch auch Verbindungen mit niedrigerer Oxydationsstufe vor, d. h. es werden weniger Elektronen abgegeben, als zur Erreichung der Edelgaskonfiguration notwendig wäre. Bei den Elementen der Vanadin-Gruppe treten mehrere Oxydationsstufen auf, d. h. die d-Unterschale ist nur teilweise besetzt. Die zur Verfügung stehenden d-Orbitale sind nur halb aufgefüllt, da hier das Gesetz der maximalen Multiplizität gilt. Die teilweise aufgefüllten Orbitale enthalten ungepaarte Elektronen, d. h. es liegt Paramagnetismus vor. Diese Elektronen sind wesentlich leichter anregbar, als wenn sie zu einer stabilen Konfiguration gehören würden. Sie werden schon vom sichtbaren Licht angeregt, oder mit anderen Worten, sie absorbieren bereits im sichtbaren Spektralbereich, d. h. sie sind farbig.

Interessant wird die Situation auf der linken Seite des Periodensystems. Nehmen wir den Fall des Kupfers. Das Kupfer müßte 11 Elektronen abgeben, bzw. 7 Elektronen aufnehmen, um die Konfiguration des Argons bzw. des Kryptons zu erreichen. Wie jedoch schon erwähnt, ist eine Anhäufung von positiver und negativer Ladung in diesem Maße nicht möglich. Das Kupfer gibt ein Elektron ab und bildet Kupfer(I)-Verbindungen. Aus demselben Grunde bildet Zink ein stabiles Ion mit der Oxydationszahl +2. Beim Gallium werden die 2 s- und das eine p-Elektron abgespalten, und so entsteht das dreiwertige Ion. In allen diesen verhältnismäßig stabilen Ionen liegt die Elektronenkonfiguration $s^2 p^6 d^{10}$ vor. Diese sogenannte 18er-Konfiguration ist gleichfalls beständig, obwohl sie bei der Ionenbildung keine so scharfe Grenze repräsentiert wie die $s^2 p^6$-Konfiguration. Das Kupfer kann leicht noch eines, in wenigen Fällen sogar zwei seiner d-Elektronen abgeben; es entstehen dann Kupfer(II)- bzw. Kupfer(III)-Ionen. Bei den Elementen der 3b-Gruppe, vor allem beim Thallium, sowie in der 4b-Gruppe bei Zinn und Blei entstehen nicht nur 3- bzw. 4fach positiv geladene Ionen, sondern der Ionisierungsvorgang wird nach Abgabe von p^1- bzw. p^2-Elektronen beendet, wobei dann Thallium(I)- bzw. Zinn(II)- und Blei(II)-Ionen entstanden sind. Die auffallende Beständigkeit dieser Oxydationsstufen läßt folgern, daß die Abspaltung der zwei s-Elektronen über der 18er-Konfiguration auch einen größeren Energieaufwand erfordert, mit anderen Worten die Reaktionsfähigkeit dieser s-Elektronen ist geringer. Deshalb bezeichnet man auch diese Elektronen als träges Valenzelektronenpaar (inert pair of valency electrons). Das bedeutet aber, daß neben der 18er-Konfiguration auch diejenige eine gewisse Beständigkeit aufweist, bei der 18 + 2 Elektronen vorliegen.

Die Seltenen Erden haben in der äußersten, der sechsten Schale, zwei s-Elektronen, in der fünften ein d-Elektron, während in der vierten Schale die f-Elektronen eingebaut werden. Die s- und d-Elektronen werden meistens auf einmal abgegeben, dagegen ist die Abtrennung der f-Elektronen schon bedeutend schwieriger. Deshalb bilden die Seltenen Erden gewöhnlich dreifach positiv geladene Ionen. Daneben kommt aber auch die Oxydationszahl +4 vor, wie z. B. beim Cer und beim Terbium. Bei den Aktiniden kommen auch höhere Oxydationszahlen als +3 vor, wobei oft gerade diese höhere Oxydationsstufen beständig sind. Hier werden auch f-Elektronen abgegeben, da die 5 f-Elektronen der Aktiniden weiter vom Atomkern entfernt sind und deshalb wesentlich schwächer von diesem angezogen werden.

Wieviel Elektronen aufgenommen bzw. abgegeben werden, hängt also von der Stellung des betreffenden Elementes im Periodensystem ab. Entsprechend ihrer Gruppennummer bilden die Metalle n-fach positiv geladene Kationen. Die Nichtmetalle nehmen Elektronen auf, abhängig davon, um wie viele Stellen sie links von den Edelgasen stehen. Bei den Metallen 2. Art ist gewöhnlich die Zahl der abgegebenen Elektronen gleich der Gruppennummer. Jedoch kann, wie man am Beispiel des Thalliums, Zinns und Bleis sehen konnte, die Oxydationszahl geringer sein. Die Ladung dieser Ionen beträgt dann Gruppennummer n minus 2.

Bei Elementen, bei denen eine höhere Ladungszahl möglich ist, bilden sich gewöhnlich mehrere Ionen mit verschiedener Oxydationszahl. Schon im vorigen Jahrhundert wurde die Regel aufgestellt, wonach sich die Oxydationszahlen dieser Ionen um zwei Stufen unterscheiden sollen. Diese Regel gilt aber keinesfalls streng. Der Schwefel besitzt zwar die Oxydationszahlen +2, +4 oder +6, der Phosphor die von +3 oder +5, aber das Mangan kann alle Oxydationszahlen zwischen −3 und +7 annehmen.

Die Bildung von Ionen aus neutralen Atomen und deren Anwesenheit in bestimmten Verbindungen kann experimentell sehr schön mittels Röntgenstrukturanalyse nachgewiesen werden. So konnte gezeigt werden, daß im Gitter des Kochsalzes das Natriumion insgesamt zehn Elektronen besitzt.

6. Die Stabilisierung der Elektronenhülle beim Zusammenschluß von freien Atomen

Bindungstypen

Ein chemisches System ist dann stabil, wenn es den Zustand minimalster Energie erreicht hat. Mit Ausnahme der Edelgase sind die freien Atome unter gewöhnlichen Umständen nicht beständig. Die freien Atome versuchen deshalb Bindungen untereinander einzugehen und somit eine stabile Anordnung der Elektronen zu erreichen. Je nach der Art der Elektronenwanderung bzw. des Elektronenaustausches unterscheidet man drei Typen der chemischen Bindung: die ionische, die kovalente und die metallische Bindung.

Die ionische Bindung kommt zwischen einem negativ und einem positiv geladenen Ion, also zwischen einem Anion und einem Kation zustande. Für eine solche Ionen-Bindung sind geeignet diejenigen Elemente, die unmittelbar vor oder nach den Edelgasen im Periodensystem stehen. In den vorhergehenden Ausführungen war dargelegt worden, daß die Alkalimetalle ihr Elektronensystem dadurch stabilisieren, daß sie ein Elektron abgeben und dadurch in ein einfach positiv geladenes Kation übergehen. Dieses Kation besitzt Edelgaskonfiguration. Das Chloratom bzw. die Halogenatome erreichen diese stabile Konfiguration durch Aufnahme eines Elektrons. Das dadurch gebildete Ionenpaar Na^+ und Cl^- hat aber unter gewöhnlichen Umständen noch nicht den Zustand minimalster Energie erreicht. Erst wenn viele Ionenpaare das Kristallgitter des Kochsalzes, also ein Ionengitter, aufgebaut haben, besitzt das System minimale Energie.

Eine kovalente Bindung entsteht dann, wenn die beiden Bindungspartner sehr ähnlichen Charakter besitzen. So können sich beispielsweise zwei oder mehrere Atome eines Elementes zu einer Molekel vereinigen und sich somit stabilisieren. Beim Wasserstoff und Sauerstoff bilden je zwei, beim Phosphor je vier Atome eine Molekel. Die P_4-Molekel ist der Grundbaustein des Phosphorkristalls.

Auch die Natriumatome können sich, wenn keine anderen Verbindungspartner anwesend sind, in Form von Molekeln stabilisieren. Zuerst entsteht die Molekel Na_2, dann vereinigen sich diese Molekeln weiter, sie aggregieren, und es bildet sich ein Metallkristall.

Ein wesentlicher Unterschied der drei Bindungstypen besteht darin, daß die Stabilisierung durch eine kovalente Bindung zu diskreten Molekeln * führt, während bei der ionischen und metallischen Bindung die Atomverbände nicht abgegrenzt sind.

---

* In einigen Fällen kann es vorkommen, daß sich die freien Atome zwar durch kovalente Bindung stabilisieren, daß dabei jedoch ebenfalls dreidimensional-unbegrenzte Gitterverbände (Koordinationsgitter, wie auch beim NaCl) entstehen, in denen keine kleineren in sich abgeschlossenen Atomverbände festzustellen sind. Dies trifft bei den Nichtmetallen vor allem auf den Kohlenstoff, bei den Halbmetallen auf das Bor und das Silicium zu.

Die Annahme aber, daß die kovalente und die metallische Bindung auf ähnliche Weise zustande kommen, ist nicht richtig. Der wesentliche Unterschied liegt in dem verschiedenartigen Charakter der Bindungselektronen. Atome, die kovalent binden, besitzen stark gebundene Elektronen von hoher Ionisierungsenergie. Das Elektronenpaar, das die kovalente Bindung repräsentiert, befindet sich zwischen den beiden Bindungspartnern. Im Falle der Metalle sind die Valenzelektronen viel schwächer gebunden. Tritt nun Stabilisierung durch metallische Bindung ein, so spalten sich diese Elektronen von den in den Gitterpunkten befindlichen Atomrümpfen ab und bilden ein Elektronengas, in dem die Valenzelektronen wie Gaspartikel freibeweglich sind. Das einzelne Valenzelektron ist also nicht mehr einem bestimmten Atomkern zugeordnet, sondern alle Valenzelektronen gehören gemeinsam dem Metallkristall an.

Während bei der kovalenten Bindung die Bindungspartner ein gemeinsames Elektronenpaar haben, gehen bei der Ionenbindung die Elektronen des Metallatoms auf das nichtmetallische Atom über. Dies stellt gleichzeitig einen Übergang in einen Zustand niedrigerer Energie dar. Das bedeutet, daß die Wanderung von Elektronen auch mit Energieänderungen verbunden ist. Bei der Ausbildung der ionischen Bindung kann das Elektron von dem metallischen Atom unter Aufwendung der Ionisierungsenergie, also in einem endothermen Vorgang, abgespalten werden. Die nichtmetallischen Elemente bilden die negativen Ionen in einem exothermen Vorgang, also unter Abgabe von mehr oder weniger Energie. Dies trifft zumindest für die einwertigen Anionen zu. Durch die Coulomb-Kräfte, die zwischen den entgegengesetzt geladenen Ionen bestehen, entstehen zuerst Ionenpaare, die sich dann im zweiten Schritt zu einem Ionengitter zusammenlagern. Der letzte Vorgang ist immer exotherm, und zwar in einem Maße, daß die Energie der Gitterbildung ausreicht, um die zur Bildung positiver Ionen notwendige Energie zu decken.

Durch die kovalente Bindung erreichen die an der Bindung beteiligten Atome eine stabilere Elektronenkonfiguration. Wenn sich beispielsweise zwei Chloratome zum Chlormolekül vereinigen, so bildet sich durch das gemeinsame Elektronenpaar an beiden Atomen eine Edelgaskonfiguration aus. Die beiden Wasserstoffatome, die das Wasserstoffmolekül aufbauen, haben nur je ein Elektron zur Verfügung. Sie binden sich kovalent und erreichen dadurch Heliumkonfiguration. Das Helium hat ein Duett, die übrigen Edelgase haben ein Oktett. Das Duett stellt eine stabile Anordnung für die Elemente der ersten Periode, das Oktett eine solche für die Elemente der zweiten und der höheren Perioden des Periodensystems dar. Für die Elemente der höheren Perioden ist allerdings auch eine Elektronenanordnung, die aus zehn bzw. zwölf Elektronen besteht, also ein Dezett bzw. Duodezett, stabil.

Im Zusammenhang mit den Elektronenpaaren bei der kovalenten Bindung erhebt sich die Frage, welche Elektronen bzw. wie viele Elektronen solche Elektronenpaare ausbilden können, damit ein Duett, Oktett, Dezett, Duodezett entsteht. Im Chloratom haben wir eine $s^2\,p^5$-Anordnung der sieben Außenelektronen; von diesen ist nur eines ungepaart, und es wird zur Ausbildung eines Oktetts ein weiteres Elektron benötigt. Deshalb verbinden sich zwei Chloratome unter Ausbildung einer kovalenten Bindung zu dem Chlormolekül. Beim Stickstoffatom haben wir bei den fünf Außenelektronen eine $s^2\,p^3$-Anordnung, wobei alle drei p-Elektronen ungepaart sind. Um ein Oktett zu erreichen, müssen nun drei Elektronenpaare ausgebildet werden. Die Zahl der die Bindung darstellenden Elektronenpaare, welche im klassischen Sinne die Wertigkeit bedeutet, stimmt mit der Zahl der in den Atomen anwesenden ungepaarten Elektronen überein. Die Chloratome im Chlormolekül wären also einwertig, die Stickstoffatome im N_2-Molekül wären dreiwertig miteinander verbunden; sie wären durch eine bzw. drei Valenzen verknüpft.

Ein besonderer Fall der kovalenten Bindung ist die sogenannte dative oder Donorbindung. Die kovalente Bindung entsteht normalerweise so, daß jedes Atom je ein Elektron zum Elektronenpaar beisteuert. Eine kovalente Bindung kann jedoch auch dadurch zustande kommen, daß das Elektronenpaar nur von einem der Bindungspartner zur Verfügung gestellt wird.

Der Bindungspartner, der ein solches freies Elektronenpaar besitzt, kann so betrachtet werden, als ob er noch eine freie Valenz hätte. Als Bindungspartner kommen dann Atome oder Moleküle in Frage, die leere Bindungsorbitale besitzen, um diese freien Elektronenpaare aufnehmen zu können. Bei den Komplexverbindungen sind es die Zentralatome, die solche leeren Orbitale besitzen, in die die freien Elektronenpaare der Liganden aufgenommen werden können. Neuerdings bezeichnet man Komplexverbindungen auch als Koordinationsverbindungen, und daher leitet sich für die dative bzw. Donorbindung auch die Bezeichnung koordinative Bindung ab. Eine solche koordinative Bindung entsteht auch dann, wenn das Ammoniakmolekül NH_3 mit einem Proton das Ammoniumion NH_4^+ bildet.

Die freien Atome der metallischen Elemente stabilisieren sich dadurch, daß sie sich zum Metallkristall unter Ausbildung der sogenannten Metallbindung zusammenschließen. Wie schon erwähnt, sind dabei die Valenzelektronen der einzelnen Metallatome so locker gebunden, daß sie leicht abgespalten werden können und das Elektronengas bilden. Die im Elektronengas freibeweglichen Valenzelektronen sind für diejenigen Eigenschaften verantwortlich, die die Metalle von anderen Substanzen so wesentlich unterscheiden.

Die Stabilisierung der freien Atome durch die Metallbindung ist dort möglich, wo die Zahl der Valenzelektronen der äußersten Schale kleiner oder gleich ist der Hauptquantenzahl der äußersten Schale.

Dies soll an einigen Beispielen erläutert werden. Lithium steht in der 2. Periode, seine Hauptquantenzahl ist 2, und es besitzt ein Valenzelektron. Es ist also ein Metall. Beryllium gehört ebenfalls der 2. Periode an, es besitzt zwei Valenzelektronen, es gehört der Gruppe der Halbmetalle an. Bor steht in der selben Periode, es hat drei Valenzelektronen; nach der Regel kann es nicht zu den Metallen gehören. Für die auf das Bor folgenden Elemente der 2. Periode trifft dies in verstärktem Maße zu. Betrachtet man das Periodensystem (Tabelle 3), so erkennt man, daß auf der linken Seite des Systems die Grenze zwischen Metallen und Nichtmetallen treppenartig verläuft. Auf der rechten Seite des Systems, wo auf der äußersten Schale ein oder höchstens zwei Elektronen auftreten, gehören alle Elemente der Gruppe der Metalle an.

Nach einer zweiten Regel gehören alle diejenigen Elemente zu den Metallen, bei denen die Elektronenanregungsarbeit weniger als 5 eV beträgt.

Im Falle der metallischen Bindung kann von einer Wertigkeit im klassischen Sinne nicht mehr die Rede sein. Die heutzutage gültige Anschauung über die Struktur der Metalle wurde erst vor einigen Jahrzehnten entwickelt, so daß die etwa vor 100 Jahren aufgestellte Valenztheorie für die sehr viel später aufgeklärten metallischen Systeme nicht mehr gültig sein kann. Für die metallische Bindung wurde und wird eine besondere Wertigkeit, die sogenannte Elektronenwertigkeit, angewendet. So findet man diesen Begriff im Zusammenhang mit gewissen Legierungen, in den sogenannten Metallverbindungen, bei denen beide oder mehrere Komponenten der Verbindung Metalle sind. Die nähere Behandlung dieser Valenzart geht aber über den Rahmen dieses einleitenden Vorlesungskurses hinaus. In diesem Zusammenhang sollte man aber wissen, daß die Koordinationszahl der Metallatome im Metallgitter meistens zwölf, seltener acht beträgt, da die Metalle ein Gitter dichtester Kugelpackung bevorzugen. Es liegt also eine sehr hohe Koordinationszahl vor, aber nur wenig Elektronen sind vorhanden, um die metallische Bindung zu den Nachbaratomen im Metallkristall auszubilden. Das Silber besitzt nur ein Valenzelektron aber im Gitter zwölf nächste Nachbarn. Dadurch trägt nur ein Sechstel des Elektrons im Silberkristall zur Bindung zwischen zwei benachbarten Silberatomen bei, d. h. die Kraft, mit der die beiden Silberatome zusammen gehalten werden, ist wesentlich geringer als bei kovalenter Bindung. Besonders schwach ist die metallische Bindung, wenn das Valenzelektron aus einer nicht kompakten Elektronenhülle stammt, d. h. wenn der Durchmesser des Metallatoms groß ist. Es resultieren weiche Metalle mit niedrigem Schmelzpunkt, wie man es bei den Alkalien beobachtet.

Die klassische Wertigkeit wurde durch den Begriff der Oxydationszahl verdrängt. Sie ist eine Zahl mit negativem bzw. positivem Vorzeichen, sie gibt an, wieviel Elektronen ein bestimmtes Atom aufgenommen bzw. abgegeben hat. Sie unterscheidet dadurch beispielsweise zwischen den Zuständen Cl$^+$ und Cl$^-$, die mit dem Begriff der Wertigkeit einheitlich als einwertig bezeichnet werden würden. Im elementaren Zustand haben die Elemente die Oxydationszahl Null; dies gilt selbstverständlich auch für Elemente, die im elementaren Zustand als Moleküle vorliegen, also für das Wasserstoff-, Stickstoff- und andere Moleküle. Etwas schwieriger wird es, wenn man die Oxydationszahl der Atome in kovalenten Verbindungen festsetzen will. In welchem Oxydationszustand befindet sich z. B. der Kohlenstoff im Kohlenstoffdioxid? Das Kohlenstoffdioxid enthält keine Ionen. In Anbetracht dessen aber, daß der Sauerstoff bei Verbindungsbindung immer die Oxydationszahl -2 besitzt, muß der Kohlenstoff im Kohlendioxid notwendigerweise die Oxydationszahl $+4$ haben. Denn in einem neutralen Molekül ist die Summe der positiven und negativen Oxydationszahlen gleich Null. Ist dies nicht der Fall, dann liegen Ionen vor; z. B. besitzt der Schwefel im Sulfation die Oxydationszahl $+6$; diese Ladung wird durch $4\,O^{2-}$-Ionen überkompensiert, so daß die Nettoladung der Gruppe -2 beträgt. Bei einer Ionenverbindung treten definierte Ionen auf; die Ladung dieser Ionen wurde gleich der klassischen Wertigkeit gesetzt. Man bezeichnete beispielsweise das Na$^+$-Ion als einwertig, das Mg^{2+}-Ion als zweiwertig usw. Da jedoch heute der Begriff der Wertigkeit vieldeutig geworden ist, wäre zu wünschen, daß der eindeutig definierte Begriff der Oxydationszahl verwendet wird, zumal die Oxydationszahl dem alten Wertigkeitsbegriff inhaltlich nahe steht.

7. Übergang zwischen den Bindungstypen

Die oben diskutierten drei Bindungsarten sind Grenzfälle, wobei der Übergang zwischen ihnen kontinuierlich ist. Es gibt sowohl Übergänge zwischen ionischer und kovalenter, wie auch zwischen kovalenter und metallischer Bindung. Die Bindungsart einer Verbindung bestimmt weitgehend ihre Eigenschaften. Deshalb ist es das fundamentalste Problem der theoretischen anorganischen Chemie festzustellen, was für Bindungstypen in gegebenen Atomgruppen vorliegen bzw. wie die Übergänge zwischen den Bindungen zustande kommen können. Dies kann sehr schön demonstriert werden am Beispiel des Chlors. Mit Natrium bildet das Chlor Kochsalzkristalle, in denen mit Sicherheit Ionenbindung vorliegt; im Bleitetrachlorid PbCl$_4$ aber, das eine rauchende farblose Flüssigkeit ist, verhält sich das Chlor ganz anders als im Kochsalz. Mit Kohlenstoff hinwieder bildet das Chlor Tetrachlorkohlenstoff, der die typischen Kennzeichen einer kovalenten Verbindung aufweist.

Hier wird der fließende Übergang zwischen den einzelnen Typen sehr deutlich. Vermischt man Tetrachlorkohlenstoff mit Wasser, so erfolgt keine Reaktion. Das Bleitetrachlorid aber bildet Salzsäure und Blei(IV)-hydroxid, während das Natriumchlorid einfach in Ionen zerfällt. Die Ursache dieser Übergänge liegt darin, daß die Elektronenhülle nicht starr ist, sondern daß die regelmäßige, kugelsymmetrische Elektronenwolke um den Kern durch den Einfluß der Nachbaratome deformiert, polarisiert wird. Das Ausmaß der Deformation hängt von verschiedenen Faktoren ab und kann in den folgenden Regeln zusammengefaßt werden:

Die Polarisation ist um so größer, je größer die polarisierende Kraft des einen Partners und je größer die Polarisierbarkeit des anderen ist. Die polarisierende Kraft ist um so größer, je größer die Ladung und je kleiner der Durchmesser des Ions ist. Die Polarisierbarkeit hingegen nimmt mit steigender Ladung und mit steigendem Ionendurchmesser zu. Da man hohe Ladung bei kleiner Dimension bei Kationen antrifft, wird die Polarisation meistens durch die Kationen hervorgerufen. Die Elektronenhülle eines Anions wird um so mehr verzerrt, je größer sein Durchmesser ist. Da mit zunehmender Ladung das Anion auch größer wird, sind Ionen mit hoher negativer Ladung auch stärker polarisierbar. Bei Kationen, die die gleiche Dimension und Ladung besitzen, hat dasjenige die größere polarisierende Kraft, dessen Elektronenhülle dichter, kompakter aufgebaut ist. Die Radien des Natrium- und Kupfer(I)-Ions sind nahezu gleich, jedoch ist das Natriumchlorid eine typische Ionenverbindung, während das Verhalten des Kupfer(I)-chlorids in vieler Hinsicht an die kovalenten Verbindungen erinnert.

Zu erklären ist dieser große Unterschied in den Eigenschaften dadurch, daß das Natriumion 10, das Kupfer(I)-Ion aber 28 Elektronen in fast demselben Volumen enthält. Das ionisch gebundene Natriumchlorid löst sich im Wasser, das eine große Dielektrizitäts-

Tabelle 6. *Die Werte von Polarisierbarkeiten*

				H^-	He	Li^+	Be^{2+}	B^{3+}	C^{4+}	N^{5+}	
				25,65	0,5	0,2	0,1	0,05	0,03	0,01	
C^{4-}	N^{3-}	O^{2-}	F^-	Ne	Na^+	Mg^{2+}	Al^{3+}	Si^{4+}	P^{5+}	S^{6+}	Cl^{7+}
255,8	29,3	6,95	2,50	1,0	0,5	0,26	0,17	0,12	0,10	0,08	0,03
	P^{3-}	S^{2-}	Cl^-	Ar	K^+	Ca^{2+}	Sc^{3+}	Ti^{4+}			
	60,3	22,7	9,07	4,2	2,3	1,4	0,9	0,6			
		Se^{2-}	Br^-	Kr	Rb^+	Sr^{2+}	Y^{3+}				
		28,8	12,66	6,4	3,8	2,58					
		Te^{2-}	I^-	Xe	Cs^+	Ba^{2+}	La^{3+}				
		40,9	19,21	10,4	6,53	4,73	3,3				
Cu^+	Ag^+	Au^+	Tl^+	Ge^{4+}	Pb^{4+}	Pb^{2+}		Zn^{2+}	Cd^{2+}	Hg^{2+}	
(9,08)	(4,9)		(8,5)								
4,04	6,06		13,1	2,4	1,56	12,36		2,25	4,42	5,60	

konstante besitzt, auf, während das Kupfer(I)-chlorid in Wasser unlöslich ist. Bei apolaren Lösungsmitteln sind die Verhältnisse gerade umgekehrt.

Die Polarisation kann aber ein solches Ausmaß annehmen, daß man die positive bzw. die negative Ladung nicht mehr auf die einzelnen Atome fixieren kann. Zwischen den Komponenten entsteht eine hohe Elektronendichte, wie man es von der kovalenten Bindung her kennt. In einfacheren Fällen kann die Polarisierbarkeit zahlenmäßig theoretisch berechnet werden. Dies ist z. B. bei den Halogenen, den Edelgasen, den Alkalimetallen usw. geschehen. In anderen Fällen kann die Polarisierbarkeit aus optischen Eigenschaften, z. B. aus der Molrefraktion, abgeleitet werden. Die bis jetzt bekannten Polarisierbarkeiten sind in der Tabelle 6 zusammengefaßt.

Die angeführten Zahlenwerte spiegeln klar die oben angeführten Regeln für die Polarisation wider. Bezieht man noch die Daten für zusammengesetzte Ionen in die Betrachtung ein (siehe § 8), so stellt man leicht fest, daß die Deformierbarkeit eines Iones bzw. eines Moleküls abnimmt, wenn der Molekülverband mehr und mehr Wasserstoffionen aufnimmt, wie die untenstehende Reihe zeigt.

$$O^{2-} > HO^- > H_2O > H_3O^+$$

Das Proton dringt nämlich in Folge seiner außerordentlich kleinen Größe in die Elektronenhülle des Anions ein, diese wird gleichsam von innen polarisiert und erstarrt. Damit ist die Polarisierbarkeit des Anions vermindert. Die Oxide zahlreicher Metalle wie Cd^{2+}, Fe^{2+}, Mn^{2+}, Sn^{2+}, Pb^{2+} sind farbig, ihre Hydroxide dagegen sind farblos. Entsprechend der oben angegebenen Reihenfolge der Polarisierbarkeit ist die Deformierbarkeit des Hydroxidions wesentlich kleiner als die des Sauerstoffions.

Ist das Anion kleiner und das Kation größer, so wird das letztere polarisiert. Dies ist der Fall beim Cäsiumfluorid CsF. Die Folge davon ist, daß CsF nicht mehr in dem Maße ionisch ist, wie man es zwischen diesen Elementen mit größter Elektronegativitätsdifferenz erwarten würde.

Bei Metallionen niedriger Oxydationszahl und mit 18er-Schale tritt die Erscheinung der sogenannten Rückpolarisation auf. Dabei polarisiert nicht nur das Kation das Anion, sondern auch umgekehrt das Anion das Kation. Die Kationen mit 18er-Schale sind leicht deformierbar, und der im Anion induzierte Dipol verzerrt rückwirkend die kugelsymmetrische Elektronenhülle des Kations. Diese Rückpolarisation ist um so größer, je größer der Durchmesser des Kations ist. Durch dieses wechselseitige Polarisation bedingt, besitzen Verbindungen mit Kationen des eben diskutierten Typs oder mit unvollständiger Außenschale andere physikalische Eigenschaften (Schmelzpunkte und Siedepunkte usw.) als die analogen Verbindungen mit Kationen gleichen Radius, aber mit Edelgaskonfiguration (siehe II § 2).

Es wurde schon darauf hingewiesen, daß die Polarisation eine Erklärung bietet für die im Periodensystem auftretende sogenannte Schrägbeziehung und die beiden stufenartigen Trennlinien auf der linken Seite des Systems. Innerhalb einer Gruppe nimmt die Größe der Atome bzw. Ionen von oben nach unten zu, wodurch sich die polarisierende Kraft vermindert. Diese Verminderung wird nun bei einem Element, das im Periodensystem einen Platz weiter rechts steht, aber der nächsten Periode angehört, in Folge der Zunahme der positiven Ladung teilweise kompensiert. Aus dieser Schrägbeziehung können allerdings nur grobe qualitative Beziehungen abgeleitet werden.

8. Die Elektronegativität

Der Übergang der ionischen Bindung in die kovalente Bindung kann durch die Erscheinung der Polarisation befriedigend erklärt werden. Ein Übergang kann aber nicht nur in dieser Richtung zustande kommen sondern auch umgekehrt. Liegt eine kovalente Bindung vor, so ist die Verteilung der Elektronen nicht immer symmetrisch. Die maximale Elektronendichte befindet sich nicht immer genau in der Mitte zwischen den beiden Atomrümpfen. Diese Asymmetrie kommt dadurch zustande, daß die Anziehungskraft der Atome auf die Elektronen nicht gleich ist. Die Atome der Elemente mit geringerem metallischem Charakter sind bestrebt, die Elektronen stärker an sich zu ziehen als die Atome der metallischen Elemente. Dies geht auch aus den Werten der Ionisierungspotentiale hervor. Die Atome mit ursprünglich streng symmetrischer Ladungsverteilung treten nun zu einer Molekel zusammen, in der der Schwerpunkt von positiver und negativer Ladung nicht mehr zusammenfällt; es bildet sich ein Dipol aus. Der Teil der Molekel, der die Elektronen des Elektronenpaars stärker zu sich heranzieht, wird eine negativere Ladung haben als der andere Teil, der nun eine entsprechend positivere Ladung trägt. Die Wanderung der Ladung bedeutet natürlich nicht die Verschiebung einer ganzen Einheitsladung; diese partielle Ladungsverteilung wird durch die Symbole $+\delta$ und $-\delta$ bezeichnet. δ ist gewöhnlich kleiner als 1, im Falle von $\delta=1$ ist die kovalente Bindung in eine echte ionische übergegangen.

Um die Fähigkeit der einzelnen Atome, die Elektronen anzuziehen, zu charakterisieren, hat PAULING den Begriff der Elektronegativität bzw. die Elektronegativitätsskala eingeführt. Der Gedankengang, der PAULING zum Begriff der Elektronegativität führte, kann folgendermaßen zusammengefaßt werden. Wenn zwei Atome miteinander reagieren und eine Bindung zustande kommt, dann geschieht dies deshalb, weil die Atome bei der Verbindungsbildung Energie abgeben, d. h. Bindungsenergie wird frei. Reagieren die Atome A und B zu der kovalenten Bindung AB, dann wird die Energie der kovalenten Bindung frei. Bei den Ionen A^+ und B^- wird die Energie der ionischen

Bindung frei. Wenn nun der Charakter der Bindung zwischen den Atomen A und B weder rein kovalent noch rein ionisch ist, sondern ein Übergang zwischen beiden, dann geschieht dies auch deshalb, weil die Energie dieses Systems niedriger ist als die der beiden Grenzfälle. PAULING hat auf den Grad des Übergangs geschlossen, indem er die tatsächliche Bindungsenergie von AB mit der Energie der idealen kovalenten Bindung verglichen hat. Als Energie der idealen kovalenten Bindung hat er das algebraische Mittel der Bindungsenergien A−A und B−B angesehen. Die Differenz der Energien der tatsächlichen und der idealen kovalenten Bindung ist dem Ionencharakter der Verbindung AB proportional. In der Gleichung

$$E_{A-B} = 1/2 \, (E_{A-A} + E_{B-B}) + \Delta$$

ist Δ die sogenannte zusätzliche ionische Energie; sie macht eine Angabe über den Grad des Überganges von der kovalenten in die ionische Bindung. PAULING hat diese zusätzliche Energie für zahlreiche Bindungen AB berechnet und gefunden, daß diese Größe der Differenz zwischen anderen charakteristischen chemischen Größen der Reaktionspartner AB proportional ist. Durch geeignete Normierung wurde für den Wasserstoff der Wert 2,1 festgelegt, und davon ausgehend wurden die Elektronegativitäten der anderen Elemente berechnet. Diese sind in Tabelle 7 zusammengestellt.

Die Größe der Elektronegativität stellt eine charakteristische und grundsätzlich wichtige Angabe für die Atome dar; doch sollte gleich bemerkt werden, daß der Wert der Elektronegativität bei Elementen veränderlicher Wertigkeit auch eine Funktion der Oxydationszahl ist. Dies ist wohl verständlich, wenn man bedenkt, daß die Anziehungskraft auf die Elektronen in einem Zustand höherer positiver Ladungszahl größer sein muß als im Falle geringerer positiver Ladung. Dies ist sehr schön im Falle des Chroms mit verschiedener Oxydationszahl zu demonstrieren: Cr^{2+} 1,4; Cr^{3+} 1,6; Cr^{6+} 2,2. Vergleicht man die Elektronegativitätswerte der verschiedenen Oxydationszahlen des Chroms, so deutet der Wert von 1,4 darauf hin, daß das Chrom zu den ziemlich positiven Metallen gehört. Dagegen verhält es sich im sechswertigen Zustand wie die nichtmetallischen Elemente und bildet dementsprechend wie die Nichtmetalle Säuren.

PAULING hat die Elektronegativitäten aus thermochemischen Daten, aus den Bindungsenergien abgeleitet. Man kann sie aber auch auf einem anderen, gänzlich unabhängigen Weg erhalten, was demonstriert, wie charakteristisch diese Angabe für das betreffende Atom ist. MULLIKEN ging von einem anderen Modell aus; er faßte das Ganze als einen Wettbewerb der Atome um die Elektronen auf. Bei der kovalenten Bindung können die Bindungspartner als zwei positiv geladene Atomrümpfe angesehen werden, deren Ladungen durch das die kovalente Bindung repräsentierende Elektronenpaar neutralisiert wird. Die Elektronen-Anziehungskraft der Atomrümpfe kann offenbar an

Tabelle 7. Die Elektronegativitätswerte bei Nullwertigkeitsstufen

Period	Group	Element	EN
1	s¹	H	2.1
1	s²p⁶	He	—
2	s¹	Li	0.97
2	s²	Be	1.47
2	s²p¹	B	2.01
2	s²p²	C	2.50
2	s²p³	N	3.07
2	s²p⁴	O	3.50
2	s²p⁵	F	4.10
2	s²p⁶	Ne	—
3	s¹	Na	1.01
3	s²	Mg	1.23
3	s²p¹	Al	1.47
3	s²p²	Si	1.74
3	s²p³	P	2.06
3	s²p⁴	S	2.44
3	s²p⁵	Cl	2.83
3	s²p⁶	Ar	—
4	s¹	K	0.91
4	s²	Ca	1.04
4	d¹s²	Sc	1.20
4	d²s²	Ti	1.32
4	d³s²	V	1.45
4	d⁴s²	Cr	1.56
4	d⁵s²	Mn	1.60
4	d⁶s²	Fe	1.64
4	d⁷s²	Co	1.70
4	d⁸s²	Ni	1.75
4	d¹⁰s¹	Cu	1.75
4	d¹⁰s²	Zn	1.66
4	s²p¹	Ga	1.82
4	s²p²	Ge	2.02
4	s²p³	As	2.20
4	s²p⁴	Se	2.48
4	s²p⁵	Br	2.74
4	s²p⁶	Kr	—
5	s¹	Rb	0.89
5	s²	Sr	0.99
5	d¹s²	Y	1.11
5	d²s²	Zr	1.22
5	d³s²	Nb	1.23
5	d⁴s²	Mo	1.30
5	d⁵s²	Tc	1.36
5	d⁶s²	Ru	1.42
5	d⁷s²	Rh	1.45
5	d⁸s²	Pd	1.35
5	d¹⁰s¹	Ag	1.42
5	d¹⁰s²	Cd	1.46
5	s²p¹	In	1.49
5	s²p²	Sn	1.72
5	s²p³	Sb	1.82
5	s²p⁴	Te	2.01
5	s²p⁵	I	2.21
5	s²p⁶	Xe	—
6	s¹	Cs	0.86
6	s²	Ba	0.97
6	d¹s²	La	1.08
6	d²s²	Hf	1.23
6	d³s²	Ta	1.33
6	d⁴s²	W	1.40
6	d⁵s²	Re	1.46
6	d⁶s²	Os	1.52
6	d⁷s²	Ir	1.55
6	d⁸s²	Pt	1.44
6	d¹⁰s¹	Au	1.42
6	d¹⁰s²	Hg	1.44
6	s²p¹	Tl	1.44
6	s²p²	Pb	1.55
6	s²p³	Bi	1.67
6	s²p⁴	Po	1.76
6	s²p⁵	At	1.96
6	s²p⁶	Rn	—
7	s¹	Fr	0.86
7	s²	Ra	0.97
7	d¹s²	Ac	1.00

Lanthaniden (d¹s²)

Element	f¹	f²	f³	f⁴	f⁵	f⁶	f⁷	f⁸	f⁹	f¹⁰	f¹¹	f¹²	f¹³	f¹⁴
La 57: 1.08	Ce 58: 1.06	Pr 59: 1.07	Nd 60: 1.07	Pm 61: 1.07	Sm 62: 1.07	Eu 63: 1.01	Gd 64: 1.11	Tb 65: 1.10	Dy 66: 1.10	Ho 67: 1.10	Er 68: 1.11	Tm 69: 1.11	Yb 70: 1.06	Lu 71: 1.14

Actiniden (d¹s²)

| Ac 89: 1.00 | Th 90: 1.11 | Pa 91: 1.14 | U 92: 1.22 | Np 93: 1.22 | Pu 94: 1.22 | Am 95: — | Cm 96: — | Bk 97: 1.2 | Cf 98: — | Es 99: geschätzt | Fm 100: | Md 101: | No 102: — | Lw 103: — |

der Arbeit gemessen werden, die aufzuwenden ist, um die Elektronen von den neutralen Atomen abzuspalten. Das ist aber das Ionisierungspotential, und der Wert der Elektronegativität hängt gewiß mit der Ionisierungsenergie zusammen. Weiterhin gibt es neutrale Atome, und zwar die nichtmetallischen, die freiwillig Elektronen aufnehmen und negative Ionen bilden. Dabei geben sie gleichzeitig die der Elektronenaffinität entsprechende Energie ab. Bei diesen Atomen spielt im Wettbewerb um die Elektronen außer der Ionisierungsenergie auch die Elektronenaffinität eine Rolle. MULLIKEN berechnete die Elektronegativitätswerte nun so, daß er die Ionisierungspotentiale und die Elektroaffinitätswerte addierte und die Summe durch 130 dividierte. Dadurch daß er durch 130 dividierte, brachte er seine Elektronegativitätswerte mit den Paulingschen in Einklang.

Tabelle 8. *Elektronegativitäten der Elemente nach* MULLIKEN

	Ionisations-Energie Kcal.	Elektronenaffinität Kcal.	Summe / 130	Elektronegativität nach PAULING
F	429,0	98,5	4,06	4,0
Cl	298,9	92,5	3,01	3,0
Br	272,1	87,1	2,76	2,8
I	240,8	79,2	2,46	2,5
H	312,0	16,4	2,52	2,1
Li	123,8		0,95	1,0
Na	117,9	praktisch Null	0,91	0,9
K	99,7		0,77	0,8
Rb	95,9		0,74	0,8
Cs	89,4		0,69	0,7

Die Tatsache, daß man zu den Elektronegativitäten auf zwei verschiedenen Wegen kommen kann, deutet darauf hin, daß diese Größen wirklich tiefgreifende charakteristische Angaben für die Atome sind. Und weil eben die Elektronegativitäten in zwischenatomaren Beziehungen den Bindungstyp bestimmen, d. h. deren Eigenschaften festsetzen, ist es klar, daß sie auch bei der Gruppierung der Elemente eine wichtige Rolle spielen müssen. Auf dieser Basis können den sieben Gruppen der Elemente folgende Elektronegativitätswerte (x) zugeordnet werden:

Edelgase	$x = 0$
Alkalimetalle	$x < 1$
Übergangsmetalle	$1 < x < 2$
Metalle 2. Art	$1,5 < x < 2$
Seltene Erden	$1,1 < x < 1,2$
Halbmetalle	$2 < x < 2,5$
Nichtmetalle	$2,5 < x < 4$

Wie bereits oben erwähnt wurde, wird das Zustandekommen von Bindungstypen bzw. die zwischen diesen auftretenden Übergänge von den Elektronegativitätswerten der an den Bindungen teilnehmenden Atome geregelt. Je größer die Differenz zwischen den Elektronegativitätswerten der Partner ist, desto ionischer wird die Bindung. Geringe Elektronegativitätsdifferenzen rufen kovalente Bindungen hervor.

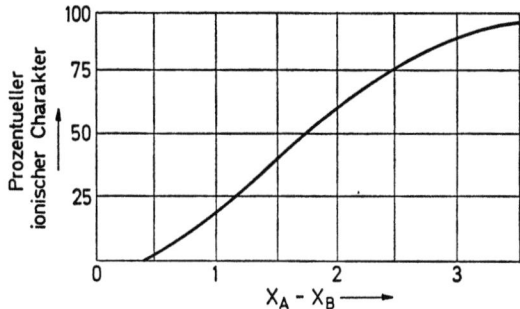

Abb. 2. Ionencharakter der Bindung in Abhängigkeit von der Elektronegativität nach PAULING

Abb. 2 zeigt den von PAULING berechneten Zusammenhang zwischen der Differenz der Elektronegativitäten und dem Ionencharakter. Die Elektronegativitäts-Differenzen der Atome A und B sind auf der Abszisse, der ionische Charakter der Verbindung AB in Prozent auf der Ordinate aufgetragen. Im Falle $x_A - x_B = 0$ ist die Bindung ideal kovalent; dies ist gewöhnlich nur zwischen identischen Atomen der Fall. Eine ideale, d. h. 100%ige ionische Bindung kommt infolge der Polarisationswirkungen in Wirklichkeit nie vor. Bei einem Wert von $x_a - x_B = 3$ wird dieser Zustand am besten erreicht. Zwischen diesen zwei Grenzfällen ist es zweckmäßig, folgende vier Bereiche zu unterscheiden.

kovalente Bindung $\quad\quad\quad\quad\quad\quad\quad\quad\quad \Delta x = x_A - x_B \sim 0{,}5$
kovalent-ionischer Übergang $\quad\quad\quad\quad\quad \Delta x \sim 1$
ionisch-kovalenter Übergang (Salze) $\quad\quad 2 > \Delta x \sim 1{,}5$
ionische Bindung (Salze) $\quad\quad\quad\quad\quad\quad\quad \Delta x > 2$

Die Tabelle 9 umfaßt die Elektronegativitäten von zusammengesetzten Ionen. Zum Vergleich sind auch die Werte der wichtigsten einfachen Ionen angeführt.

Die Tabelle enthält eigentlich nur die Elektronegativitäten zusammengesetzter Ionen von Elementen, die sich links von den Edelgasen befinden. Sie enthält damit alle wichtigen Anionen, weil in der Praxis die Bildung von zusammengesetzten Ionen von Elementen, die rechts von den Edelgasen stehen, nur selten vorkommt.

Bei Salzen, bei denen die Ionen aus mehreren Atomen zusammengesetzt sind, kann der Übergang von der ionischen in die kovalente

Tabelle 9. *Die Elektronegativitätswerte von zusammengesetzten Anionen*

B		C		N		O		F	
BF_4^-	2,65	CN^-	1,43	NH_2^-	1,67	O^{2-}	negativ	F^-	0,86
BH_4^-	1,75	OCN^-	1,97	NO_2^-	2,22	O^-	3,46	F^0	3,92
BO_2^-	1,86	SCN^-	1,80	NO_3^-	2,50	OH^-	1,49		
BO_3^{3-}	1,19	CO_3^{2-}	1,70			OH	2,80		
		CHO_2^-	2,36			H_2O	2,62		

Si		P		S		Cl	
SiO_3^{2-}	1,53	HPO_3^{2-}	1,78	SO_3^{2-}	1,74	Cl^-	0,70
SiO_4^{4-}	0,96	$P_2O_7^{4-}$	1,80	HSO_3^-	2,41	Cl^0	3,28
		PO_3^-	2,30	SO_4^{2-}	2,04	ClO^-	1,81
		PO_4^{3-}	1,45	HSO_4^-	2,56	ClO_3^-	2,58
		HPO_4^{2-}	2,00			ClO_4^-	2,75
		$H_2PO_4^-$	2,44				

As		Se		Br	
AsO_2^-	2,10	SeO_3^{2-}	1,76	Br^-	0,63
AsO_3^{3-}	1,14	SeO_4^{2-}	2,06	Br^0	2,69
AsO_4^{3-}	1,50			BrO_3^-	2,51

Sb		Te		I	
SbO_2^-	1,99	TeO_3^{2-}	1,08	IO_3^-	2,39
SbO_3^{3-}	1,09	TeO_4^{2-}	1,98	IO_4^-	2,59
		TeO_6^{6-}	0,985	IO_6^{5-}	1,26

Bindung nur als Übergang von der kovalenten Seite her diskutiert werden. Von ionischer Seite her ist dies heute noch nicht möglich, weil die Polarisierbarkeit zahlreicher Ionen, besonders die der zusammengesetzten Ionen, noch unbekannt ist. Es besteht außerdem noch kein gesetzmäßiger Zusammenhang zwischen dem Bindungscharakter im Übergangszustand und der Polarisationskraft bzw. der Polarisierbarkeit der Partner. Ganz grob gilt jedoch auch über die Polarisierbarkeit von zusammengesetzten Ionen, daß sich die Polarisierbarkeit und die Elektronegativität in entgegengesetzter Richtung ändern. Mit anderen Worten, je größer die Elektronegativität eines zusammengesetzten Ions ist, desto geringer ist seine Polarisierbarkeit.

Bisher wurde der Übergang von der ionischen in die kovalente Bindung diskutiert. Es ist selbstverständlich, daß auch ein Übergang zwischen metallischen und ionischen bzw. metallischen und kovalenten Bindungstypen vorkommen kann. Solche Übergänge sind jedoch in der elementaren anorganischen Chemie nicht besonders häufig. Ein Beispiel hierfür ist das Galliumarsenid, eine Verbindung des Galliums mit dem Arsen. Hier beträgt die Differenz der Elektronegativitäten der Verbindungspartners $2-1,5 = 0,5$, wonach eigentlich eine kovalente Bindung resultieren sollte. Das Arsen gehört jedoch zur Gruppe der Halbmetalle, das Gallium zur Gruppe der Metalle 2. Art. Zwischen zwei Elementen mit einem solchen metallischen Charakter kann sich jedoch eine kovalente Bindung, wie sie z. B. zwischen Kohlenstoff und Stickstoff auftritt, nicht ausbilden. Tatsächlich hat das Galliumarsenid auch einen metallischen Glanz und eine ganz bestimmte, wenn auch geringe elektrische Leitfähigkeit, wie sie den Halbleitern eigen ist.

Es muß auch in Betracht gezogen werden, daß eine kovalente Bindung verschieden sein kann, wenn nicht nur ein, sondern mehrere Elektronenpaare daran teilnehmen (Doppel- und Dreifach-Bindung); darauf hat die klassische Wertigkeitslehre der Kohlenstoffverbindungen (Olefine, Acetylene) bereits hingewiesen. Dazu gehört auch, daß die π-Elektronen im Falle ganz bestimmter Atomverknüpfungen (konjugierte Systeme) nicht nur an einem Atompaar lokalisiert sein können, sondern daß sich ihre Bindungstätigkeit über mehrere Atome hin erstreckt. Es ist dementsprechend realistischer, die Anzahl der Bindungen nicht nur durch einfache ganze Zahlen, sondern auch durch Bruchteile derselben anzugeben. Deshalb spricht man in der modernen Strukturchemie von einer Bindungsordnung oder einem Bindungsgrad; dieser Begriff gibt die Anzahl der Elektronenpaare an, die zwischen den in Frage kommenden Atomen die Bindung ausüben.

Über die Bindungsordnung kovalenter Atomverknüpfungen gibt unter anderem die Summe der Elektronegativitäten Auskunft. Wichtig sind in diesem Zusammenhang auch noch die Gesamtzahl der Valenzelektronen und natürlich der Unterschied in den Elektronegativitäten. GOUBEAU hat für diese Beziehungen folgende drei Regeln aufgestellt:

1. Je kleiner die Gesamtzahl der Valenzelektronen bei den beiden Bindungspartnern ist, desto größer ist die Bindungsordnung, da mehrere Elektronen gemeinsam sein müssen, wenn eine stabile Konfiguration (in der ersten Achter-Periode ein Oktett) erreicht werden soll.

In der ersten Achter-Periode entsteht eine Einfach-Bindung, wenn die Gesamtzahl der Valenzelektronen 14 beträgt; im Falle von 12 Valenzelektronen entsteht eine Doppelbindung, bei 10 Elektronen hingegen eine Dreifach-Bindung. In den höheren Perioden ändern sich diese Zahlen.

2. Die größere Bindungsordnung ist also eine Folge des Elektronenmangels und dementsprechend eine Funktion der Elektronegativitäten. Eine höhere Bindungsordnung kann nur zwischen solchen Atomen zustande kommen, bei denen die Summe der Elektronegativitäten der Partner mindestens 5 oder mehr beträgt.

3. Eine größere Differenz zwischen den Elektronegativitäten der beiden Partner vermindert die Bindungsordnung, da die überlappenden

Elektronenwolken in diesem Falle nicht mehr symmetrisch, sondern in Richtung des Partners höherer Elektronegativität verzerrt sind.

Die Bindungsverhältnisse können — zweifellos innerhalb willkürlicher Grenzen — in der folgenden Tabelle zusammengefaßt werden.

Σ_x \ Δ_x	0,5	0,5—1,5	1,5—2,0	2,0
5—8	mehrfache kovalente apolare	mehrfache kovalente schwach polare	kovalent-ionisch	ionisch
3—5	kovalent, o. metallisch und ihre Übergänge	einfach kovalent stark polar ionisch-kovalent	kovalent-ionisch	ionisch
2—3	metallisch	kovalent, o. metallisch	kovalent-ionisch	—

Deutlicher werden diese Verhältnisse durch Abb. 3, die die Änderung des Bindungscharakters für die Elemente der dritten Periode veranschaulicht.

Auf Grund der Zusammenstellung in obiger Tabelle können die Goubeauschen Regeln so formuliert werden, daß bei ionischer Bindung die Summe und auch die Differenz der Elektronegativitäten groß ist. Im Falle kovalenter Bindung ist die Summe der Elektronegativitäten groß, aber ihre Differenz klein; sie ist im Idealfalle sogar Null. End-

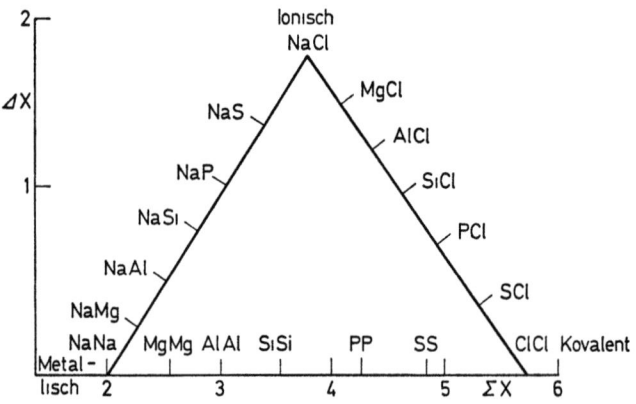

Abb. 3. Änderung des Bindungscharakters zwischen Elementen der dritten Periode

lich ist die Summe der Elektronegativitäten für metallische Bindungen gering, und auch die Differenz ist praktisch Null.

Wenn die ionische Bindung in eine kovalente übergeht, nimmt die Summe der Elektronegativitäten zu, die Differenz hingegen ab. Bei kovalent-metallischem Übergang vermindert sich die Summe der Elektronegativitäten, jedoch bleibt die Differenz weiterhin gering. Endlich nimmt sowohl die Summe wie auch die Differenz der Elektronegativitäten beim metallisch-ionischen Übergang zu.

Mit der Bindungsordnung nimmt die Stärke der Verknüpfung zwischen den Atomen zu; dies bedeutet aber nicht unbedingt, daß sich damit auch die Reaktionsfähigkeit vermindert. Die Bindungsstärke nimmt zwar mit zunehmender Bindungsordnung zu, jedoch ist diese Zunahme nicht linear. Die Bindungsstärke der einfachen C–C-Bindung beträgt 84 kcal. Durch Zustandekommen der Olefinbindung wird die Bindungsstärke um 39 kcal, durch Dreifach-Bindung im Acetylen jedoch nur um 27 kcal erhöht. Es ist selbstverständlich, daß die durch eine geringere Energieabgabe zustande gekommenen Bindungen leichter angegriffen werden können (siehe auch II, 4).

9. Bindungstypen zweiter Art

Die ionische, kovalente und metallische Bindung sind die wichtigsten Bindungstypen; sie bestimmen im wesentlichen die Eigenschaften der Verbindungen. Daneben gibt es aber noch zwei weitere Bindungstypen, die ebenfalls das Verhalten der Substanzen mehr oder weniger beeinflussen können; ihr Einfluß ist aber zweifellos kleiner als der der drei Haupttypen.

Eine solche Bindung 2. Art ist die van der Waalssche Bindung. Die Konstante a in der van der Waalsschen Zustandsgleichung berücksichtigt die Wechselwirkung zwischen abgesättigten Molekeln. In dem Glied $(p + a/v^2)$ wirkt diese Wechselwirkung im gleichen Sinne wie der äußere Druck, sie wirkt also als Bindekraft. Diese Bindekraft geht von der Substanz selbst aus, und sie äußert sich in der Kohäsion von endlichen Molekeln vor allem im flüssigen oder festen Zustand. Die Kraftwirkung der van der Waalsschen Bindung rührt davon her, daß die Molekeln vom elektrischen Standpunkt nicht genau symmetrisch sind. Je größer das Dipolmoment der Molekel ist, desto größer ist auch die Stärke der van der Waalsschen Bindung; je kleiner die van der Waalssche Kraft ist, desto kleiner ist die Kohäsion zwischen den einzelnen Molekeln, und damit ist die Substanz flüchtiger. Bei den sogenannten permanenten Gasen ist die Wechselwirkung zwischen Dipolen infolge der hohen Symmetrie der Elektronenhülle äußerst klein. Deshalb sind die Gase auch schwer zu verflüssigen. Bei der Ausbildung der Aggregatzustände sind die van der Waalsschen Kräfte wesentlich. Die zur Überwindung der van der Waalsschen Kräfte notwendige thermische Energie ist der Masse der Molekel proportional. Deshalb schmelzen und verdampfen auch die Substanzen mit höherem Molekulargewicht bei höheren Temperaturen, auch wenn sie, wie dies bei kovalenten Verbindungen der Fall ist, aus diskreten Molekeln bestehen.

Die Energie der van der Waalsschen Bindungen ist wesentlich kleiner als die der Hauptbindungstypen. Letztere betragen etwa 60 bis 100 kcal/Mol, die van der Waalsschen Bindungsenergien liegen in der Größenordnung von etwa 2—10 kcal/Mol.

Der andere Bindungstyp 2. Art ist die sogenannte Wasserstoffbrücken-Bindung. Auf die Existenz der Wasserstoffbrücken-Bindung mußte infolge experimenteller Befunde geschlossen werden. So bildet z. B. der Rohrzucker harte Kristalle, während die Kristalle eines Paraffin-Kohlenwasserstoffes mit etwa gleichem Molekulargewicht weich sind. Die Verbindung des Wasserstoffs mit Sauerstoff, das Wasser, schmilzt bei 0 °C und siedet bei 100 °C; demgegenüber ist der Schwefelwasserstoff bei Normalbedingungen gasförmig, er verflüssigt sich und erstarrt bei wesentlich niedrigeren Temperaturen, obwohl er ein höheres Molekulargewicht besitzt. Beim Schwefelwasserstoff wäre ein höherer Schmelz- und Siedepunkt als beim Wasser zu erwarten, zumal in diesem Falle auch die Struktur der Molekeln und ihr Dipolcharakter identisch sind. Der Unterschied in den Kohäsionskräften konnte durch Unterschiede in den van der Waalsschen Kräften allein nicht gedeutet werden.

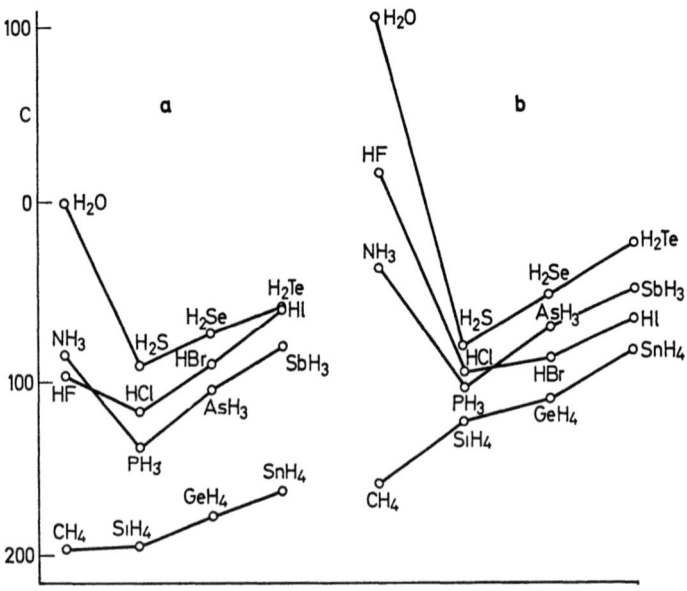

Abb. 4. Der Verlauf des Schmelzpunktes und Siedepunktes bei isoelektronischen Hydriden

Es hat sich bald herausgestellt, daß in Verbindungen, die ein solches Verhalten zeigen, immer Wasserstoff vorliegt. Der Wasserstoff war dabei immer mit den Elementen Fluor, Sauerstoff, Stickstoff und in gewissem Maße auch mit Chlor verbunden. Wurde nun in diesen Verbindungen der Wasserstoff durch Methylradikale ausgetauscht, substituiert, so hörte das anormale Verhalten auf.

Der Wasserstoff bildet normalerweise nur eine Bindung aus; mit den oben angeführten Elementen jedoch tritt er nicht nur mit einem Atom in Wechselwirkung, sondern auch mit den Fluor-, Sauerstoff- oder Stickstoffatomen benachbarter Molekeln. Der Wasserstoff kann diese in zwei Richtungen wirkenden Bindungen nur mit den stark elektronegativen Elementen zustande bringen.

Bei der Substitution des Wasserstoffs durch Methylradikale kann eine solche Wasserstoffbrücken-Bindung nicht auftreten, da sich der Wasserstoff nicht unmittelbar in beiden Richtungen mit den stark elektronegativen Elementen verbinden kann.

Die besondere Funktion des Wasserstoffs in der Brückenbindung hängt damit zusammen, daß das Proton den kleinsten Durchmesser aller Ionen besitzt. Dadurch hat es eine so große Polarisationskraft, daß es nicht nur die Elektronenhülle desjenigen Atoms polarisieren kann, an das es unmittelbar gebunden ist, sondern auch die des benachbarten elektronegativen Atoms.

Die Energie der Wasserstoffbrücken-Bindung beträgt etwa 3 bis 8 kcal/Mol, sie liegt also in derselben Größenordnung wie die der van der Waalsschen Bindungskräfte. Treten Wasserstoffbrücken-Bindungen auf, so addieren sich natürlich die beiden Bindungskräfte 2. Art. Diese Kräfte assoziieren die Molekeln, und infolge des gestiegenen Molekulargewichts ändern sich die physikalischen Konstanten. Auf diese Assoziation kann auch aus der Oberflächenspannung geschlossen werden. Die Änderung der Oberflächenspannug mit der Temperatur wird durch die Eötvössche Regel beschrieben. In der Gleichung, die diese Abhängigkeit beschreibt, tritt eine Konstante auf, die für normale Flüssigkeiten universell ist. Bei assoziierten Flüssigkeiten weicht diese Konstante von ihrem normalen Wert ab. Infolge der Wasserstoffbrücken-Bindung ist die Formel für den Fluorwasserstoff nicht als HF, sondern als H_2F_2 zu formulieren. Für den Chlorwasserstoff hingegen ist die Formel HCl richtig. Chlorwasserstoff bildet keine sauren Salze, jedoch sind beim Fluorwasserstoff saure Salze, wie z. B. KHF_2, bekannt.

10. Die durch die Bindungstypen bestimmten Eigenschaften

Wir haben nun die in der anorganischen Chemie vorkommenden Bindungstypen kennengelernt, und wir wollen nun untersuchen und zusammenfassen, welche Eigenschaften für die einzelnen Bindungstypen charakteristisch sind. Es ergibt sich dadurch die Möglichkeit, aus dem

Bindungstyp auch auf die Eigenschaften der betreffenden Verbindung zu schließen.

Im Falle einer Ionenbindung ist die Substanz gewöhnlich kristallin. Typisch für die Ionenkristalle ist die schlechte Wärmeleitfähigkeit, und außerdem leiten sie schlecht den elektrischen Strom. Dies ist dadurch bedingt, daß das an den Gitterpunkten sitzende Ion und die dazu gehörende Ladung fest fixiert sind. Dadurch können weder die Ionen noch die Elektronen die Gitterplätze verlassen. Mit steigender Temperatur nimmt auch die elektrische Leitfähigkeit zu. Beim Schmelzpunkt leiten die Ionenkristalle außerordentlich gut, was sich in der Wanderung der Ionen zu den Elektroden bemerkbar macht. Die Kristalle ionischer Verbindungen sind farblos, wenn sie aus farblosen Ionen aufgebaut sind. Farbige Ionen bilden gewöhnlich farbige Kristalle. Ein Ion ist dann farbig, wenn es eine nicht vollständig aufgefüllte Elektronenschale besitzt, da die auf unvollständig aufgefüllten Bahnen befindlichen Elektronen leicht anregbar sind. Die aus solchen Ionen aufgebauten Kristalle absorbieren schon das sichtbare Licht und erscheinen infolge der selektiven Absorption farbig. Bei gewöhnlichem Licht können farblose Kristalle im ultravioletten Bereich selektiv absorbieren, weil die energiereicheren Strahlen fähig sind, auch die abgeschlossenen Elektronenschalen anzuregen. Es kommt jedoch auch vor, daß ein ionischer Kristall farblos, seine Lösung aber farbig erscheint. Die Ursache ist dann darin zu suchen, daß bei der Verbindung die Elektronen in festem Zustand nicht anregbar sind. In Lösung aber, wenn bereits Wassermolekeln an das Ion gebunden sind, ist die Elektronenhülle locker und damit leichter anregbar. Ein solcher Fall liegt beim Kupfersulfat vor. Dieses Salz ist wasserfrei, farblos, hydratisiert ist es aber blau. Eine wesentliche Eigenschaft der ionischen Verbindungen ist, daß sie in Lösungsmitteln mit höherer Dielektrizitätskonstante leichter in Lösung gehen. Eine ungewöhnlich hohe Dielektrizitätskonstante besitzt beispielsweise das Wasser ($\varepsilon = 80$). Bei den üblichen organischen Lösungsmitteln liegt sie unter 10, Alkohole weisen im Durchschnitt einen Wert von ungefähr 30 auf. Daraus folgt, daß die Löslichkeit ionischer Verbindungen in Alkoholen geringer ist als in Wasser.

Charakteristisch für die ionische Bindung ist auch, daß die Ionen im Kristallgitter sehr stark festgehalten werden. Die Ionenkristalle haben dementsprechend einen hohen Schmelzpunkt und auch eine ziemlich große Härte.

Die Eigentümlichkeiten der kovalenten Bindung können am besten anhand der sogenannten Atomgitter demonstriert werden. In den Atomgittern liegt zwischen allen Gitterpunkten eine kovalente Bindung vor; die Verknüpfung der Atome schreitet nach allen Raumrichtungen fort. Diese Gitter unterscheiden sich selbstverständlich von den aus kovalenten Molekeln aufgebauten Molekülgittern. Es gibt nur relativ wenig Elemente, die Atomgitter ausbilden. Im P-Feld des Periodensystems sind es die leichten Elemente Bor, Kohlenstoff und Silicium. Sie bilden somit dreidimensionale unendliche Gitter. Da die Bindungselektronen immer lokalisiert bleiben, sind solche Kristalle Isolatoren. Sie zeichnen sich durch einen hohen Schmelzpunkt, eine sehr große Härte und einen auffallend großen Brechungsindex aus. Verbindungen, in denen solche Atomgitter vorliegen, sind nicht spaltbar, sie brechen höchstens muschelartig. Für derartige Substanzen gibt es kein Lösungsmittel.

Zu den charakteristischen Eigenschaften der Metalle zählen unter anderen die ausgezeichnete Wärme- und die elektrische Leitfähigkeit. Die Metalle sind Leiter erster Ordnung, weil bei diesen Vorgängen nicht Ionen, sondern lediglich Elektronen beteiligt sind. Eine weitere Folge der metallischen Bindung ist, daß die Metalle undurchsichtig sind, weil das einfallende Licht von dem Elektronengas absorbiert wird. Nur außerordentlich dünn ausgewalzte Metallschichten (einige Mikron dick) sind durchscheinend. An der Oberfläche der Metallkristalle wird ein hoher Prozentsatz des einfallenden Lichtes reflektiert, so daß die Metalle, ausgenommen das Kupfer und das Gold, grau erscheinen. Infolge von Lichtabsorption oder infolge von Wärmeeinwirkung können aus Metallen Elektronen austreten. Je positiver das Metall ist, desto leichter geschieht dies, desto kleiner ist die Austrittsarbeit. Diese hat im Periodensystem der Elemente den gleichen Verlauf wie das Ionisierungspotential der freien Atome. Die eben diskutierten Eigenschaften der Metalle werden sowohl im festen als auch im geschmolzenen Zustand beobachtet. Die Metallbindung ist stark, ihre Stärke variiert jedoch zwischen weiten Grenzen.

Auch die zwischenmolekularen van der Waalsschen Bindungskräfte verleihen den Substanzen gewisse Eigenschaften. Die Stärke der van der Waalsschen Bindung ist, wie wir gesehen haben, nicht sehr stark. Dementsprechend können diese Bindungen leicht gelöst werden, auch wenn die andere Bindung, z. B. die kovalente Bindung innerhalb der geschlossenen Molekel, unverändert bleibt. Wenn die van der Waalssche Bindung wesentlich die physikalischen Eigenschaften einer Substanz bestimmt, dann haben Größen wie der Schmelzpunkt und die Härte ziemlich niedrige Werte. In vielen Fällen ist dann die van der Waalssche Wechselwirkung so gering, daß der innere Wärmeinhalt der Substanzen auch bei normalen Temperaturen mehr Energie repräsentiert als die, welche zur Überwindung der intermolekularen Kräfte nötig ist. In diesem Falle kann die Kohäsion die Gitterpunkte nicht zusammenhalten, auch in flüssigem Zustande nicht, und die Substanzen sind flüchtig.

Sind Wasserstoffbrücken-Bindungen vorhanden, sind die Kristalle härter als diejenigen, welche nur durch van der Waalsche Kräfte zusammengehalten werden. Auch der Schmelzpunkt und Siedepunkt ist höher, da die Molekeln assoziiert sind. Größere Molekeln haben selbstverständlich höhere Schmelz- und Siedepunkte.

II. Die charakteristischen Eigenschaften der einzelnen Elementgruppen

1. Polymorphie

Es wurde gezeigt, daß die Stabilisierung zwischen identischen Atomen zu verschiedenen Molekelgrößen führen kann, und daß die Elektronegativität der Elemente ein wesentlicher Faktor bei der Stabilisierung ist. Die Elektronegativitätswerte der Halbmetalle liegen gerade in der Mitte zwischen denen der Metalle und der Nichtmetalle, die die beiden Extreme darstellen. Deshalb sind gerade bei den Halbmetallen zahlreiche Möglichkeiten für einen Übergang zwischen den Bindungstypen gegeben. Es folgt daraus, daß die hierzu gehörigen Elemente in verschiedenen Erscheinungsformen, Modifikationen auftreten. Da sich die Bindungsart mit der Temperatur ändert, und da sie in geringerem Maße auch vom Druck abhängig ist, folgt, daß die Übergänge zwischen den einzelnen Erscheinungsformen auch von der Temperatur und vom Druck beeinflußt werden. Diese Erscheinung in der Chemie wird als Polymorphie bezeichnet. Es werden zwei Arten

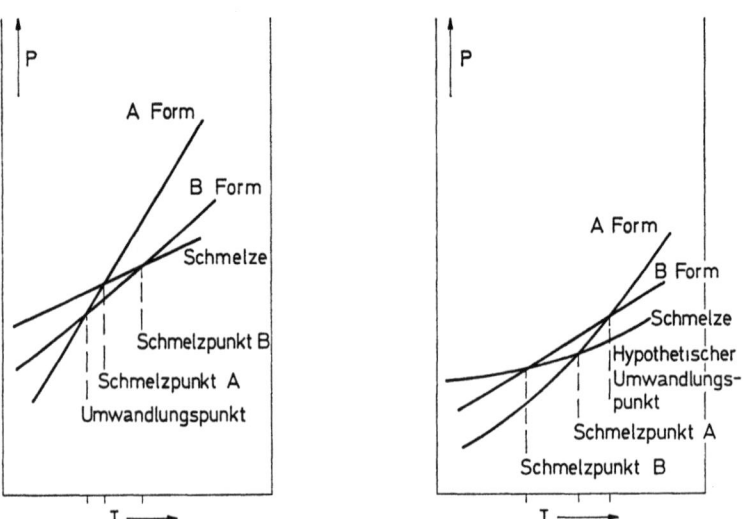

Abb. 5. Verlauf der Dampfdruckkurven bei enantiotrop und monotrop polimorphen Umwandlungen

von Polymorphie unterschieden. Einmal können die verschiedenen Formen gegenseitig ineinander übergehen, oder aber die Umwandlung ist nur in einer Richtung möglich. Die Substanzen haben einen bestimmten, im allgemeinen meßbaren Dampfdruck, eine Dampftension. Im ersten Falle der Polymorphie überschneiden sich die Dampfdruckkurven (Tensionskurven) der Reihe nach so, daß mit zunehmender Temperatur nacheinander jede Modifikation des Systems durchlaufen, und endlich der Schmelzpunkt erreicht wird (siehe Abb. 5). In diesem Falle spricht man von einer enantiotropen Polymorphie. Bei monotroper Polymorphie schneiden sich nicht alle zu den einzelnen Modifikationen gehörigen Dampfdruckkurven unterhalb des Schmelzpunktes; es ist also für das System nicht möglich, unterhalb des Schmelzpunktes schrittweise aus einer Modifikation in die andere überzugehen.

Es ist diejenige Modifikation eines Systems beständig, die bei gegebener Temperatur den geringsten Dampfdruck aufweist. Dies bedeutet, daß im Falle monotroper Polymorphie das System in die weniger beständige, d. h. in die Modifikation mit höherem Dampfdruck nur beim Abkühlen von höheren Temperaturbereichen her übergehen kann. Dieser Sachverhalt wird durch die Ostwaldsche Stufenregel beschrieben, der zufolge ein polymorpher Stoff bei Änderung der Temperatur oder des Druckes immer erst die instabilere Form ausbildet und sich erst dann in die stabile umwandelt.

Enantiotrope Polymorphie zeigt beispielsweise der Schwefel, beim Phosphor tritt die Monotropie auf.

Die zu verschiedenen polymorphen Formen gehörenden Eigenschaften hängen von der Größe und Art der Molekeln ab. Die Modifikation eines Stoffes, die aus kleineren Molekelverbänden besteht, besitzt gewöhnlich einen höheren Dampfdruck, d. h. sie ist weniger beständig und daher bestrebt, in die Modifikation mit größeren Molekeln überzugehen. Die instabilere Form schmilzt bei niedrigerer Temperatur, sie bildet weichere Kristalle und ist in Lösungsmitteln leichter löslich. Auch die Dichte solcher Kristalle ist infolge der Schwächung der Bindungskräfte kleiner. Die Erscheinungsform eines Stoffes, die aus diskreten Molekeln zusammengesetzt ist, besitzt immer eine geringere Dichte als die Modifikation, in der keine diskreten Gitterbausteine vorliegen. Der Graphit, welcher unter gewöhnlichen Umständen die stabile Form des Kohlenstoffs darstellt, wandelt sich dann in den Diamanten um, wenn er einem hohen Druck ausgesetzt wird, weil die Kohlenstoffatome im Diamanten dichter gepackt sind als im Graphit. Der Diamant ist also unter Normalbedingungen die metastabile Form; jedoch verläuft die Rückwandlung so langsam, daß sie auch nach Millionen von Jahren nicht wahrnehmbar ist. Die dichtere Packung beim Diamanten erhöht nicht nur die Dichte sondern auch die Härte, und auch der Schmelzpunkt steigt an. Modifikationen mit diskreten Molekeln im Gitter sind im allgemeinen Isolatoren. So besitzt z. B. von den beiden Modifikationen des Selens die rote Form eine Molekel aus acht Atomen und ist ein Isolator. Dagegen leitet das graue Selen die Elektrizität (besonders dann, wenn der Selenkristall beleuchtet wird), da das Gitter nicht durch endliche Molekeln gebildet wird. Auch der Graphit zeigt eine gewisse elektrische Leitfähigkeit, da im Graphit zwischen den Kohlenstoffatomen nicht nur einfache Bindungen wie im Diamanten existieren. Infolge der zwischen den Kohlenstoffatomen fest lokalisierten Elektronenpaare gehört der Diamant zu den vollkommensten Isolatoren.

Bei den Elementen findet man Polymorphie unter gewöhnlichen Bedingungen dann, wenn die Möglichkeit besteht, daß der Bindungstyp wechselt. Das ist in unserem Periodensystem bei den Elementen der Fall, die neben der stufenartigen Abgrenzung stehen. Bei Substanzen, bei denen unter gewöhnlichen Bedingungen eine Polymorphie nicht auftritt, kann eine solche bei höheren oder tieferen Temperaturen und Drucken beobachtet werden. Zum Beispiel wurden beim Mangan zwischen 900 und 1500 °C mehrere Erscheinungsformen festgestellt.

Die Erscheinung der Polymorphie ist nicht nur auf die Elemente beschränkt. Wenn sich Temperatur oder Druck verändern, können auch bei Verbindungen verschiedene Kristallformen bei sonst identischer chemischer Zusammensetzung vorkommen. Das gewöhnliche Eis ist die feste Form des Wassers; es sind aber außerdem (abhängig vom Druck) noch wenigstens sechs verschiedene Kristallformen des Wassers bekannt. Diese sind nicht nur unterhalb 0 °C fest sondern auch bei höheren Temperaturen, wenn der Druck groß genug ist.

2. Die physikalischen Eigenschaften der Elemente

Bespricht man die physikalischen Eigenschaften der Elemente, und bezieht man sich dabei auf ein Periodensystem wie es beispielsweise Tabelle 4 wiedergibt, so muß man sich vor Augen halten, daß sich

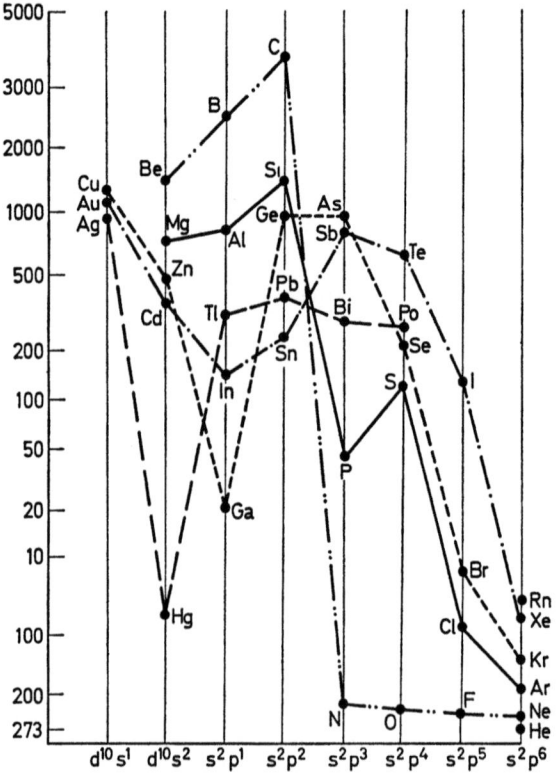

Abb. 6. Schmelzpunkte der Elemente von S-P-Feldern

diese Eigenschaften entlang den stufenartigen Abgrenzungen sprunghaft ändern. Es ist deshalb zweckmäßig, die Eigenschaften der Elemente in den einzelnen Elementengruppen gesondert zusammenzufassen. Das Verhalten von Elementen kann im Periodensystem horizontal, also entlang einer Periode, untersucht werden. In vertikaler Richtung, also innerhalb einer Gruppe, ist die Änderung der Schmelzpunkte monoton; dies gilt aber nur dann, wenn die stufenartige Abgrenzung die Gruppe nicht überschneidet. Als eine Regel kann ausgesprochen werden, daß der Schmelz- und der Siedepunkt der Elemente der S-Felder von oben nach unten abnimmt. Nur die Kupfergruppe bildet hier eine Ausnahme, da das Gold bei einer höheren Temperatur als das Silber schmilzt. Bei Elementen des D-Feldes nimmt der Schmelzpunkt von oben nach unten in jedem Fall zu. Dasselbe ist auch für Elemente des P-Feldes gültig, sofern nicht die Kontinuität durch die stufenartige Abgrenzung unterbrochen wird (Abb. 6). Abb. 7 zeigt, daß die Alkalimetalle tiefer schmelzen als die Erdalkalimetalle, die Schmelzpunkte zwischen etwa 700° und 800 °C aufweisen. Die Übergangsmetalle schmelzen zwischen 1400° und 3400 °C.

Die Schmelzpunkte und natürlich auch die Siedepunkte der Elemente auf der linken Seite unseres Periodensystems liegen bedingt

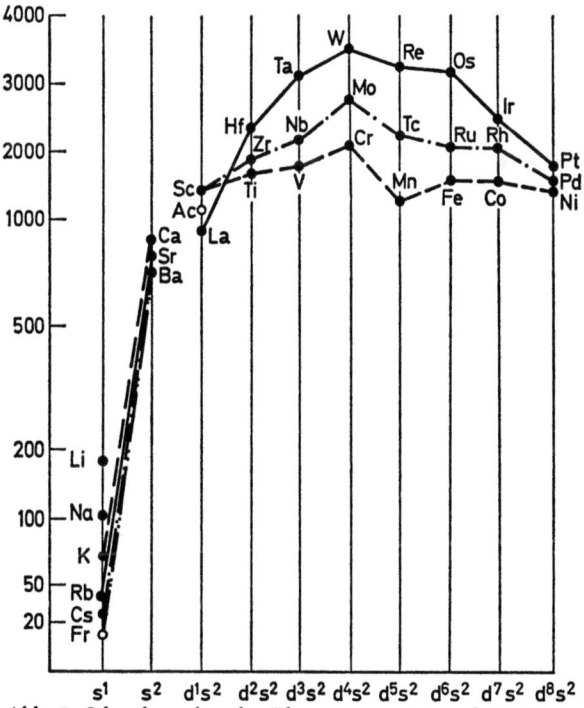

Abb. 7. Schmelzpunkte der Elemente von D- und S-Feldern

durch die unterschiedlichen Bindungstypen in den verschiedenen Temperaturbereichen. Für die Mehrheit dieser Elemente liegt der Schmelzpunkt bei der Temperatur der Rotglut. Die Temperatur, bei welcher der Schmelzvorgang einsetzt, ist abhängig von den Kohäsionskräften. Ebenso ist die Härte der Kristalle durch die Kohäsion bedingt. Deshalb ändern sich Härte und Schmelzpunkt gleichsinnig. Auch für Metalle, falls sie vollkommen rein sind, ist diese Regel streng gültig. Es kommt jedoch oft vor, daß ein bei verhältnismäßig niedriger Temperatur schmelzendes Metall eine besonders große Härte besitzt. In diesem Falle sind die Fremdatome im Metall für die besonderen mechanischen Eigenschaften verantwortlich. Das vollkommen reine Aluminium ist deshalb weich und leicht formbar, weil die Gitterebenen gegeneinander leicht beweglich sind. Durch Zufügen einer verhältnismäßig geringen Menge eines Fremdmetalles kann jedoch extrem hartes Aluminium hergestellt werden. Wo deshalb große mechanische Festigkeit gefordert wird, werden diese absichtlich verunreinigten, legierten Metalle angewandt.

Die Farbe der Elemente ist eine wichtige Eigenschaft. Alle Atome, die eine kompakte Elektronenhülle besitzen, deren Elektronen also vom sichtbaren Licht nicht angeregt werden können, sind farblos. Dieser Fall liegt bei den Edelgasen vor, und von den gewöhnlichen Gasen sind der Wasserstoff, der Sauerstoff und der Stickstoff zu nennen. Mit zunehmendem Atomgewicht verringert sich die Kompaktheit der Elektronenhülle, und es vertieft sich dementsprechend die Farbe. Diese Feststellung bezieht sich selbstverständlich nur auf die nichtmetallischen Elemente. Die eigenartige graue Farbe der Metalle wird gewöhnlich als Metallglanz bezeichnet. Eine Differenzierung im Farbton der Metalle kann davon herrühren, daß die Metalle verschieden verteilt sind. Äußerst fein verteilte Metalle können so eine ins Schwarze übergehende graue Farbtönung aufweisen.

Die Dichte der Elemente ist diejenige Eigenschaft, die sich am regelmäßigsten im Periodensystem ändert. Die spezifische Dichte nimmt innerhalb einer Gruppe immer von oben nach unten zu*, unabhängig davon, ob die Gruppe durch die stufenartige Abgrenzung gekreuzt wird oder nicht. Mit steigendem Atomgewicht nimmt also die Dichte innerhalb einer Gruppe zu; innerhalb einer Periode jedoch ist dies nicht immer richtig. Die Dichte des Goldes z. B. beträgt etwa 19 und die des in der Periode folgenden Elementes, des Quecksilbers, nur 13,5, obwohl das Atomgewicht des Goldes kleiner als das des Quecksilbers ist. Wenn man in dieser Periode weitergeht, findet sich für das Blei ein Wert von 11,3. Diese Abnahme der Dichte rührt davon her, daß die Elektronenhülle des Goldes die kompakteste ist, und diese kompakten Atome sich in dichtester Packung, d. h. mit maximaler Raumausfüllung, aneinander knüpfen. Maximale Raumausfüllung bedeutet aber die größte Dichte. Die auf das Gold folgenden Elemente besitzen

---

* Einzige Ausnahme bildet das Kalium.

dagegen eine immer lockerere Elektronenhülle, und auch die Packung der Atome ist nicht so dicht. Dies hat zur Folge, daß die Dichte abnimmt. Deshalb kann auch keine Regel für die Änderung der Dichte entlang einer Periode aufgestellt werden.

Die kritischen Daten der Elemente sind ebenfalls wichtige physikalische Eigenschaften. Sie sind in erster Linie für Gase wesentlich. Diesbezüglich gilt, daß ein Gas bei um so niedrigerer Temperatur verflüssigt werden kann, je leichter das Gasmolekül und je kompakter seine Elektronenhülle ist. Wasserstoff schmilzt bei etwa $-259\,°C$, Helium aber unter $-270\,°C$. Der Wasserstoff, der leichtere Molekeln hat als das Helium, verflüssigt sich deshalb bei höherer Temperatur, weil seine Elektronenhülle weniger kompakt ist. In der Wasserstoffmolekel sind 2 Elektronen im Anziehungsbereich zweier Kerne, in der Heliummolekel dagegen befinden sich 2 Elektronen im Anziehungsbereich nur eines Kernes. Sobald das Atomgewicht bzw. das Molekulargewicht zunimmt, nimmt auch die kritische Temperatur zu.

Vom Standpunkt des Chemikers aus ist vielleicht die wesentlichste Eigenschaft einer Substanz ihre Löslichkeit. Der physikalische Lösevorgang kann verstanden werden als eine Wechselwirkung zwischen dem aufzulösenden Stoff und dem Lösungsmittel. Die Art der Wechselwirkung, die in irgendeine der fünf chemischen Bindungstypen eingereiht werden kann, und die Größe der Wechselwirkung hängt von dem Charakter der aufzulösenden Substanz und des Lösungsmittels ab. Wird Argon in Wasser gelöst, kann ausschließlich eine von den van der Waalsschen Kräften bedingte Wechselwirkung auftreten. Die zwischen Argon und den Wassermolekeln wirkenden van der Waalsschen Kräfte sind groß genug, um das Argon im Lösungsmittel zurückzuhalten. Auch stärkere Wechselwirkungen sind möglich. Löst man beispielsweise Zucker in Wasser, wirken nicht nur van der Waalsche Kräfte, sondern es kommen auch Wasserstoffbrücken zustande. Die Wechselwirkung wird noch stärker, wenn Ammoniak oder Chlorwasserstoffgas in Wasser gelöst wird, was sich in der größeren Löslichkeit dieser Substanzen ausdrückt. So ist es möglich mit Argon ein- bis zweiprozentige wäßrige Lösungen zu bereiten, dagegen lösen sich etwa 400 Volumina Ammoniak oder Chlorwasserstoffgas in einem Volumen Wasser auf.

Beim Auflösen selbst müssen die Kohäsionskräfte zwischen den Molekeln der aufzulösenden Substanz überwunden werden. Es liegt auf der Hand, daß sich dieser Vorgang nur dann von selbst abspielen wird, wenn die zur Verteilung, zur Dispergierung notwendige Energie kleiner ist als die Energie der Wechselwirkung zwischen den Lösungsmittelmolekeln und den aufgelösten Molekeln. Deshalb kann ein Stoff, dessen Kristallgitter durch starke Bindungskräfte zusammengehalten wird, nicht aufgelöst werden; dies trifft auf den Diamantkristall zu, der sich in keinem Lösungsmittel löst. Von wenigen Ausnahmen abgesehen, lösen sich die Elemente im Wasser deshalb nicht auf, weil die Wechselwirkung zwischen den Wassermolekeln und den Molekeln der Elemente im allgemeinen sehr gering ist. Daß gewisse Elemente im Wasser trotzdem löslich sind, ist eine Folge ihrer Flüchtigkeit. In diesem Falle ist es natürlich nicht nötig, Energie zur Auflösung des Gitters aufzubringen. Daß nur die flüchtigen Elemente wasserlöslich sind, hat L. W. WINKLER schon vor mehr als 70 Jahren gezeigt. Er hat nämlich festgestellt, daß die Löslichkeit, z. B. die des flüssigen Broms, in Wasser genauso wie die der gasförmigen Elemente mit steigender Temperatur abnimmt. Nicht das flüssige Brom, sondern nur der Bromdampf löst sich. Elemente, die diskrete Molekeln bilden — solche existieren nur bei den Nichtmetallen —, lösen sich hauptsächlich in sogenannten apolaren Lösungsmitteln auf. Ist die Elektronenhülle des aufzulösenden Elementes nicht sehr kompakt, wird mit anderen Worten das äußerste Elektron vom Kern weniger festgehalten, dann löst sich das Element, das aus diskreten Molekeln besteht, auch in mäßig polaren Lösungsmitteln. So löst sich Jod beispielsweise sehr gut in Alkohol und Äther.

Metalle bilden keine diskreten Atomverbände, und deshalb lösen gewöhnliche Lösungsmittel Metalle auch nicht auf. Lösungsmittel mit metallähnlichen Eigenschaften, wie z. B. das Quecksilber, können Metalle auflösen. Die Lösungen von Metallen in Quecksilber werden Amalgame genannt. Quecksilber ist ein gutes Lösungsmittel für Alkalimetalle, Kupfer, Silber und Gold; Eisen löst sich praktisch nicht in Quecksilber. Deshalb kann Quecksilber auch in eisernen Gefäßen aufbewahrt werden. Allgemein kann gesagt werden, daß Metalle als Lösungsmittel für Metalle geeignet sind. So kann beispielsweise geschmolzenes Zink als Lösungsmittel für viele Metalle herangezogen werden. Es gibt noch eine andere Substanz, die im flüssigen Zustand viele Eigenschaften der Metalle aufweist. Es handelt sich um das flüssige Ammoniak, welches zahlreiche Metalle mehr oder weniger aufzulösen vermag. Am besten lösen sich darin die Alkali- und Erdalkalimetalle, also jene Metalle, welche auch mit Quecksilber leicht Amalgame bilden. Die Löslichkeit in Ammoniak nimmt schnell ab, wenn wir im Periodensystem von links nach rechts gehen. Dies ist vor allem der Fall bei den D-Elementen der höheren Gruppen. So löst flüssiges Ammoniak das Eisen so geringfügig, daß es in Stahlflaschen geliefert werden kann.

Im Zusammenhang mit der Löslichkeit soll hier eine andere Eigenschaft der Elemente, der Geruch, erwähnt werden. Elemente im festen Aggregatzustand besitzen praktisch keinen Dampfdruck, d. h. sie sind nicht flüchtig, und sie haben deshalb auch keinen Geruch. Aber auch flüchtige Elemente wie Sauerstoff, Wasserstoff oder Stickstoff sind geruchlos. Die Halogene hingegen riechen intensiv. Fluor, Chlor und Bromdampf lösen sich in der Schleimhaut, und es tritt eine chemische Reaktion ein. Diese beiden Voraussetzungen sind immer gegeben, wenn ein Element riecht.

3. Die chemischen Eigenschaften, die Reaktionsfähigkeit der Elemente

Wenn Elemente eine chemische Reaktion eingehen, so findet eine tiefgreifende Veränderung statt; diese Veränderung ist mit einer irreversiblen Elektronenwanderung verbunden. Bei der Reaktion von Natrium mit Chlor geht ein Elektron vom Natriumatom auf das Chloratom über. Es bilden sich Natrium- und Chlorionen. Reagiert Kohlenstoff mit Wasserstoff zu Methan, dann kommt eine kovalente Bindung zustande. Auch hier erfolgt eine Elektronenwanderung, da die Elektronen des Kohlenstoffs mit den Elektronen der Wasserstoffatome Elektronenpaare bilden.

Die chemische Reaktionsfähigkeit hängt davon ab, wie leicht oder wie schwer die Elektronen vom Donor abgegeben bzw. wie leicht oder wie schwer die Elektronen vom Acceptor aufgenommen werden. Die Reaktionsfähigkeit selbst ist kein leicht zu definierender Begriff. Die Thermodynamik stellt zwar fest, ob die Substanzen miteinander reagieren können oder nicht, sie sagt jedoch nichts darüber aus, ob die Reaktion auch tatsächlich abläuft.

Bei einer Doppelumsetzung $AB+CD=AC+BD$ kann man sich den Übergang von Elektronen auf folgende Weise vorstellen:

Zuerst werden die Bindungen zwischen den Atomen A und B und C und D aufgeweitet, dann erfolgt in der zweiten Stufe die Aufspaltung der Bindung, und endlich in der dritten Phase bilden sich die neuen Bindungen zwischen A−C und B−D aus. Die einzelnen Phasen sind aber nicht scharf voneinander getrennt, da die Bildung von neuen Bindungen, d. h. der dritte Schritt, bereits während der ersten Phase teilweise ablaufen kann.

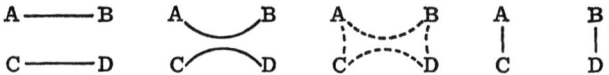

Die Aufspaltung der Bindung, aber auch schon die Aufweitung der Bindung, ist mit Energieaufnahme verbunden. Dieser Energiebedarf kann jedoch erst später durch die Ausbildung der neuen Bindung gedeckt werden. Das heißt, es können nur diejenigen Reaktionspartner miteinander reagieren, die die zur Aufweitung der Bindung notwendige Energie besitzen. Dieses sind die sogenannten aktivierten Molekeln. Die minimal notwendige Energie, die nötig ist, um in den aktivierten Zustand überzugehen, nennt man die Arrheniussche Aktivierungsenergie. Durch die Wärmebewegung der Molekeln bedingt, stoßen diese zusammen und erreichen somit die notwendige Aktivierungsenergie. Die Zahl derjenigen Molekeln, die sich in diesem aktivierten Zustand befinden, nimmt mit der Temperatur exponental zu; so hängt auch die Reaktionsgeschwindigkeit nach der Gleichung $k = A e^{-E/RT}$ von der Temperatur ab. Die Reaktionsbereitschaft eines thermodynamisch reaktionsfähigen Systems ($\Delta G < 0$) ist also durch die Höhe der Aktivierungsenergie charakterisiert.

Während bei homogenen Reaktionen die Reaktionsgeschwindigkeit davon abhängt, wie oft die Moleküle pro Zeiteinheit aufeinander treffen, also von der Zahl der Stöße pro Zeiteinheit, ist bei heterogenen Reaktionen außerdem auch die Häufigkeit, mit der die Phasengrenzen überschritten werden, von Bedeutung. Die Substanzmenge, die in der Zeiteinheit zwischen verschiedenen Phasen übergeht, ist der Größe der Phasengrenzen proportional. Unter Phasengrenzen versteht man die Oberflächen, die die einzelnen Substanzen voneinander trennen. Bei heterogenen Reaktionen wird deshalb die Verteilung, d. h. die spezifische Oberfläche, eine bedeutende Rolle spielen. Heterogene Reaktionen werden also um so schneller ablaufen, je feiner die Verteilung der Reaktionspartner ist. Das kann unter Umständen bedeuten, daß oft Teilchen mikroskopischer Größe, in vielen Fällen eine molekulare oder sogar eine atomare Dispersion nötig sind. Elemente, die außerordentlich kompakte Kristalle bilden, werden weniger leicht reagieren als solche, die einen lockeren Kristallverband besitzen oder bei gewöhnlicher Temperatur flüssig bzw. gasförmig sind. Der Stickstoff reagiert nicht einmal in molekularer Verteilung; Stickstoff reagiert allgemein nur dann, wenn er in Atome gespalten ist. Aus diesem Beispiel kann man folgern, daß die Reaktionsfähigkeit meistens davon abhängt, wie leicht ein Element in den molekular- bzw. atomar-dispersen Zustand übergehen kann. Durch Einwirkungen von außen, durch Zufuhr von Wärme, Licht oder elektrischer Energie können die Stoffe unabhängig von anderen Partnern in den reaktionsfähigen Zustand gelangen. Unter gegebenen äußeren Umständen kann der energiereiche Zustand auch durch Einwirkung des Reaktionspartners erreicht werden. So ist beispielsweise ein Schwefelkristall beständig; erhitzt man ihn aber auf 250° bis 300 °C, so entsteht Schwefeldampf. Der Dampf reagiert aber bereits mit dem Luftsauerstoff, der Schwefel entzündet sich, und durch die frei werdende Verbrennungswärme verläuft die Verbrennung noch schneller. Um ein Kohlenstoffatom aus dem Diamant abzuspalten, muß eine sehr hohe Energie aufgebracht werden. Bedeutend weniger benötigt man für den gleichen Vorgang beim Graphit und noch weniger bei der gewöhnlichen Kohle. Die Entzündungstemperaturen sind dementsprechend auch verschieden. So entzündet sich der Diamant nur bei über 900 °C, der Graphit bei etwa 800 °C, die gewöhnliche Kohle jedoch schon bei milder Rotglut.

Der atomare Zustand ist also immer sehr reaktionsfähig, weil die Atome ungepaarte Elektronen enthalten, und somit das Elektronensystem nicht stabil ist.

Oft kann scheinbare Reaktionsträgheit mit Hilfe von sogenannten Katalysatoren aufgehoben werden. Es steht fest, daß das Palladium fähig ist, den Wasserstoff in atomarem Zustand aufzulösen. Mit atomarem Wasserstoff kann man auch in solchen Fällen Reduktionen durchführen, bei denen der molekulare Wasserstoff versagt. Wenn man also bei einer Reduktion außer Wasserstoff auch noch Palladium oder Platin zugibt, verläuft die Reduktion glatt, weil eben der Katalysator die Wasserstoffmolekel in atomaren Wasserstoff überführt. In der Praxis wird eine große Zahl von Katalysatoren verwendet; es gibt sehr viele Typen von Katalysatoren, das Palladium ist nur einer davon. Oft wirkt auch das Wasser als Katalysator. Ein trocken aufbewahrtes Stück Eisen rostet nicht, aber in Anwesenheit von Feuchtigkeit katalysiert das Wasser diese Oxydation.

4. Energetische Beziehungen chemischer Reaktionen

Die molekulare Dispergierung eines Stoffes wird von der Verdampfungs- oder Sublimationswärme, der atomdisperse Zustand aber noch von der Dissoziationsenergie bestimmt. Die Dissoziationsenergie ist die größere, und deshalb hängt die Reaktionsfähigkeit hauptsächlich von dieser Größe ab. Die Tabelle 10 gibt die Bindungsstärken zwischen einigen Atomen in kcal/gmol an. Als Bindungsstärke zweiatomiger Molekeln kann die Dissoziationswärme betrachtet werden, wenn die Atome durch Einfachbindung miteinander verknüpft sind. Zur Spaltung von zweiatomigen Molekeln in die Atome müssen die in kcal/gmol angegebenen Energiemengen der Tabelle aufgebracht werden. Stabilisiert sich aber nun ein solches Atom mit einem anderen Atom erneut, d. h. geht es eine neue Bindung ein, so wird die der neuen Bindungsstärke entsprechende Energiemenge frei.

Eine Reaktion wird im allgemeinen dann spontan verlaufen, wenn die beim Zustandekommen der neuen Bindung frei werdende Energie größer ist als die, die zur Aufspaltung der alten Bindung nötig war. Die in der Tabelle angeführten Daten erlauben interessante Vergleiche zwischen reagierenden Systemen; aus den gewonnenen Energiebilanzen kann man auf die Größe der Reaktionsfähigkeit schließen.

Gehen Fluor- und Wasserstoffatome eine Bindung ein, werden pro Mol 134 kcal frei. Wasserstoff und Sauerstoff liefern 118 kcal/mol. Die Stärke einer Bindung zwischen Kohlenstoff und Wasserstoff beträgt 101, zwischen Kohlenstoff und Sauerstoff 127 kcal/mol. Es fällt auf, daß zur Dissoziation des F_2-Moleküls nur 36 kcal/mol benötigt werden, während zur Spaltung des H_2-Moleküls 103 kcal aufgebracht werden müssen. Um die Reaktion zwischen Wasserstoff- und Fluormolekeln einzuleiten, muß eine Energiemenge von $103 + 36 = 139$ kcal/mol zugeführt werden. Bei der Bildung von zwei Molekeln Fluorwasserstoff werden $2 \cdot 134 = 268$ kcal/mol frei. Der Nettoenergiegewinn beträgt also $268 - 139 = 129$ kcal. Diese beträchtliche Energie erklärt, daß Wasserstoff gegenüber Fluor die größte Reaktionsfähigkeit besitzt. Die Dissoziationswärme des Sauerstoffs beträgt 118 kcal, dieser Wert ist wesentlich größer als der des Fluors. Jedoch auch der Sauerstoff gehört zu den sehr reaktionsfähigen Elementen, da

Tabelle 10. Die Bindungsstärken der wichtigsten Atombindungen / kcal/gmol

									Alkalimetalle Erdalkalimetalle		Übergangs- metalle	
H–H	103,24											
B		C		N		O		F				
B–B	69	C–C	83	N≡N	225	O=O	118	F–F	36	M–M	10–50	M–M 90–200
B–H	93	C–H	101	N–H	102	O–H	118	F–H	134	M–H	40	M–H 60
B–F	154	C–F	121	N–F	65	O–F	45			M–F	120	M–F 100
B–Cl	109	C–Cl	68	N–Cl	46	O–Cl	60	F–Cl	60,5	M–Cl	98–102	M–Cl 90
B–O	(110)	C=O	127	N–O	72 (NO₂)	O–O	48	F–O	45	M–O	110	M–O 100
				N–N	60					M–S	50	
		Si		P		S		Cl				
		Si–Si	85	P–P	48	S–S	83	Cl–Cl	57			
		Si–H	76	P–H	77	S–H	90	Cl–H	102			
		Si–F	135	P–F	117	S–F	68	Cl–F	60			
		Si–Cl	91	P–Cl	78	S–Cl	61					
		Si=O	185	P–O	156	S–O	104	Cl–O	60			
				As		Se		Br				
				As–As	35	Se–Se	41	Br–Br	45	Metalle zweiter Ordnung		
				As–H	59	Se–H	66	Br–H	87			
				As–F	111	Se–F	68	Br–F	55	M–M	40	
				As–Cl	70	Se–Cl	58	Br–Cl	52	M–H	60	
				As–O	90	Se–O	80	Br–O	70	M–F	110	
						Te		I		M–Cl	70–80	
						Te–Te	53	I–I	35,6	M–O	110	
						Te–H	57	I–H	70,5	M–S	80	
						Te–F	80	I–F	63	M–N	70	
						Te–Cl	(60)	I–Cl	49,6	M–C	50	
						Te–O		I–O	50			

die mit Sauerstoff entstandenen Bindungen immer noch sehr stark sind und bei der Bildung eine ziemlich große Energie frei wird.

Die Stärke der Sauerstoffbindung zu den verschiedenen Elementen ist unterschiedlich. Somit wird es verständlich, daß ein Element ein anderes aus seiner Verbindung mit Sauerstoff verdrängen kann, wenn seine Bindungsstärke mit Sauerstoff größer ist. Wenn also die Verbrennungswärme des Metalls M größer als die von M' ist, dann spielt sich der Vorgang $M + M'O = MO + M'$ ab; das Metall M wird also das Metall M' reduzieren. Das Aluminium weist die größte Verbrennungswärme auf, deshalb benutzt man es als Reduktionsmittel zur Herstellung von Reinmetallen. Da auch der Wasserstoff gegenüber dem Sauerstoff eine große Affinität besitzt, gehört der Wasserstoff ebenfalls zu den kräftigen Reduktionsmitteln. So können zahlreiche Metalloxide mit Wasserstoff unter Bildung von Reinmetall und Wasser reduziert werden. Dabei muß zunächst einmal der Wasserstoff in Wasserstoffatome dissoziieren, und dazu benötigt er 103 kcal/mol. Wird diese Dissoziationswärme von vornherein zugeführt, so wird, wenn man nur die Hauptreaktion betrachtet, der Vorgang exothermer. Die Wasserstoffatome reagieren ohne Reaktionshemmung, und so spielt sich der Vorgang mit noch größerer Heftigkeit ab als mit gewöhnlichem Wasserstoff.

Auch gegenüber den Halogenen besitzt der Wasserstoff eine ziemlich große Affinität. Die Bindungsstärke zwischen Alkalimetallen und Chlor ist von gleicher Größenordnung wie die zwischen Wasserstoff und Chlor. Deshalb reduziert der Wasserstoff die Alkalichloride nicht. Er kann nur zur Reduktion der Schwermetallchloride benutzt werden.

Wegen der starken, etwa 127 kcal/mol betragenden Sauerstoff-Kohlenstoffbindung kann der Kohlenstoff den Sauerstoff aus zahlreichen Verbindungen an sich ziehen. Deshalb ist der Kohlenstoff ein außerordentlich oft verwendetes Reduktionsmittel in der chemischen Industrie. Seine Anwendung in noch größerem Maße wird nur dadurch beschränkt, daß er mit vielen Metallen unter Bildung von Carbiden reagiert.

Liegt von zwei Reaktionspartnern der eine im atomaren Zustand vor, so läuft nicht nur die Reaktion leichter ab, sondern es kann, wie dies in der untenstehenden Reaktion zwischen Chlor und Wasserstoff gezeigt ist, ein neues Atom bzw. Radikal auftreten, das nun seinerseits wieder einen sehr reaktionsfähigen Partner darstellt.

$$Cl + H_2 = HCl + H, \quad H + Cl_2 = HCl + Cl$$

Das im zweiten Reaktionsschritt gebildete Chloratom ist Ausgangspunkt der nächsten Reaktion. Vorgänge, die einen solchen Mechanismus aufweisen, bezeichnet man als Kettenreaktionen. Ist bei solchen Kettenreaktionen einmal ein reaktionsfähiges Atom oder Radikal entstanden, läuft die Umsetzung sehr viel schneller ab, als bei einer gewöhnlichen Reaktion, bei der solche Radikale nicht auftreten. Solche Kettenreaktionen findet man gewöhnlich dann, wenn die Reaktionspartner zueinander eine große Affinität aufweisen.

Die Bindungsstärken sind für die Beurteilung der Reaktionsfähigkeit, der Affinität, außerordentlich wichtig. Aber auch andere Faktoren beeinflussen die Geschwindigkeit eines chemischen Vorganges, dazu gehören in erster Linie die Aktivierungsenergien.

Da die physikalischen und chemischen Eigenschaften von Elementen, die zur selben Gruppe gehören, weitgehend identisch sind oder sich zumindest nur kontinuierlich ändern, ist es gerechtfertigt, die chemischen Eigenschaften der Elemente gruppenweise zu besprechen. Lediglich das leichteste und kleinste Element, der Wasserstoff, verdient eine gesonderte Behandlung.

5. Der Wasserstoff

Das gewöhnliche Wasserstoffatom besteht aus einem Proton und einem s-Elektron. Daneben sind noch zwei andere Isotope bekannt, das Deuterium und das Tritium. Der Deuteriumkern ist aus einem Proton und einem Neutron, der Tritiumkern aus einem Proton und zwei Neutronen aufgebaut. Die Kerne des Wasserstoffs und Deuteriums sind stabil, der des Tritiums ist es nicht. Letzterer, der einen verhältnismäßig großen Überschuß an Neutronen enthält, stabilisiert sich nun so, daß durch Ausstrahlung eines Elektrons ein Neutron in ein Proton umgewandelt wird; es wird somit ein Heliumkern der Massenzahl 3 gebildet. Es handelt sich um folgenden Kernprozeß: $T(E)^3He$.

Von den drei Isotopen des Wasserstoffs kommen nur die ersten beiden in der Natur vor, und zwar im Verhältnis $H:D = 5300:1$. Bei der Trennung dieser Isotope kann man davon ausgehen, daß die Diffusionsgeschwindigkeit der Wasserstoffmolekel infolge der geringen Masse größer ist als die des Deuteriums. In der Praxis trennt man jedoch nicht das gasförmige Isotopengemisch voneinander, sondern man elektrolysiert das Gemisch der Oxide, das Wasser. Bei entsprechend langer Elektrolyse kann man so zu völlig reinem D_2O gelangen.

Das Tritium stellt man durch Kernreaktion künstlich her. Dabei wird ein Deuteriumkern mit einem anderen beschossen. Das Reaktionsprodukt besteht dann aus einem Tritiumkern und einem Proton, die je ein Elektron aufnehmen und die zweiatomigen Molekeln T_2, HT und H_2 liefern. Die Gleichung der Kernreaktion lautet:

$$^2D + {}^2D = {}^3T + {}^1H.$$

Das Tritium besitzt bereits heute schon eine sehr große praktische Bedeutung und wird besonders in der Zukunft einen bedeutenden Einfluß auf das tägliche Leben ausüben. Wird nämlich das Tritium mit leichten Atomkernen bombardiert, entsteht Helium und gleichzeitig beobachtet man γ-Strahlung. Die Energie dieser γ-Strahlung beträgt 19,8 MeV (1 MeV = 23 Millionen kcal). In Anbetracht dessen, daß zur

Darstellung des Tritiums viel weniger Energie benötigt wird als bei seiner weiteren Reaktion frei wird, erhält man für beide Kernprozesse eine insgesamt exotherme Energiebilanz. Dieser Vorgang spielt sich bei der Explosion der Wasserstoffbombe ab. Die Ausnutzung dieser Kernreaktion für friedliche Zwecke wird davon abhängen, ob man diesen Vorgang kontrollieren kann.

Die Wasserstoffisotope können einander in ihren Verbindungen ersetzen. Verbindungen, die anstelle von Wasserstoff Deuterium enthalten, werden Deuteroverbindungen genannt. Der Austausch von Wasserstoff durch Deuterium in Wasserstoffverbindungen kann auf zwei Wegen erfolgen. Einmal kann sich die Substitution, z. B. in Methan, CH_4, über freie Radikale abspielen. Dazu muß man das Deuterium in Atome spalten. Das geschieht entweder durch Wärmezufuhr (durch Erhitzen auf 600—700 °C) oder durch Absorption von Lichtenergie und schließlich mit Hilfe von Katalysatoren. Das Deuteriumatom löst den Prozeß wie folgt aus:

$$D + CH_4 = CH_3 + HD$$
$$CH_3 + D_2 = CH_3D + D$$
$$CH_3D + D = CH_2D + HD$$
$$CH_2D + D_2 = CH_2D_2 + D, \text{ usw.}$$

Die am häufigsten angewandte Methode ist der Deuteriumaustausch durch Katalyse, wobei vor allem Palladium verwendet wird, das D_2 atomar löst; diese Atome lösen dann obige Reaktionsfolge aus. Bei der zweiten Möglichkeit das Deuterium auszutauschen, läuft ein ionischer Mechanismus ab. Löst man beispielsweise Chlorwasserstoff in D_2O-haltigem Wasser, so verläuft folgende Reaktion:

$$HCl + DOD = DCl + HOD.$$

Die Untersuchung mancher physikalischer Eigenschaften des Wasserstoffs (spezifische Wärme, Molekülspektrum, Wärmeleitfähigkeit) führte zur Erkenntnis, daß zwei Arten des Wasserstoffmoleküls existieren. Dies rührt daher, daß nicht nur die Elektronen ein Spinmoment besitzen, sondern auch die den Atomkern aufbauenden Nukleonen, d. h. auch die Protonen und Neutronen. Im Falle der Wasserstoffmolekel sind die durch die Verschiedenheit der Kernspine bedingten Abweichungen so groß, daß sich das auch bei den physikalischen Eigenschaften bemerkbar macht. Sind in der Molekel die Spins beider Protonen gleichgerichtet, handelt es sich um Ortho-Wasserstoff, sind sie aber entgegengesetzt, so liegt Para-Wasserstoff vor.

$\uparrow\uparrow$ ortho H_2 $\qquad$ $\uparrow\downarrow$ para H_2

In gewöhnlichem Wasserstoffgas beträgt der Anteil der ortho-Modifikation 75% und der der para-Modifikation 25%. Bei tiefen Temperaturen ist die Umwandlung des Ortho-Wasserstoffs in die para-Form begünstigt. Die Umwandlung läuft jedoch nicht von selbst ab, sondern sie erfolgt in jedem Falle nur durch den Einfluß eines elementaren Magnetfeldes, z. B. durch den Einfluß von paramagnetischen Molekeln oder Ionen bzw. Katalysatoren. Die gegenseitige Überführung von Para- in Ortho-Wasserstoff ermöglichte wichtige wissenschaftliche Untersuchungen.

Die Wasserstoffisotope besitzen nur ein Elektron. Der Durchmesser der Atome beträgt etwa 10^{-8} cm. Spaltet sich nun bei der Ionisation ein Elektron ab, so ist der zurückbleibende Atomkern etwa 100 000mal kleiner (ungefähr 10^{-13} cm) als es das Atom war. Dies bedeutet eine starke Verkleinerung der Dimensionen, sie ist in der Chemie einzigartig. Bei anderen Elementen kommt es bei der Abgabe von Elektronen während einer chemischen Reaktion nie vor, daß nur der nackte Atomkern zurückbleibt. Die auf äußerst kleinem Volumen konzentrierte positive Ladung verleiht dem Proton eine außerordentlich starke polarisierende Kraft. Deshalb tritt das Proton in chemischen Reaktionen nie alleine auf, sondern ist immer mehr oder weniger stabilisiert dadurch, daß es mit einem anderen Molekül verbunden ist. Beispielsweise liegt im Wasser nicht das H^+-Ion vor, sondern dieses ist immer wenigstens mit einer Wassermolekel zum Oxoniumion, H_3O^+, verknüpft. Genauso liefert das Proton mit Ammoniak das Ammoniumion:

$$H^+ + NH_3 = NH_4^+ .$$

Das Wasserstoffatom ist aber nicht nur in der Lage, ein Elektron abzugeben, sondern es kann auch ein Elektron aufnehmen und H^-, das Hydridion bilden. Dadurch erhält es die stabile Elektronenkonfiguration des Heliums. Das Hydridion ist aber merkwürdigerweise nur dann stabil, wenn in seiner Umgebung keine Protonen vorhanden sind, wie z. B. im Kristallgitter. In Anwesenheit von Protonen, wie z. B. beim Auflösen des Hydrids in Wasser, spielt sich die Reaktion $H^+ + H^- = H_2$ sofort ab, d. h. gasförmiger Wasserstoff wird entwickelt.

Wasserstoff ist das leichteste aller Elemente und besitzt deshalb eine außerordentlich tiefe kritische Temperatur (nur die des Heliums liegt noch tiefer). Die Verflüssigung des Wasserstoffs ist deshalb nur durch ein besonderes Verfahren möglich. Aufgrund ihrer geringen Masse ergibt sich, daß die Wasserstoffmolekel die größte Diffusionsgeschwindigkeit und auch die größte Wärmeleitfähigkeit besitzt.

Entsprechend der Regel, daß ein Gas mit tiefer kritischer Temperatur nur eine geringfügige Löslichkeit aufweist, löst sich Wasserstoff in Wasser nur sehr wenig. Der Absorptionskoeffizient des Wasserstoffs beträgt bei Zimmertemperatur etwa 0,02. Hingegen ist es interessant, daß die Löslichkeit des Wasserstoffs in Metallen beträchtliche Werte erreichen kann. In diesem Falle nimmt die Löslichkeit mit steigender Temperatur zu — natürlich nur bis zu einer gewissen Grenze. Ebenfalls mit dieser Erscheinung kann die Diffusion des Wasserstoffs durch glühende Metalle erklärt werden. Auf der einen Seite des glühenden Metalls löst sich der Wasserstoff, er wird absorbiert, auf der anderen

Seite, wo sein Partialdruck kleiner ist, desorbiert er sich. Der Wasserstoff liegt im Metall in atomaren Zustand vor, wodurch seine Wanderung erleichtert wird. Besonders groß ist seine Löslichkeit in Palladium, die Auflösung des Wasserstoffs in Metallen ist ein der Legierungsbildung ähnlicher Vorgang. Die stark positiven Metalle dagegen bilden mit Wasserstoff H^--Ionen.

Die Dissoziationsenergie des Wasserstoffs stellt mit 103 kcal/mol einen ziemlich großen Wert dar. Deshalb tritt die Reaktionsfähigkeit des Wasserstoffs nur dann in Erscheinung, wenn er im atomaren Zustand vorliegt, also bei hoher Temperatur, bei Einwirkung von Licht oder bei Gegenwart von Katalysatoren. Mit steigender Temperatur nimmt die Dissoziation des Wasserstoffmoleküls exponential zu. Wenn Wasserstoff in einen Lichtbogen zwischen zwei Wolframelektroden — die Temperatur dieses Bogens ist sehr hoch — geblasen wird, so wird er beinahe vollkommen in Atome gespalten. Bei hoher Temperatur also liegt der Wasserstoff immer atomar vor; er besitzt nicht nur eine große Reduktionsfähigkeit, sondern er kann auch zum Schweißen benutzt werden. Bei der Rekombination der Wasserstoffatome nämlich wird die zur Dissoziation benötigte Wärmemenge wieder frei. Dieser Vorgang spielt sich besonders leicht an Metalloberflächen ab. Der auf eine Metalloberfläche geblasene Langmuir-Bogen schmilzt selbst Metalle mit außerordentlich hohem Schmelzpunkt. Bei diesem Verfahren umhüllt eine Wasserstoff-Atmosphäre die Oberfläche, so daß keine

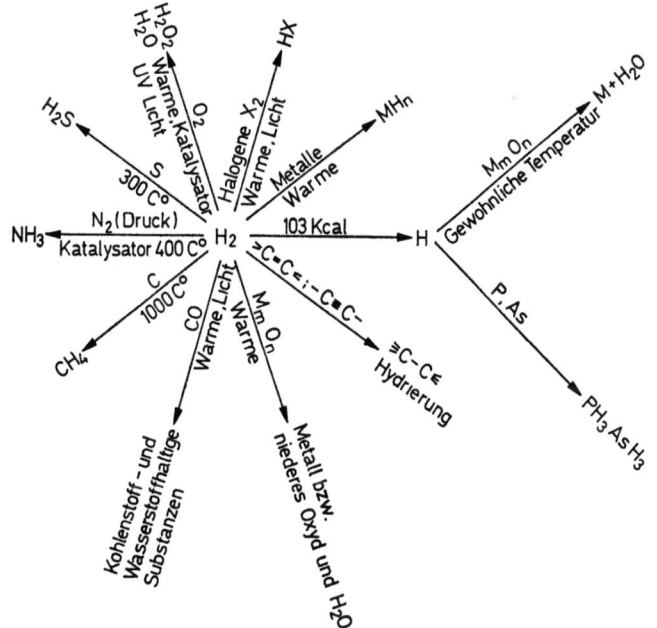

Abb. 8. Schematische Darstellung der Reaktionsmöglichkeiten des Wasserstoffs

Oxideinschlüsse entstehen. Auf diese Weise erhält man sehr saubere Schweißstellen.

Wasserstoff vermag mit zahlreichen Elementen unmittelbar zu reagieren (Abb. 8). Mit den Halogenen bilden sich die Halogenwasserstoffe. Dieser Vorgang führt lediglich im Falle des Jods nach der Reaktionsgleichung $H_2 + I_2 = 2\,HI$ unmittelbar zum Jodwasserstoff. Mit Fluor, Chlor und Brom verläuft die Reaktion über einen Kettenmechanismus. Der Beginn der Kette, der Primärvorgang, ist die Aufspaltung der Halogenmolekeln in Atome. Das kann an einem Gemisch von Chlor und Wasserstoff leicht demonstriert werden; ein 1:1-Gemisch, das Chlorknallgas kann im Dunkeln ohne Änderung aufbewahrt werden. Bei rotem Licht tritt ebenfalls keine Reaktion ein. Durch Einwirkung von grünem Licht hingegen spielt sich die Vereinigung von Chlor und Wasserstoff explosionsartig ab. Grünes Licht wird in dem Gemisch nur von den Chlormolekeln absorbiert, und die Energie dieser Wellenlänge genügt bereits, um die Dissoziation der Chlormolekeln einzuleiten; diese beträgt 57 kcal/mol. Analog reagiert der Wasserstoff ebenfalls durch Kettenreaktion mit Sauerstoff unter Bildung von Wasser. In diesem Falle bilden sich aber erst Wasserstoffatome. Um die Kettenreaktion einzuleiten, erzeugt man die Wasserstoffatome entweder durch Erhitzen oder mit Hilfe von Katalysatoren. Gegenüber den anderen Nichtmetallen ist der Wasserstoff schon wesentlich träger. Mit Schwefel bildet Wasserstoff bei 200—300 °C Schwefelwasserstoff, mit Brom und Jod reagiert er bei derselben Temperatur. Für die Reaktion mit Kohlenstoff sind Temperaturen von etwa 1000 °C notwendig. Wie schon erwähnt, reagiert Wasserstoff mit stark positiven Metallen unter Hydridbildung.

6. Die Edelgase

Zur Gruppe der Edelgase gehören die Elemente He, Ne, Ar, Kr, Xe und Rn. Das letztere, das Radon, bildet mehrere Isotope, die alle instabil sind. Die Atomkerne zerfallen unter Aussendung von α-Strahlung. Die beständigste Elektronenkonfiguration ist die s^2p^6-Anordnung, die bei den Edelgasen vorliegt. Lange Zeit war es nur mittels elektrischer Entladung möglich, aus einer solchen stabilen Konfiguration ein Elektron abzuspalten. Erst vor kurzem gelang es, Verbindungen des Xenons mit Fluor darzustellen. In neuerer Zeit wurde auch das Xenonoxid beschrieben.

Die Entdeckung der Edelgase ist mit dem Namen RAYLEIGH verbunden. Er hat festgestellt, daß die Dichte von Stickstoff unterschiedlich war, je nachdem ob er aus Ammonnitrit dargestellt, oder ob er aus der Luft gewonnen worden war. Die Dichte des letzteren war um ein halbes Prozent größer. Dieser Unterschied rührte von dem $\sim 1^0/_0$igen Argongehalt des Luftstickstoffs her. Das erste Glied der Reihe, das Helium, wurde schon früher auf spektroskopischem Weg im Sonnenspektrum entdeckt, später aber auch in Gasen aufgefunden, die beim Auflösen gewisser Mineralien frei werden. Die Edelgase sind immer Bestandteile der Luft, sie liegen allerdings darin in sehr kleiner Konzentration vor. Die Volumenkonzentration der Luft für die einzelnen Edelgase beträgt:

He	Ne	Ar
0,0005	0,0018	0,932
Kr	Xe	Rn
0,0001	0,000009	$5 \cdot 10^{-18}$

Die Edelgase sind alle einatomige Gase, die im festen Zustand nur durch schwache van der Waalssche Kräfte zusammengehalten werden. Dementsprechend sind ihre Schmelz- und Siedepunkte sehr niedrig. Änderungen der physikalischen Konstanten innerhalb der Gruppe der Edelgase entsprechen den allgemeinen Gesetzmäßigkeiten, d. h. die schwereren Elemente schmelzen und sieden bei höherer Temperatur, und auch ihre Dichte ist größer. Obwohl ihre Ionisationspotentiale ziemlich hoch sind, verfügen sie interessanterweise über niedrige Anregungspotentiale und leuchten deshalb schon bei verhältnismäßig niedrigen Entladungsspannungen. Das ist der Grund für ihren Gebrauch in Leuchtröhren, besonders zeichnet sich hierbei das Neon aus. Die Edelgase lösen sich in Wasser und in organischen Lösungsmitteln, und sie bilden dabei beim Erstarren der Lösung häufig Kristalle mit stöchiometrischer Zusammensetzung. So kristallisiert das Krypton mit 6 Molekülen Wasser, und ungefähr die gleiche Zusammensetzung besitzen die Kristalle, die sich aus einer Chinonschmelze ausscheiden, die mit Krypton gesättigt wurde. Diese seltsamen Molekelverbindungen werden Einschlußverbindungen, englisch „clathrate", genannt.

Die Edelgase besitzen keine ungepaarten Elektronen, und die Aufspaltung der s^2p^6-Konfiguration, mit anderen Worten, die Überführung von einem oder mehreren Elektronen auf eine höhere Bahn, welche beim Helium und Neon die Anhebung auf eine neue Schale bedeuten würde, erfordert die Zufuhr großer Energiemengen.

Früher schon waren spektroskopisch Verbindungen von Edelgasen mit anderen Atomen bei elektrischen Entladungen festgestellt worden. Es handelte sich dabei aber um kurzlebige, unbeständige Verbindungen.

Die Anregung eines Elektrons auch aus einer Edelgaskonfiguration kann unter einem verhältnismäßig geringen Energieaufwand erfolgen, wenn man zu Edelgasen mit höherer Ordnungszahl übergeht. Das liegt daran, daß die Energieunterschiede zwischen den Elektronenschalen bei Elementen höherer Ordnungszahl nicht so groß sind. So gelang es tatsächlich mit Xenon und später auch mit Krypton, Fluoride und Oxide herzustellen.

Die Ionisierungsenergie des Xenons ist bereits so klein, daß die Elemente Xenon und Fluor bei Erwärmung unter Bildung von Xenontetrafluorid reagieren. Die große Elektronegativität bzw. Elektronenaffinität des Fluors erleichtert die Ionisierung des Xenons und so das Zustandekommen der Verbindung.

Die Edelgase werden aus der Luft durch fraktionierte Verflüssigung gewonnen. Zunächst liegt ein Gemisch der Edelgase vor. Die weitere Trennung erfolgt ebenfalls auf physikalischem Wege. So wird z. B. das Gemisch von Neon und Helium, welches bei der fraktionierten Verflüssigung gasförmig zurückbleibt, durch selektive Adsorption auf aktiver Kohle weiter getrennt.

Edelgase finden in der Praxis viele interessante Anwendungsmöglichkeiten. Wie schon oben erwähnt, bilden sie das Füllmaterial in den Leuchtröhren. Vorzugsweise werden in Glühlampen Argon oder Krypton herangezogen, weil die Wärmeleitfähigkeit dieser Gase gering ist. In Argon- bzw. Kryptonatmosphäre kann der Glühfaden auf höhere Temperaturen geheizt werden und strahlt somit ein weißeres Licht aus. Die kleine Diffusionsgeschwindigkeit dieser Gase verhindert auch die Zerstäubung des Glühfadens (Kryptonlampen). Die mit Xenon gefüllten Entladungsröhren strahlen ein so kurzwelliges, energiereiches ultraviolettes Licht aus, daß damit schwer dissoziierbare Molekeln, z. B. der Sauerstoff, gespalten werden. Auch die Schweißindustrie verarbeitet eine beachtliche Menge Argon. Mit Argon als Schutzgas kann man nämlich die reaktionsfähigen Gase der Luft vom Metall fernhalten und somit eine einwandfreie Schweißnaht erhalten. Helium dient als Füllgas für Luftschiffe, und es wird im Gemisch mit Sauerstoff in der Medizin verwandt, um Atemnot zu bekämpfen. Es spielt außerdem eine wichtige Rolle als Füllstoff für Thermometer und als stabiles, die Wärme sehr gut leitendes Gas bei der Kühlung von Atomreaktoren.

7. Die nichtmetallischen Elemente

Zu dieser Gruppe gehören zehn Elemente, deren Elektronenkonfiguration zwischen s^2p^2 bis s^2p^5 variiert. Diese Elemente können die Edelgaskonfiguration s^2p^6 dadurch erreichen, daß sie Elektronen aufnehmen bzw. Elektronen abgeben. Bei den Halogenen bilden sich so X^-, beim Sauerstoff O^{2-}-Ionen. Es können zumindest prinzipiell so viele Elektronen abgegeben werden, bis die nächstuntere Edelgaskonfiguration erreicht wird. Es bilden sich dann Ionen mit einer $(p+2)^+$-Ladung, wobei $(p+2)$ die Gruppennummer bedeutet. Eine Ausnahme sind hier lediglich Sauerstoff und Fluor, die nur als negative Ionen auftreten. Das entspricht natürlich ihrer außerordentlich großen Elektronegativität. Die positiv geladenen Ionen der nichtmetallischen Elemente haben einen sehr kleinen Durchmesser, und sie haben deshalb eine äußerst große polarisierende Kraft. Die Folge davon ist, daß sie negativ geladene Ionen praktisch kovalent an sich binden. So gibt der Schwefel 4 p-Elektronen ab und bildet das S^{4+}-Ion, das mit 3 O^{2-}-Ionen, SO_3^{2-}, das Sulfition ergibt. Verliert der Schwefel auch seine s-Elektronen, entsteht das S^{6+}-Ion, das nun schon 4 O^{2-}-Ionen an sich zu lagern vermag.

Es bildet sich das SO_4^{2-}-Ion, das Sulfation. Auf gleiche Weise kann im Falle anderer Elemente die Bildung der Phosphit-, Phosphat-, Chlorat-, Perchloratanionen erklärt werden. In allen diesen Anionen ist die Bindung zwischen dem Zentralatom und dem Sauerstoffion — wie oben schon erwähnt — praktisch kovalent. Deshalb sind diese Anionen ziemlich stabile Gebilde. Hier sind die positiven Zentralkationen durch mehrere einfache Ionen abgeschirmt. Dagegen existieren bei den Halogenen auch positive Ionen wie Cl^+, Br^+, I^+, ja sogar das I^{3+}, ohne daß eine Abschirmung durch beispielsweise das O^{2-}-Ion erfolgen würde. Diese Ionen spielen bei den Halogenierungsreaktionen eine wichtige Rolle.

Entsprechend seiner Elektronegativität ist der Wasserstoff in seinen Verbindungen mit nichtmetallischen Elementen stets der positivere Bestandteil; ausgenommen davon sind lediglich die Kohlenwasserstoffe, bei denen ideal-kovalente Bindungen vorliegen. Die Koordinationszahl der nichtmetallischen Elemente hängt von den Abmessungen des Zentralatoms und der Partner ab. Kleinere Liganden erlauben eine höhere Koordinationszahl und umgekehrt. So bildet z. B. der Schwefel mit Fluor Schwefelhexafluorid, SF_6, mit Chlor dagegen entsteht nur das Tetrachlorid, SCl_4, und mit Brom schließlich nur S_2Br_2. Beim Selen, dessen atomare Abmessungen größer sind, finden wir $SeBr_4$; im Falle des Tellurs ist sogar ein TeI_4 möglich.

Die Atome einiger nichtmetallischer Elemente können sich zu Ketten verknüpfen. Die Bindungsstärke zwischen den Kettengliedern variiert zwischen weiten Grenzen. Die Stärke der Kohlenstoff−Kohlenstoffbindung beträgt 83 kcal, und beinahe gleich groß ist auch die Stärke der Silicium−Siliciumbindung oder Schwefel−Schwefelbindung. Dagegen sind die N−N- oder O−O-Bindungen schon schwächer (60 bzw. 48 kcal). Diese Differenzen erklären die Tatsache, daß auch längere Kohlenstoffketten stabil sind, während schon drei Stickstoffatome in einer Kette ein ziemlich unbeständiges Gebilde ergeben. Noch unbeständiger sind Verbindungen, die O−O-Bindungen enthalten. Im Falle von heterogenen Ketten kann die Bindung wieder sehr stark sein. So beträgt die Stärke der Si−O−Si-Bindung 98 kcal, womit eine Erklärung für die große Stabilität der Silicate gegeben ist.

Die Halogene bilden zweiatomige, der Phosphor und seine Homologe vieratomige Molekeln. Der Schwefel, das Selen und das Tellur bilden achtgliedrige Ringsysteme.

Von den erwähnten zehn nichtmetallischen Elementen weisen vier eine Elektronegativität größer als drei auf: F_2, Cl_2, O_2, N_2; sie sind gasförmig. Ein Element ist flüssig, das Brom, und die fünf anderen sind fest: Jod, S, Se, P, C. Die Elemente, die im Periodensystem nahe der stufenartigen Abgrenzung stehen, zeigen auch bei Normalbedingungen das Phänomen der Polymorphie. Bei diesen Elementen ist allgemein der metallischere Zustand auch die stabilere Modifikation. Im Falle des Kohlenstoffs ist der Graphit stabiler als der Diamant; ersterer hat ein metallisches Aussehen. Von den Modifikationen des Phosphors ist der schwarze Phosphor die stabilste Erscheinungsform. Beim Selen ist das graue Selen, und beim Jod sind die grauen metallisch glänzenden Kristalle beständiger. Die weniger stabilen Modifikationen sind der Diamant, der weiße Phosphor, das rote Selen und die braune Modifikation des Jods, die nur unterhalb $-110\,°C$ haltbar ist. Die Polymorphie des Schwefels ist unter gewöhnlichen Umständen recht mannigfaltig. Der α-Schwefel kristallisiert rhombisch, er wandelt sich bei etwa $96°$ in die monokline β-Form um. Außerdem gibt es beim Schwefel die μ- und die λ-Modifikationen, die bei höherer Temperatur entstehen. Alle diese bestehen aus verschiedenartig angeordneten S_8-Molekeln. Bekannt sind auch Schwefelmolekeln, die aus S_6- und S_2-Einheiten bestehen. Der grüne bzw. purpurne S_2-Schwefel ist nur bei sehr tiefer Temperatur beständig.

Die gasförmigen nichtmetallischen Elemente sind entweder farblos (O_2, N_2) oder sie sind gefärbt, wie z. B. die Halogene, bei denen sich die Farbe vom Fluor zum Brom von hellgelb nach dunkelrot vertieft. Der Phosphor (P_4) und Schwefel (S_8) sind gelb, das Selen ist rot oder schwarz, das Jod glänzt metallisch schwarz. Die Schmelzpunkte steigen innerhalb einer Gruppe von oben nach unten regelmäßig an. Das Gitter des Kohlenstoffs ist, wie schon erwähnt, ein Raumnetzgitter, in dem die Kohlenstoffatome kovalent verknüpft sind; daraus resultiert die außerordentlich große Härte und der hohe Schmelzpunkt des Diamanten. Der stabilere Graphit kristallisiert in einem Schichtengitter, wodurch sich seine Weichheit erklären läßt. Die Molekeln der anderen nichtmetallischen Elemente werden in festem Zustand nur von sehr schwachen, von van der Waalsschen Kräften zusammengehalten. Die flüchtigen Elemente lösen sich in Wasser, während sich die nichtflüchtigen aber aus diskreten Molekeleinheiten bestehenden Elemente in apolaren Lösungsmitteln lösen.

Die chemischen Eigenschaften der Nichtmetalle weichen doch beträchtlich voneinander ab, weshalb es zweckmäßig ist, die chemischen Eigenschaften gesondert für die einzelnen Gruppen zu behandeln.

a) Die Halogene

Die Reaktionsfähigkeit der Halogene kann teils aus den Dissoziationswärmen der Molekeln, teils aus der Stärke der neu zustandegekommenen Bindung, z. B. X−H, abgeschätzt werden. In der folgenden Tabelle sind einige Angaben dazu zusammengestellt:

	F	Cl	Br	I	
Ionisationspotential	17,4	13,0	11,8	10,4	eV
Elektronenaffinität	3,74	4,02	3,78	3,44	eV
Dissoziationswärme	38	58	46	36	kcal
Hydratationswärme	122	89	81	72	kcal
Bindungsstärke, X−H	134	102	87	70,5	kcal

Betrachten wir die Reaktion eines Halogenmoleküls mit einem Wasserstoffmolekül. Fluor reagiert mit Wasserstoff unter Bildung von Fluorwasserstoff. Das System nimmt dabei die zur Dissoziation beider Moleküln nötige Wärme auf und gibt die der Bindungsstärke entsprechende Energie ab. Die Differenz beträgt im Falle von Wasserstoff und Fluor -127 kcal/mol, im Falle von Wasserstoff und Chlor -43 kcal/mol. Ein Vergleich dieser Werte weist auf die unterschiedliche Reaktionsfähigkeit hin, die sich schon durch Heftigkeit der Reaktionen andeutet. Reagieren die Halogene nicht in gasförmigem Zustand, sondern gelöst in Wasser, so sind noch weitere Wärmeeffekte zu berücksichtigen. Auch hier gibt das Fluor die größte Energiemenge entsprechend

$$1/2\ F_2 \rightarrow F^-_{aq}\ -189\ \text{kcal/mol ab.}$$

Für Chlor ist für den gleichen Vorgang zu formulieren,

$$1/2\ Cl_2 \rightarrow Cl^-_{aq} - 152\ \text{kcal/mol}.$$

Für Brom und Jod sind die Werte geringer, und auch die Reaktionsfähigkeit ist kleiner. Die auffallend großen Werte beim Fluor gehen auf Rechnung der geringen Dissoziationswärme und der großen Bindungsstärke. Die große Bindungsenergie ist eine Folge der kleinen atomaren Abmessungen des Fluors. Bei Zimmertemperatur verläuft die Reaktion mit Fluor schon im Dunkeln, mit Chlor jedoch erst bei Beleuchtung. Die Umsetzung von Brom und Wasserstoff verläuft bei einigen hundert Grad Celsius ziemlich schnell; Jod reagiert dagegen viel träger.

Auch gegenüber anderen Elementen haben die Halogene eine große Affinität und reagieren dementsprechend spontan. Davon ausgenommen sind die Edelgase, Sauerstoff und der Stickstoff. Auf die Reaktion von Xenon mit Fluor haben wir oben schon hingewiesen. Die Halogene verbinden sich deshalb nicht unmittelbar mit Sauerstoff und Stickstoff, weil diese eine sehr hohe Dissoziationsenergie besitzen. Wegen der somit notwendigen hohen Temperaturen, können keine OX- bzw. NX-Bindungen zustande kommen. Diese Verbindungen bilden sich aber auf Umwegen. So kann man das I_2O_5 dadurch erhalten, daß man Jod mit Salpetersäure oxidiert, und die so gebildete Jodsäure durch Wasserabspaltung dann das Oxid bildet. Das Chlorid des Stickstoffs, das Stickstofftrichlorid, NCl_3, wird durch Reaktion von Chlor mit Ammoniak entsprechend $NH_3 + 3\ Cl_2 = NCl_3 + 3\ HCl$ dargestellt. Ähnlich verläuft auch die Darstellung des Chlormethans:

$$CH_4 + Cl_2 = CH_3Cl + HCl.$$

Die Unterschiede in den Elektronegativitäten der Halbmetalle und Nichtmetalle auf der einen Seite und den Halogenen auf der anderen Seite sind kleiner als 1. Ihre Reaktionsprodukte sind deshalb diskrete Moleküln. Lediglich das Fluor weicht von dieser Regel ab. Dies wird verständlich, wenn man die große Elektronegativität des Fluors in Betracht zieht. In diesem Fall ist nämlich $\Delta x \gg 1$, und so kann das Fluor auch mit Halbmetallen ionisch-kovalente Verbindungen ausbilden. Es entstehen nun aber nicht mehr in sich abgegrenzte Atomverbände, und dementsprechend sind die Reaktionsprodukte nicht mehr besonders flüchtig. Ist die Bindungsstärke zwischen einem Halogenatom und einem anderen Element entsprechend groß, dann kann das Halogen in elementarem Zustand das andere Element aus seinen Verbindungen verdrängen. Meistens wird der Wasserstoff substituiert; ein Beispiel ist durch die Halogenierung von Kohlenwasserstoffen gegeben. Mit Metallen bilden die Halogene Verbindungen mit ionischem Charakter, sie bilden Salze. Oft erfolgt die Reaktion unter Feuererscheinung, vor allem dann, wenn es sich um die positiveren Elemente handelt, oder wenn der Reaktionspartner in feiner Verteilung vorliegt. Edelmetalle bilden nur dann Halogenide, wenn oxidierende Halogenverbindungen wie z. B. das Nitrosylchlorid auf sie einwirken.

Reagiert ein Halogen mit einem Element, das in mehreren Oxydationsstufen auftreten kann, und ist die Differenz der Elektronegativitäten nicht groß ($\Delta x < 2$), hängt es von den äußeren Bedingungen (Konzentration oder Druck, Temperatur) ab, welche Oxydationsstufe des Elementes mit dem Halogen reagiert. Gemäß der Gleichung

$$AX_n + mX_2 \rightleftarrows AX_{n+2m}$$

ist das Gleichgewicht nach rechts verschoben, wenn das Halogen im Überschuß vorhanden ist, die Reaktion verläuft nach links, wenn kleinere Halogendrucke oder höhere Temperaturen vorherrschen.

Die Ionisationstendenz nimmt bei den Halogenen von oben nach unten ab, entsprechend verdrängen die leichteren Halogene die schwereren aus den Halogeniden:

$$Cl_2 + 2\,Br^- = Br_2 + 2\,Cl^-.$$

Liegt das Halogen in der Verbindung mit positiver Oxydationszahl vor, so spielt sich der Vorgang in entgegengesetztem Sinn ab:

$$I_2 + 2\,HClO_3 = 2\,HIO_3 + Cl_2.$$

Eine wichtige Reaktion ist die Reaktion zwischen den Halogenen und Wasser nach der Gleichung

$$X_2 + H_2O \rightleftarrows HX + HOX.$$

Der Vorgang bleibt auf dieser Stufe nicht stehen, die Endprodukte hängen von den Eigenschaften des Hypohalogenits, HOX, ab. Ist X gleich Fluor, so zerfällt das Hypohalogenit unter Sauerstoffentwicklung. Bei den anderen Halogenen disproportioniert HOX gemäß der Gleichung

$$3\,HOX = 2\,HX + HXO_3.$$

Diese Tendenz nimmt in der Reihe Chlor, Brom, Jod zu.

Ungesättigte Verbindungen addieren Halogene. Oft verläuft diese Addition nur bei Einwirkung von Licht oder in Anwesenheit von Katalysatoren; dabei reagieren die Halogene gewöhnlich atomar. So verläuft die Chlorierung des Äthylens über die Stufen:

$$C_2H_4 \xrightarrow{+Cl} C_2H_4Cl \xrightarrow{+Cl} C_2H_4Cl_2.$$

Mit Kohle als Katalysator reagiert Schwefeldioxid mit Chlor unter Bildung von Sulfurylchlorid, SO_2Cl_2. In anderen Fällen fördern Wasserspuren diesen Vorgang. Die bleichende und desinfizierende Wirkung der Halogene, in erster Linie die des Chlors, beruht darauf, daß zunächst Wasser HX und HOX gebildet werden; letzteres entwickelt dann Sauerstoff, welcher bleicht und desinfiziert. Ein Überblick über die Reaktionsmöglichkeiten ist schematisch in Abb. 9 gegeben.

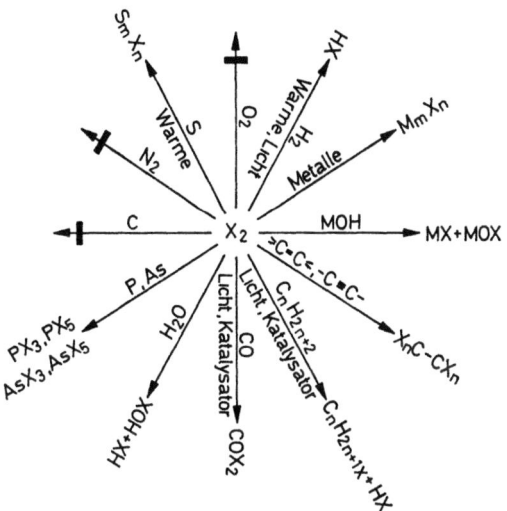

Abb. 9. Schematische Darstellung der Reaktionsmöglichkeiten der Halogene

b) Die Sauerstoffgruppe

Die Reaktionsfähigkeit der Elemente der Sauerstoffgruppe ist durch zwei Umstände gekennzeichnet. Einmal ist die Dissoziationswärme der Sauerstoffmolekel sehr groß (118 kcal), obwohl sie infolge ihrer beiden ungepaarten Elektronen in gewissen Fällen schon bei gewöhnlicher Temperatur in Reaktion treten kann. Für den Schwefel und das Selen gilt zweitens, daß sie größere Moleküle ausbilden und fest sind.

Der Sauerstoff reagiert mit den meisten Elementen besonders in Anwesenheit von Wasserspuren schon bei Zimmertemperatur (Phosphor, Alkalimetalle) oder bei höherer Temperatur. Davon ausgenommen sind nur die Halogene, die Edelgase und die Edelmetalle, deren Oxide äußerst instabil sind. Die Bindung zu Sauerstoff ist gewöhnlich sehr stark, so daß die Reaktion exotherm verläuft, und die freigewordene Reaktionswärme steigert die Reaktionstemperatur so beträchtlich, daß die Oxydation unter Feuererscheinung abläuft. Die Reaktion wird gefördert, wenn man schon von vornherein auf die Entzündungstemperatur erwärmt hatte. Organische Verbindungen verbrennen nach der Entzündung leicht an der Luft, weil der Sauerstoff gegenüber Kohlenstoff und Wasserstoff, die ja in den organischen Substanzen enthalten sind, eine besonders große Affinität besitzt; nach der Oxydation entsteht zwischen diesen Elementen und dem Sauerstoff eine besonders starke Bindung. Weniger heftig verlaufen die sogenannten langsamen Verbrennungen, dazu zählen das Rosten von Metallen, die Fäulnis organischer Substanzen und die Atmung der Organismen. Letztere ist als die biologische Verbrennung von Nahrungsmitteln zu betrachten.

Die polymorphe Modifikation des Sauerstoffs ist das Ozon. In der Molekel sind drei Sauerstoffatome unter einem Winkel miteinander verknüpft. Durch Delokalisierung der Elektronen ist die Bindungsordnung zwischen den Sauerstoffatomen größer als 1. Die Molekel ist nicht beständig, sie zerfällt unter Abgabe beträchtlicher Energie in ein Sauerstoffmolekül und — intermediär — in ein Sauerstoffatom. Aus diesem Grunde ist Ozon ein außerordentlich kräftiges Oxydationsmittel. Die Bildung des Ozons aus Sauerstoff ist ein endothermer Vorgang. Die hierzu benötigte Energie kann durch stille elektrische Entladung oder durch ultraviolette bzw. radioaktive Strahlung aufgebracht werden. Auch die Wärmetönung besonders exothermer chemischer Reaktionen — wie z. B. die Reaktion von Fluor mit Wasser — reicht hierzu aus. In den oberen Schichten der Atmosphäre befindet sich eine beträchtliche Menge Ozon. Die Ozonhülle schirmt das Leben auf unserer Erde vor schädlichen starken Strahlungen, indem es die ultravioletten Strahlen absorbiert.

Die Bindungen von Schwefel und Selen zu den anderen Elementen sind schwächer als die von Sauerstoff. Deshalb verlaufen die Reaktionen von Selen und Schwefel träger. Lediglich mit den Halogenen reagieren Schwefel und Selen lebhaft, da in exothermer Reaktion diskrete Molekeln mit kovalenter Bindung entstehen.

Die Elektronenaffinität des Sauerstoffs ist größer als die des Schwefels oder Selens; deshalb vermag der Sauerstoff diese Elemente auch aus ihren Wasserstoffverbindungen zu verdrängen:

$$H_2S + {}^1\!/_2\, O_2 = H_2O + S.$$

c) Die Stickstoffgruppe

Zu dieser Gruppe zählen wir nur die beiden Elemente Stickstoff und Phosphor. Der Unterschied in der Reaktionsfähigkeit rührt davon her, daß die Dissoziationswärme des Stickstoffs etwa 220 kcal beträgt, während aus dem Phosphormolekül (P_4) relativ leicht Atome abgespalten werden können. Die Chemie des Phosphors ist mannigfaltiger als die des Stickstoffs. Während dem Phosphor bereits d-Orbitale zur Verfügung stehen, kann der Stickstoff als Element der 2. Periode keine d-Orbitale beanspruchen. Der Phosphor kann Bindungen über sp^3d bzw. sp^3d^2 eingehen. Während der Stickstoff die Elektronegativität 3 besitzt und deshalb mit den stark positiven Elementen unter Bildung ionischer Bindungen reagiert, beträgt die Elektronegativität des Phosphors nur 2,1 und seine Verbindungen weisen daher eine vollständig oder wenigstens überwiegend kovalente Bindung auf.

Obwohl sich der Stickstoff bei Normalbedingungen infolge seiner großen Dissoziationswärme wie ein „inertes" Gas verhält, ist er doch nicht völlig reaktionsträge. So entsteht mit Wasserstoff in Anwesenheit von Katalysatoren bei Temperaturen zwischen 300 und 400 °C Ammoniak. Mit Sauerstoff reagiert er erst bei Temperaturen von über 2000 °C (Luftverbrennung). Mit Lithium und Calcium bildet der Stickstoff schon bei Zimmertemperatur Nitride. Mit anderen Metallen dagegen verläuft die Nitridbildung erst bei erhöhter Temperatur. Jedoch verläuft die Nitridbildung besonders leicht bei den Elementen des D-Feldes (Titan, Chrom, Vanadin und Eisen). Atomarer Stickstoff kann durch Einwirkung von elektrischen Glimmentladungen bei vermindertem Druck dargestellt werden. Mit atomarem Stickstoff spielen sich auch die oben erwähnten Reaktionen schon bei Zimmertemperatur ab.

Die Reaktionsfähigkeit des Phosphors hängt von seiner Verteilung ab. Der farblose Phosphor reagiert mit Sauerstoff schon bei Zimmertemperatur, in feiner Verteilung entzündet er sich sogar selbst. Wenn man auf ein Filtrierpapier in Schwefelkohlenstoff gelösten Phosphor tropft und das Lösungsmittel schnell verdampft, dann oxydiert sich der zurückgebliebene, nun feinverteilte Phosphor an der Luft so schnell, daß die Reaktionswärme den Phosphor bis zur Entzündungstemperatur erwärmt. Infolge der großen Affinität zwischen Phosphor und Sauerstoff ist der feinverteilte Phosphor ein starkes Reduktionsmittel. Er reagiert lebhaft mit Halogenen und Schwefel. In Alkalilauge löst sich Phosphor unter Bildung von Phosphor-Wasserstoff entsprechend

$$P_4 + 3\ NaOH + 3\ H_2O = 3\ NaPH_2O_2 + PH_3$$

auf. Der rote Phosphor, die Modifikation, die bei erhöhter Temperatur entsteht, ist schon weniger reaktionsfähig. Er reagiert zwar mit den Halogenen noch immer unter Feuererscheinung, jedoch mit Sauerstoff verbindet er sich bei Zimmertemperatur nicht mehr. Die dritte polymorphe Modifikation des Phosphors ist der schwarze Phosphor; er besitzt eine ähnliche Reaktionsfähigkeit — wenn auch im vermindertem Maße — wie der rote Phosphor.

d) Der Kohlenstoff

In den chemischen Eigenschaften weichen die beiden polymorphen Modifikationen des Kohlenstoffs noch stärker ab, als dies bei Phosphor der Fall war. Der Diamant ist gegen chemische Angriffe widerstandsfähig und vereinigt sich mit Sauerstoff nur bei Temperaturen von etwa 900 °C. Dagegen besitzt der Graphit eine wesentlich größere Reaktionsfähigkeit, seine Entzündungstemperatur ist ebenfalls niedriger (800 °C). Bei etwa 800 °C reagiert der Graphit mit Wasserstoff zu Methan, und bei niedrigerer Temperatur reagiert er auch mit Schwefel, wobei Kohlenstoffdisulfid, CS_2 gebildet wird. Mit Stickstoff reagiert Kohlenstoff nur im elektrischen Bogen, es entsteht dabei Dicyan, $(CN)_2$. In feinverteilter Form, z. B. als Ruß, ist der Kohlenstoff viel reaktionsfähiger; in dieser Form reagiert er mit Sauerstoff schon bei schwacher Rotglut. Besonders interessant ist die Reaktion von Kohlenstoff mit seinem Nachbarelement, dem Silicium, wobei Siliciumcarbid entsteht. Dieser Vorgang spielt sich nur bei sehr hoher Temperatur ab. Das Siliciumcarbid, SiC, bekannt auch als Carborundum, kristallisiert im Diamantgitter. Der Aufbau ist dabei so zu verstehen, daß jedes zweite Kohlenstoffatom durch Silicium ersetzt ist. Auch die Eigenschaften des Siliciumcarbids erinnern an den Diamanten; so ist SiC außerordentlich hart, es wird als Schleifmittel benutzt, und auch chemisch ist es äußerst widerstandsfähig.

Für die Technik ist die Reaktion des Kohlenstoffs mit Wasser sehr wichtig:

$$C + H_2O = CO + H_2.$$

Das entstehende Gasgemisch, das Wassergas, kann zur Herstellung von Kohlenmonoxid, von Wasserstoff und mit Wasserstoff angereichert (Synthesegas) in Anwesenheit entsprechender Katalysatoren zur Darstellung zahlreicher organischer Verbindungen herangezogen werden. Technisch wichtig ist auch folgende Reaktion:

$$C + CO_2 \rightleftarrows 2\,CO.$$

Das Gleichgewicht ist bei Atmosphärendruck und zwischen 400° und 600 °C praktisch nach links, bei Temperaturen über 1000 °C vollkommen nach rechts verschoben (Boudouardsches Gleichgewicht). In ähnlichen Reaktionen entzieht der Kohlenstoff zahlreichen Metalloxiden den Sauerstoff; hierüber wird bei der Herstellung von Metallen die Rede sein.

8. Halbmetalle

Zur Gruppe der Halbmetalle gehören die zwischen den beiden stufenartigen Abgrenzungen des Periodensystems befindlichen 10 Elemente:

Be, B, Al, Si, Ge, As, Sb, Te, Po und At.

Die beiden zuletzt genannten sind Elemente der 6. Periode, alle ihre Isotope sind radioaktiv. Das Astat kommt auch in den natürlichen radioaktiven Zerfallsreihen vor, jedoch in so kleinen Mengen, daß sein

Nachweis lange Zeit auf größte Schwierigkeiten stieß. Sein Verhalten wurde an zwei künstlich hergestellten Isotopen (^{210}At und ^{211}At) untersucht.

Die Elektronenkonfiguration der Halbmetalle variiert zwischen $d^{10}s^2p^0$—$d^{10}s^2p^5$. Was die Zahl als auch den Charakter der Elektronen anbetrifft, liegt hier eine große Variationsbreite vor, wie sie bei keiner anderen Elementgruppe auftritt. Obwohl die Halbmetalle in vielen ihren Eigenschaften ähnlich sind, was ihre Behandlung als selbständige Gruppe rechtfertigt, weichen sie doch auf Grund der vielen möglichen Elektronenanordnungen in einigen Eigenschaften voneinander ab. So zeigen beispielsweise die beiden ersten Glieder, das Beryllium und besonders das Aluminium, alle Eigenschaften der Metalle. Die metallischen Eigenschaften vermindern sich jedoch, wenn wir im Periodensystem von links nach rechts gehen; sie verschwinden jedoch nie vollkommen, weil die Gruppe im System „schräg" angeordnet ist und weil außerdem der elektropositive Charakter hier von oben nach unten zunimmt. Diese gleichzeitige Veränderung verläuft jedoch nicht gleichsinnig. Die vertikale Zunahme kann die horizontale Abnahme der Elektropositivität nicht kompensieren, und deshalb ist in der oberen linken Hälfte der Gruppe das metallische Verhalten stärker ausgeprägt als auf der rechten unteren Seite. Das Polonium und Astat können noch Elektronen aufnehmen, während die anderen Halbmetalle eher positive Ionen bilden. Die maximale Oxydationsstufe der positiven Ionen beträgt $(p+2)$, d. h. sie entspricht der Gruppennummer. Die Elemente in der Mitte der Gruppe können durch sp^3d oder sp^3d^2 Hybridisierung typisch kovalente Verbindungen bilden. Die ersten 4 Elemente können über keine d-Orbitale verfügen. Bei den anderen 6 sind d-Orbitale vorhanden, und die Elektronenhülle ist schon ziemlich kompakt. Die Folge davon ist, daß sich die Atom- bzw. Ionendurchmesser verhältnismäßig nur geringfügig ändern (Beryllium: 0,89 Å, Antimon: 1,41 Å). Die stufenweise Änderung der Eigenschaften zeigt sich gerade in dieser Gruppe des Periodensystems am auffälligsten. Die Ähnlichkeit des Berylliums und Aluminiums ist eine lang bekannte Tatsache. Untersuchungen, die in neuerer Zeit an Astat durchgeführt wurden, ergaben, daß das Astat eine stärkere Verwandtschaft zum Tellur aufweist und daß es deshalb weniger als Halogenhomologes betrachtet werden kann.

Die Elektronegativitäten der Halbmetalle variieren zwischen 1,5 und 2,2, und deshalb kommen bei ihnen überwiegend kovalente Bindungen vor. Wegen ihrer verhältnismäßig großen Ladung und ihrem kleinen Durchmesser wirken sie stark polarisierend, so daß ihre Verbindungen ebenfalls typische Beispiele für einen ionisch-kovalenten Übergang sind. Geht man davon aus, daß die kovalente Bindung vorherrscht, dann kann sich bei den ersten drei Elementen auf der linken Seite kein Oktett ausbilden, und es entstehen typische Molekeln mit „Elektronenmangel". Diese sind monomer unbeständig, sie stabilisieren sich entweder durch Dimerisierung oder sie reagieren mit anderen Molekeln, die Elektronen zur Verfügung stellen können.

$$\text{Cl}_2\text{Al}(\mu\text{-Cl})_2\text{AlCl}_2 \qquad H_3B \leftarrow CO$$

Die Dimerisierung wird in Anwesenheit von Lösungsmitteln unterbunden, die, wie Äther, Elektronen zur Verfügung stellen können:

$$2\, R_2O + Al_2Cl_6 = 2\, Cl_3Al \leftarrow OR_2.$$

Auch die salzartigen Verbindungen enthalten diskrete Molekeln, sie sind flüchtig und hydrolisieren stark in Wasser. Gerade dieses Verhalten weist darauf hin, daß z. B. das Aluminium trotz allen seinen metallischen Eigenschaften im elementaren Zustand eigentlich der Gruppe der Halbmetalle zuzurechnen ist.

In elementarem Zustand sind alle Halbmetalle fest, sie bilden Koordinationsgitter. Dabei sind die Elemente, die auf der stufenartigen Abgrenzung stehen, durch ausgesprochen metallischen Charakter gekennzeichnet. Die Elemente der oberen Diagonalreihe bilden leichter polymorphe Modifikationen mit in sich abgegrenzten Atomverbänden aus einer bestimmten Anzahl von Atomen (Molekülgitter). So ist z. B. das gelbe Arsen aus As_4-Molekeln aufgebaut. In der unteren Diagonalreihe kommt dies seltener vor (Antimon). Der metallische Charakter offenbart sich in der grauen Farbe und in der mehr oder weniger großen elektrischen Leitfähigkeit. Diese beiden Eigenschaften sind in der linken oberen Hälfte der beiden Diagonalreihen mehr ausgeprägt als in der unteren rechten Hälfte. Die Halbmetalle bilden im Gaszustand mehratomige Molekeln, für welche die $(8-n)$-Regel gültig ist. Germanium und Silicium, die in der Mitte stehen, und die im Diamantgitter kristallisieren, sind typische Halbleiter.

Das chemische Verhalten der Halbmetalle gegenüber den anderen Elementen ist ziemlich einheitlich. Mit Wasserstoff reagieren sie nicht unmittelbar, da die Zersetzungstemperatur der Wasserstoffverbindungen so niedrig ist, daß diese weit unter der theoretischen Bildungstemperatur liegt. Mit atomarem, naszierendem Wasserstoff, können die Hydride der schwereren Elemente (Arsen, Antimon, Tellur) dargestellt werden. Bei den anderen Elementen bilden sich die Wasserstoffverbindungen aus den wasserfreien Verbindungen des betreffenden Elements nur durch Einwirkung starker Hydrierungsmittel (z. B. $LiAlH_4$).

Sämtliche Halbmetalle vereinigen sich direkt mit den Halogenen. In vielen Fällen, besonders wenn die Elemente in feiner Verteilung vorliegen, verläuft die Reaktion unter Feuererscheinung. Die Affinität zum Sauerstoff nimmt zwar in der Gruppe der Halbmetalle von links nach rechts ab, jedoch wird die Reaktion bei den schweren Elementen durch feinere Verteilung erleichtert, da dann zur Auflösung des Gitters weniger Energie erforderlich ist. Das Aluminium hat eine besonders hohe Verbrennungswärme, und es wird deshalb bei der Herstellung anderer Metalle im sogenannten aluminothermischen Verfahren verwendet. Bei gewöhnlichen Temperaturen reagieren die Halbmetalle nicht mit Sauerstoff, da sich an ihrer Oberfläche eine dünne Oxidschicht ausbildet. Diese Schicht ist so dicht, daß die Substanz vor weiterer Oxydation geschützt ist. Wird die Oxidschicht, z. B. beim Aluminium, durch Amalgamierung aufgelockert, so läuft die Oxydation des Elementes vollständig ab. Dabei ist allerdings Feuchtigkeit als Spurenkatalysator notwendig. Mit Schwefel verlaufen die Reaktionen der Halbmetalle ähnlich. Mit Stickstoff bilden sie bei etwa 1000 °C Nitride, mit Kohlenstoff Carbide. Da die leichteren Elemente positiver sind als der Wasserstoff, lösen sie sich schon in verdünnten Mineralsäuren auf. Dagegen werden die Elemente rechts vom Silicium und Germanium nur von oxydierenden Säuren angegriffen, sie wandeln sich dabei in die Oxide bzw. bei Säureüberschuß in die Salze um. Es kann dabei allerdings auch Passivierung auftreten, z. B. in Salpetersäure. Mit Wasser reagieren die Halbmetalle überhaupt nicht, weil die Oxidschicht auf der Oberfläche sie vor weiterem Angriff schützt.

Lediglich bei Rotglut und in feiner Verteilung zersetzen sie das Wasser. Aluminium, Silicium, Germanium und das Arsen werden in starken Laugen oxydiert und unter Salzbildung aufgelöst; es wird Aluminat, Silicat, Germanat und Arsenit (letzteres nur in der Schmelze) gebildet. Die anderen Elemente reagieren mit Lauge sehr träge oder praktisch überhaupt nicht. Die Halbmetalle besitzen eine eigentümliche Eigenschaft, sie neigen zur Glasbildung. Daß die Oxide des Siliciums, Aluminiums und Bors dazu fähig sind, ist schon lange bekannt. Schon die alten Ägypter konnten Glas herstellen, daß aber auch die anderen Halbmetalle, Germanium, Arsen und Tellur, Gläser bilden können, wurde erst durch neuere Untersuchungen entdeckt.

9. Die Alkali- bzw. die Erdalkalimetalle

Zu dieser Gruppe gehören insgesamt 10 Elemente; sie sind auf der rechten Seite des Periodensystems im S-Feld angeordnet. Die letzten Elemente in beiden Gruppen bilden nur instabile Isotope.

Interessant ist, daß es in dieser Gruppe zwei leichtere Elemente gibt, die eine natürliche Radioaktivität aufweisen, die Isotope ^{40}K und ^{87}Rb. Diese Isotope kommen nur in sehr geringen Mengen vor, ihre Strahlung ist auch nicht besonders stark, so daß sie strahlenbiologisch ungefährlich sind.

Die Elektronenkonfiguration der Alkali- bzw. Erdalkalimetalle ist s^1 bzw. s^2, also ein bzw. zwei Elektronen mehr, als es einer Edelgaskonfiguration entsprechen würde. Infolge der stark abschirmenden

Wirkung der Edelgaskonfiguration ist die Bindung der Valenzelektronen bei den Alkali- und Erdalkalimetallen am schwächsten von allen Elementen. Das Ionisationspotential ist dementsprechend klein, sie bilden leicht ein- bzw. zweiwertige Ionen und erreichen damit Edelgaskonfiguration. Ebenfalls gering ist die Elektronenaustrittsarbeit, deshalb finden diese Metalle als Kathode in Photozellen eine verbreitete Anwendung.

Die Ionen haben also einen Atomrumpf mit Edelgaskonfiguration und sind wegen der großen Stabilität dieser Anordnung unter allen Umständen farblos. Das sichtbare Licht kann die Elektronenanordnung s^2p^6 nicht anregen. Die experimentelle Tatsache aber, daß die flüchtigen Salze gerade dieser Elemente die farblose Bunsenflamme am intensivsten färben, kann dadurch erklärt werden, daß beim Verdampfen der Salze Me(I)X bzw. Me(II)X_2 Molekeln entstehen, und daß die Bindung bei dieser hohen Temperatur in eine kovalente übergeht. Diese kovalente Bindung wird leichter gespalten, und es erfolgt dann die Ausstrahlung des Atomspektrums. Aber gerade diese Atomspektren fallen größtenteils in den sichtbaren Wellenlängenbereich, die Flamme färbt sich also. Deshalb werden die Valenzelektronen dieser Elemente auch Leuchtelektronen genannt.

Die Reduktion der Alkali- und Erdalkalimetallionen, d. h. die Aufnahme von Elektronen ist infolge der geringen Elektronegativität dieser Elemente sehr schwer auszuführen. Die Verbindungen bilden feste und stabile Ionengitter.

Die Dichte der Elemente ist klein. Drei von ihnen haben eine kleinere Dichte als das Wasser (Lithium, Kalium, Natrium). Die größte Dichte besitzt das Radium. Obwohl der Radius der Ionen wesentlich kleiner ist als der der neutralen Atome, ist er doch besonders in der ersten Gruppe so groß, daß im metallischen Zustand zwischen den Ionen nur eine schwache Bindung zustande kommen kann. Infolge dieser relativ schwachen metallischen Bindung schmelzen die Elemente bei niedriger Temperatur und bilden weiche Kristalle. Abgesehen von Quecksilber und Gallium besitzen sie die niedrigsten Schmelzpunkte von allen Metallen. Die Schmelzpunkte, Siedepunkte und selbstverständlich auch die Härte — es handelt sich um S-Elemente — nehmen mit der Ordnungszahl ab. Bei den Elementen der zweiten Gruppe, den Erdalkalimetallen ist die Ladung der Ionen größer, der Radius kleiner. Die Bindungskräfte sind daher größer, und dementsprechend liegen die Schmelzpunkte auch höher.

Diese Metalle lösen sich teilweise ineinander. Sie lösen sich jedoch in weit größerem Maße in Metallen zweiter Art auf, mit denen sie intermetallische Verbindungen eingehen. Besonders groß ist die Löslichkeit in Quecksilber, es bilden sich Amalgame. Die Alkalimetalle können mit den Elementen des D- und F-Feldes nicht legiert werden, sie lösen sich aber im flüssigen Ammoniak mit blauer Farbe auf. Diese Lösungen zeigen eine ausschließlich metallische Leitfähigkeit.

Infolge der schwachen Bindung der Valenzelektronen ist die Reaktionsfähigkeit dieser Elemente sehr groß. Weder die Alkali- noch die Erdalkalimetalle können an der Luft aufbewahrt werden. Ihre Oberfläche überzieht sich mit einer Oxid- bzw. durch Einwirkung des Kohlendioxids der Luft mit einer Carbonatschicht. Lithium und Calcium, die schon bei Zimmertemperatur mit Stickstoff reagieren können, bilden auf ihrer Oberfläche auch Nitride. Diese Metalle werden daher unter Luftausschluß, gewöhnlich unter sauerstofffreien Flüssigkeiten, meistens unter Petroleum, aufbewahrt. Ihre Reaktionsfähigkeit nimmt mit abnehmendem Ionisationspotential zu. Dementsprechend sind in der ersten Gruppe das Lithium, in der zweiten das Calcium die reaktionsträgsten.

Die Alkali- und Erdalkalimetalle vereinigen sich mit Wasserstoff bei einigen hundert Grad Celsius zu salzartigen Hydriden, in denen ionische Bindung vorliegt. Die Reaktion mit Sauerstoff verläuft bei völligem Feuchtigkeitsausschluß ziemlich langsam. Werden die Metalle jedoch in Sauerstoffatmosphäre erwärmt, so oxydieren sie sich unter Feuererscheinung. Dasselbe gilt auch für die Reaktion mit Halogenen. Wird Natriumdampf in Chlorgas eingeleitet, verbrennt er mit gelber Flamme, und auf dem Reaktionsgefäß scheidet sich Natriumchlorid ab. Die Vereinigung mit Schwefel und Stickstoff spielt sich bei einer Temperatur von einigen hundert Grad Celsius ab.

Die Metalle reagieren mit Wasser ihrem elektropositiven Charakter gemäß mit verschiedener Heftigkeit. So werden Calcium und Natrium oft zur Entwässerung von organischen Lösungsmitteln benutzt. Infolge ihrer hohen Affinität zu Sauerstoff sind diese Elemente sehr kräftige Reduktionsmittel. Oxide, die eine hohe Bildungswärme besitzen, können z. B. mit Natrium zum Metall reduziert werden.

10. Metalle zweiter Art

Diese metallischen Elemente findet man im Periodensystem auf der linken Seite unterhalb der stufenartigen Abgrenzung. Die 12 Elemente, die dieser Gruppe angehören, weisen folgende Elektronenverteilung auf:

$$(n-1)d^{10}ns^1,\ (n-1)d^{10}ns^2 \text{ und } (n-1)d^{10}ns^2p^{1-3}.$$

Während sich oberhalb der stufenartigen Abgrenzung im Periodensystem die Halbmetalle befinden, gehören die Elemente unterhalb der Treppe zu den wirklichen Metallen. Bei diesen Elementen sind alle charakteristischen Eigenschaften der Metalle vorzufinden, nur das letzte Element, das Wismut, ist spröde. Die Zunahme der Kernladung, insbesondere bei den höheren Gliedern, wirkt sich dahingehend aus, daß die Valenzelektronen nur schwer abgespalten werden können. Daher kommt es, daß die schwereren Metalle 2. Art in vieler Hinsicht den Edelmetallen ähneln, d. h. ihre Reaktionsfähigkeit nimmt mit zunehmendem Atomgewicht ab. Handelt es sich bei den Valenzelektronen um *p*-Elektronen, dann ist die Reaktionsfähigkeit größer. Dies ist der Fall bei Elementen wie Thallium, Zinn und Wismut, wo die *p*-Elektronen leichter abgespalten und beständige Ionen gebildet werden. Die noch vorhandenen *s*-Elektronen bleiben zurück (inert pair of valency electrons) und können nur mittels starker Oxydationsmittel entfernt werden. Daraus folgt, daß Ga, In, Tl leicht einwertige, Sn und Pb zweiwertige Ionen bilden, und daß bei Wismut gewöhnlich Ionen mit der Oxydationszahl +3 vorliegen. Damit ist auch zu erklären, daß bei den Elementen Gallium, Indium, Thallium in horizontaler Richtung ein Maximum in der Elektropositivität auftritt. Mit schwer polarisierbaren Anionen bilden deshalb diese Elemente meist ionische Verbindungen, die wasserlöslich sind und einen hohen Schmelzpunkt besitzen. Ist das Anion jedoch leichter polarisierbar, wie z. B. I^-, S^{2-} usw., entstehen unlösliche Verbindungen. Die Oxydationszahl wird also von den Außenelektronen bestimmt; davon ausgenommen sind das Kupfer und das Gold, wo auch aus der abgeschlossenen 18er Schale ein oder gar zwei Elektronen unter Bildung von Cu^{2+}, Au^{3+}-Ionen abgespalten werden können. Das Gold weist auch sonst viele von anderen Elementen abweichende Eigenschaften auf, die durch die Doppelkontraktion gedeutet werden kann, da daraus ein besonders kompakter Atomrumpf resultiert. Die Doppelkontraktion ergibt sich durch das Zusammenwirken der Übergangsmetallkontraktion und der Lanthanidenkontraktion. Demzufolge ist der Schmelzpunkt des Goldes höher als der des Silbers, obwohl diese physikalische Konstante in *S*-Feldern von oben nach unten immer abnimmt. Ungewöhnlich für Metalle 2. Art ist die Bildung von Hg_2^{2+}-Ionen beim Quecksilber.

Die metallischen Eigenschaften, wie z. B. die Duktilität, die elektrische Leitfähigkeit, nehmen von links nach rechts ab. Wismut steht den Halbmetallen am nächsten. So ist z. B. der Wismutdampf nicht einatomig, wie dies bei anderen Metallen der Fall ist.

Bei der Diskussion der chemischen Eigenschaften sind vor allem die Elektronegativitäten zu berücksichtigen. Bei den Metallen 2. Art liegen sie zwischen 1,2 und 2,3. Ist die Elektronegativität kleiner als 1,7, dann verbrennt das Metall beim Erhitzen an der Luft. Auch das Kupfer oxydiert sich, doch zerfällt sein Oxid wieder leicht in Metall und Sauerstoff. Seine Reduktion ist ebenso leicht wie die der Edelmetalle. Bei Zimmertemperatur schon bildet der Sauerstoff eine zusammenhängende oxidische Oberflächenschicht, die die Metalle vor weiterer Oxydation schützt. So sollte eigentlich das Magnesium als sehr positives Metall mit Sauerstoff und Wasser reagieren; dies wird jedoch durch die Oxidschicht an der Oberfläche verhindert. Metalle 2. Art mit einer Elektronegativität kleiner als 1,7 stehen in der elektrochemischen Spannungsreihe vor dem Wasserstoff und lösen sich deshalb in verdünnten Mineralsäuren unter Wasserstoffentwicklung auf. Die Metalle mit einer Elektronegativität größer als 1,7 gehören zu den edleren Metallen und sind dementsprechend nur in oxydierenden Säuren löslich. Diese Elemente reagieren sowohl mit den gasförmigen Halogenen als auch mit den wäßrigen Lösungen derselben. Im letzteren Falle verläuft die Reaktion nur dann vollständig, wenn die entstehenden Halogenide wasserlöslich sind. So gehen z. B. Magnesium, Zink, Gallium in Chlorwasser vollständig in die Chloride über. Die Elektronegativität von Kupfer ist größer als 1,7, es löst sich deshalb nicht in verdünnten Mineralsäuren auf. In Abwesenheit von Luft wirkt z. B. die Salzsäure auf Kupfer gar nicht ein. Wenn aber Luft, d. h. Sauerstoff, anwesend ist, löst sich das Kupfer nicht nur in Salzsäure, sondern auch in Essigsäure. Von den Metallen 2. Art lösen sich Gallium, Zink und Zinn auch in Alkalihydroxiden auf.

11. Übergangsmetalle

Die 23 Elemente im D-Feld auf der rechten Seite des Periodensystems — nicht mitgerechnet das Lanthan und das Actinium — gehören der Gruppe der Übergangsmetalle an. Gemäß den Regeln, die etwas über die Stabilität von Atomkernen aussagen, kann kein Isotop des Technetiums stabil sein. Es kommt auch in der Natur nicht vor und wurde künstlich durch Beschuß eines Molybdänkerns mit Neutronen dargestellt. Am langlebigsten ist sein Isotop ^{99}Tc mit einer Halbwertszeit von $2,2 \cdot 10^5$ Jahren.

Die Elektronenanordnung der Übergangsmetalle ist $(n-1)\ d^x\ n\ s^2$, wobei x zwischen $1-8$ variiert. Es sei bemerkt, daß diese Konfiguration manchmal in die Form $(n-1)\ d^{x+1}\ n\ s^1$, ja sogar in die von $(n-1)\ d^{x+2}\ n\ s^0$ übergehen kann (Cr, Pd). Die Übergangsmetalle bilden eine ziemlich einheitliche Elementengruppe, da die äußerste Elektronenschale ja unverändert bleibt und die neuen Elektronen die zweite Schale von außen auffüllen. Die d-Elektronen schirmen die s-Elektronen kaum vor der Anziehung des Kernes ab, so daß die Elektronenhülle mit zunehmender Kernladung immer stärker zusammengezogen wird. Das ist die Übergangsmetallkontraktion. Diese Kontraktion des Atomvolumens zeigt aber infolge der unterschiedlichen Kristallstrukturen der Elemente keinen so regelmäßigen Gang wie bei den Ionen. Da die Eigenschaften sehr stark von den Abmessungen abhängen, ist es verständlich, daß sich diese Elemente sehr ähnlich verhalten. Besonders gilt diese Feststellung für die 2. und 3. Reihe des D-Feldes, wobei bei letzterer auch schon die Lanthaniden-Kontraktion zur Geltung kommt. So unterscheiden sich die Ionendurchmesser der Elemente der 5. und 6. Periode höchstens um einige hundertstel Angström. Die Übereinstimmung in den Eigenschaften von Zr und Hf ist beinahe so gut wie bei Isotopen. Gegen Ende der Periode verschwinden die Unterschiede in den atomaren Abmessungen beinahe völlig, und deshalb ist hier die horizontale Verwandtschaft sehr groß (siehe S. 9). Deshalb spricht man von der Eisentriade (1,15—1,16 Å), und auch die

Platinmetalle sind einander sehr ähnlich (1,24—1,29 Å). Die Übergangsmetalle geben ihre äußersten s-Elektronen und auch eine gewisse Anzahl von d-Elektronen leicht ab (Sc^{3+}, Ti^{4+}), obwohl die M^{4+}-Ionen in Wasser unbeständig sind und durch Hydrolyse in MO^{2+}-Ionen übergehen. In der 2. und 3. Reihe sind die Oxydationszahlen +2 und +3 vorwiegend in Komplexverbindungen anzutreffen. Besonders leicht bildet sich die maximale Oxydationsstufe in den Gruppen 5, 6 und 7. Es ist selbstverständlich, daß diese positiven Ionen mit der maximalen Oxydationsstufe ihre Ladung sofort durch O^{2-}-Ionen abschirmen, mit anderen Worten, sie bilden Anionen. Deshalb nennt man diese Elemente auch säurebildende Metalle. Die maximalen Oxydationsstufen weisen eine verschiedene Beständigkeit auf. Bei den Elementen der 1. Reihe lassen sie sich leicht in die niedrigeren Oxydationsstufen überführen. So ist das Permanganation, MnO_4^-, ein kräftigeres Oxydationsmittel als das Perrhenat. Ganz ähnlich ändert sich das Oxydationspotential in der Gruppe 6a, wo das Chromation noch stark, das Molybdation aber wesentlich schwächer oxydierend wirkt. Wenn ein Übergangsmetall bei Ionenbildung alle seine Elektronen abgibt, so daß es die Elektronenkonfiguration des unter ihm stehenden Edelgases erreicht, ist das entstehende Ion diamagnetisch. In jedem anderen Falle sind die Ionen paramagnetisch; die zurückgebliebenen d-Elektronen füllen die d-Unterschale nicht vollkommen auf und sind deshalb leicht anregbar. Die Ionen sind farbig. Am häufigsten beobachtet man folgende Farben:

Ti^{3+} blau, violett	V^{3+} grün, violett	Cr^{2+} blau
	V^{4+} rotbraun	Cr^{3+} violett
		Mo^{3+} grün, blau
		$Cr_2O_7^{2-}$ orange
		CrO_4^{2-} gelb
Mn^{2+} rosa	Fe^{2+} grün	Co^{2+} rosa
Mn^{3+} braun	Fe^{3+} gelb	Ni^{2+} grün
MnO_4^{2-} grün		Co^{2+} blau (wasserfrei)
MnO_4^- violett		

Man sieht, daß auch bei höheren Oxydationsstufen die Anionen farbig sind, wenn noch ein paramagnetisches Elektron vorliegt. Anionen, in denen das Übergangsmetall in seiner maximalen Oxydationsstufe vorliegt, sind farblos. Davon ausgenommen sind die 6. und 7. Gruppe, wo die Anionen bei den ersten Elementen der Gruppe auch farbig sind. Dieser Umstand weist auf die leichtere Anregbarkeit der Sauerstoffionen, O^{2-} hin, deren Elektronenhülle durch Polarisation aufgelockert ist. In der 2. und 3. Reihe ist diese polarisierende Kraft kleiner, und so sind auch die Anionen maximaler Oxydationsstufen farblos. Die Oxide MoO_3 und Re_2O_7 sind farblos bzw. schwach gelblich, die entsprechenden Oxide der ersten Reihe hingegen sind intensiv gefärbt.

Charakteristisch für die Übergangsmetalle ist ihre Neigung zur Komplexbildung. Dies ist natürlich verständlich, wenn man bedenkt, daß diese Atome bzw. Ionen leere Orbitale besitzen, in die geeignete Liganden ihre Elektronenpaare einbringen können. (Über Möglichkeiten und Bedingungen der Komplexbildung siehe Kap. III/12.)

In den Gittern der Übergangsmetalle befinden sich verhältnismäßig kleine und kompakte Ionen, meistens in dichtester Packung. Deshalb wirken zwischen den Gitterpunkten sehr starke kohäsive Kräfte, und entsprechend groß ist das spezifische Gewicht der Übergangsmetalle, ihr Schmelzpunkt, Siedepunkt und ihre Sublimationswärme hoch. Auch ihre Härte erreicht oft auffallend große Werte. Hinzu kommt noch, daß auch geringfügige Verunreinigungen, die nicht nur durch ein fremdes Metall, sondern auch durch Sauerstoff, Stickstoff oder Kohlenstoff verursacht sein können, und deren Anwesenheit früher überhaupt nicht festgestellt werden konnte, zur Veränderung der physikalischen Konstanten, besonders zur Veränderung der Härte, wesentlich beitragen können. Die physikalischen Konstanten innerhalb der Übergangsmetalle ändern sich periodisch, und sie zeigen bei der Chrom- bzw. der Eisengruppe zwei Maxima. Die Änderung der physikalischen Eigenschaften innerhalb einer Gruppe ist bei den mittleren Gruppen (Cr, Mn, Fe) am stärksten.

Was die chemischen Eigenschaften betrifft, so kann festgestellt werden, daß die Elemente der 2. und 3. Reihe in vieler Hinsicht von denen der 1. Reihe abweichen (vergleiche auch die Ionendimensionen). Die Übergangsmetalle der 2. und 3. Reihe sind chemisch sehr viel ähnlicher als die der 1. und 2. Reihe.

Die beständigen Oxydationsstufen in der 1. Reihe sind +2 und +3, dies gilt vor allem für die Elemente am Ende der Periode. Die Reduktionswirkung nimmt vom Nickel zum Titan hin so stark zu, daß beim Titan schon der +3-Zustand reduzierend wirkt. Das Oxydationspotential des +3-Zustandes nimmt natürlich in Richtung Nickel zu. Die +4- oder eine noch höhere Oxydationsstufe besitzt bei jedem Element der 1. Reihe eine stark oxydierende Wirkung.

Die 1. Reihe der Übergangselemente enthält ziemlich positive Metalle, wobei das Maximum der Elektropositivität sich bei der Mangangruppe befindet. Irreführend kann aber sein, daß diese Elemente im allgemeinen zur Passivierung neigen, während die schwersten Übergangsmetalle (Ta, Re, Ir, Pt) ausgesprochene Edelmetalle sind. An der Luft und bei Zimmertemperatur verändern sich die Metalle nicht, hier ist lediglich das Eisen eine Ausnahme, das in Anwesenheit von Feuchtigkeit rostet. Glüht man sie unter Luftzutritt, so verbrennen sie. Eine Ausnahme machen hierbei die edelsten Metalle (Pt, Ir), sie verändern sich nicht. Ähnlich verläuft die Reaktion mit Schwefel. Die Übergangsmetalle reagieren leicht mit Stickstoff bzw. Kohlenstoff unter Nitrid- bzw. Carbidbildung. Interessant ist die Reaktion mit Wasserstoff. Alle Metalle nehmen in beträchtlicher Menge Wasserstoff auf.

Je reiner das Metall ist, desto mehr Wasserstoff wird aufgenommen, und es entstehen interstitielle Hydride. In den interstitiellen Hydriden hat der Wasserstoff die Funktion eines anderen Metalls, er verhält sich also wie ein Legierungsbestandteil. Diese Hydride geben den eingebauten Wasserstoff im Vakuum oder beim Erhitzen ab. Durch diese reversible Reaktion wird die Diffusion durch die Metalle, besonders bei höherer Temperatur, verständlich. Aus dem gleichen Grund kann bei zahlreichen anderen Metallen, hauptsächlich bei Nickel und Eisen, auch das Kohlenmonoxid durch das glühende Metall diffundieren. Die leichteren Übergangsmetalle vereinigen sich mit Halogenen auch bei Zimmertemperatur ziemlich heftig. So bildet beispielsweise das Eisen in Berührung mit Chlorgas sofort Eisen(III)-chlorid. Die schwereren, d. h. die edleren Übergangsmetalle wandeln sich nur bei höheren Temperaturen in die entsprechenden Halogenverbindungen um, wobei auch wiederum das Platin und Iridium eine Ausnahme machen. Die positiveren Übergangsmetalle, in erster Linie das Mangan und seine Nachbarn, zersetzen Wasser schon bei Zimmertemperatur. Allerdings verläuft diese Reaktion nur langsam. Leitet man Wasserdampf über glühendes Eisen, so entsteht Wasserstoff; dieser Vorgang wird zur Darstellung von Wasserstoff herangezogen. Diejenigen Metalle, die Wasser zersetzen, lösen sich auch in verdünnten, nicht oxydierend wirkenden Säuren. Demgegenüber sind die schwereren Elemente lediglich in oxydierenden Säuren unter Erwärmen löslich. Merkwürdig ist das Verhalten gegen Laugen. Vanadin, Chrom und Molybdän, die von Säuren nur schwer angegriffen werden, kann man in einer NaOH-Schmelze mit Oxydationsmitteln wie KNO_3 und Na_2O_2 oxydieren. Es bilden sich dabei die Anionen VO_3^-, CrO_4^{2-} und MoO_4^{2-}. Die Elemente der Eisengruppe sind gegenüber Basen am widerstandsfähigsten. Die Reaktionsfähigkeit der Übergangsmetalle wird infolge ihrer Neigung zur Komplexbildung stark erhöht. In Gegenwart von komplexbildenden Anionen nämlich kann die dünne Oxidschicht an der Oberfläche, die für die Passivierung verantwortlich ist, aufgelöst werden. Dieses Verhalten ist allgemein charakteristisch für die Übergangselemente, und es gilt besonders für das Chrom und die darauffolgenden Elemente.

12. Die seltenen Erden

Bei den Lanthaniden und Actiniden in der 6. bzw. 7. Periode wird nicht wie bei den Übergangsmetallen die d-Unterschale, sondern die f-Unterschale der nächsttieferen Schale kontinuierlich aufgefüllt. Beim Lanthan und Actinium ist es zunächst noch so, daß 2 s- und 1 d-Elektron eingebaut werden, daß dann aber in der 6. Periode die 4 f- und in der 7. die 5 f-Unterschale ausgebaut wird. Die Elektronenkonfiguration ist also $(n-2) f^{1-14} (n-1) d^1 n s^2$, wobei n bei den Lanthaniden gleich 6, bei den Actiniden gleich 7 ist. Da 7 f-Orbitale zur Verfügung stehen, gibt es also 14 Lanthaniden bzw. Actiniden. Die Lanthaniden werden oft mit dem Symbol Ln, die Actiniden mit dem Symbol An belegt.

Unter den Lanthaniden ist der Atomkern des Elementes mit der Ordnungszahl 61, das Promethium, instabil. Bei den Actiniden sind alle Elemente instabil. Das Promethium kommt genauso wie das Element 43, das Technetium, in der Natur nicht vor. Es wurde aber künstlich hergestellt. Von den Actiniden kommen nur die ersten vier Glieder, Ac, Th, Pa und U, in der Natur vor; sie haben eine genügend lange Halbwertszeit. In äußerst geringen Spuren findet man auch noch Neptunium und Plutonium. Die auf das Uran folgenden Elemente, als Transurane bezeichnet, besitzen im allgemeinen so kurze Halbwertszeiten, daß sie schon längst zerfallen wären, wenn sie sich bei der Entstehung unserer Erde gebildet hätten. Die Transurane werden künstlich dargestellt. Als Beispiel soll folgende Kernsynthese angeführt werden:

$$^{238}U(n, \gamma) \longrightarrow {}^{239}U \xrightarrow[23 \text{ min}]{\beta} {}^{239}Np \xrightarrow[2{,}3 \text{ Tage}]{\beta} {}^{239}Pu \xrightarrow[2{,}1 \cdot 10^4 \text{ Jahre}]{\alpha} \cdot$$

Der durch kosmische Neutronen induzierte ^{235}U-Zerfall verläuft unter Neutronenausstrahlung und liefert für die obigen Reaktionen die Ausgangsneutronen. Diese künstliche, heute bereits in großindustriellem Maße durchgeführte Reaktion illustriert auch, wie Neptunium und Plutonium in der Natur entstehen können.

Die beiden äußersten Elektronenschalen sind sowohl bei den Lanthaniden wie bei den Actiniden gleich. Der wohl auffälligste Unterschied zwischen den Lanthaniden und Actiniden in den chemischen Eigenschaften ist der, daß bei den Lanthaniden — von wenigen Ausnahmen abgesehen — nur die $d^1 s^2$-Elektronen abgespalten und so Ionen mit der Ladung +3 gebildet werden. Bei den Actiniden hingegen können auch f-Elektronen, die weiter vom Kern entfernt sind, abgegeben werden, und somit treten dann Oxydationsstufen höher als +3 auf. Mit zunehmender Kernladung und somit stärkerer Einwirkung des Kerns auf die 5f-Bahn der Actiniden ist die +3-Stufe dann wieder die beständigere (Cm) (siehe Tabelle 11).

Tabelle 11. *Oxydationsstufen der Lanthaniden und Actiniden*

Element	La	Ce	Pr	Nd	Pm	Sm	Eu	Gd	Tb	Dy
Wertigkeit			5?							
		4	4							
	3	3	3	3	3	3	3	3	3	3
						2	2			
Element	Ac	Th	Pa	U	Np	Pu	Am	Cm	Bk	Cf
Wertigkeit				6	6	6	6			
			5	5	5	5				
		4	4	4	4	4	4		4	
	3	3		3	3	3	3	3	3	3
		2					2			

Die anziehende Wirkung des Kernes auf die äußeren Elektronen kommt bei den schwach abschirmenden f-Elektronen in erhöhtem Maße zur Geltung. Dies hat zur Folge, daß die Elektronenhülle zusammengezogen wird. Die Tabelle 12 zeigt, daß Ionen mit gleicher Ladung nahezu gleiche Radien haben, und dementsprechend sind auch ihre chemischen Eigenschaften weitgehend ähnlich.

Tabelle 12. *Durchmesser von Ionen der Lanthaniden und Actiniden* (Kontraktion)

Radius des 3wertigen Ions in Å	La 1,061	Ce 1,024	Pr 1,013	Nd 0,99	Pm 0,979	Sm 0,964	Eu 0,95	Gd 0,938
	Tb 0,923	Dy 0,908	Ho 0,894	Er 0,881	Tm 0,869	Yb 0,858	Lu 0,848	
	Ac 1,11	Th —	Pa —	U 1,03	Np 1,01	Pu 1,00	Am 0,99	
Radius des 4wertigen Ions in Å		Th 0,99	Pa 0,96	U 0,93	Np 0,92	Pu 0,90	Am 0,89	

Diese Lanthanidenkontraktion erschwerte vor allem früher die Trennung und damit die Untersuchung der Seltenen Erden sehr. Die fraktionierte Auflösung und Kristallisation sind äußerst langwierige Verfahren und ermöglichen nur eine unvollständige Trennung. Heute gelingt dies mit Hilfe von Ionenaustauschern schon in wenigen Schritten fast vollständig. Voraussetzung dafür ist allerdings, daß die Lanthaniden als Komplexe vorliegen und daß die Lösung einen genau eingestellten pH besitzt.

Bei den Ionenaustauschern handelt es sich in erster Linie um Kunstharze, die in Wasser unlöslich sind und saure oder basische Atomgruppen enthalten. In den Ionenaustauschern kann als saure Gruppe z. B. die Sulfogruppe SO_3H, als basische Gruppe die Amidogruppe — NH_2 — vorkommen. Aus der Sulfogruppe spaltet sich das Wasserstoffion ab, die Amidogruppe wird durch Aufnahme einer Molekel Säure quarternisiert, $-NH_3A$, wobei A ein Anion bedeutet. Aus letzterem spaltet sich dann das Anion A ab. Anstelle des abdissoziierten Wasserstoffions bzw. Anions können sich andere Kationen bzw. Anionen anlagern, mit anderen Worten die Ionen werden ausgetauscht. Wie stark nun die Ionen dissoziieren bzw. wie stark sie eingebaut werden, hängt von der Konzentration und vom „Einlagerungspotential" ab. Wird ein Ionenaustauscher mit einer Sulfogruppe als saurer Gruppe mit einer Kochsalzlösung versetzt, dann werden die Wasserstoffionen gegen Natriumionen ausgetauscht, das Harz wird also $-SO_3Na$-Gruppen enthalten, die Wasserstoffionen sind in Lösung. In ähnlicher Weise erfolgt der Austausch von Anionen. Das Einlagerungspotential, das in erster Linie die Dissoziation bestimmt, hängt auch vom pH ab, da die Ionen in Form von Komplexen verschiedener pH-abhängiger Zusammensetzung anwesend sein können. Die Einlagerungspotentiale der verschiedenen Komplexionen sind verschieden, wodurch der Ionenaustausch äußerst selektiv wird. So kann man heute bereits sowohl die

Elemente der Lanthaniden- wie der Actinidenreihe in spektroskopischer Reinheit darstellen. Diese Ionenaustauschtechnik, kombiniert mit der Methode der radioaktiven Spurenanalyse, ermöglichte die Kontrolle zahlreicher Kernreaktionen und unter anderem den Nachweis der Bildung von Transuranen.

Neben der Methode des Ionenaustausches können selektive Trennungen auch mit dem Verfahren der flüssig-flüssig-Extraktion vorgenommen werden. Das Verfahren besteht darin, daß das zu trennende Gemisch zwischen zwei miteinander nicht mischbaren Lösungsmitteln verteilt wird. Die Löslichkeitsunterschiede können so groß sein, daß dadurch Trennung erfolgt. Ein sehr oft verwendetes Lösungsmittel für solche Extraktionsverfahren ist das Tributylphosphat (TBP), welches besonders zur Trennung der Salze von Metallen mit höherem Atomgewicht benutzt wird.

Unter den Ionen der Lanthanidengruppe gibt es zwei (La^{3+} und Lu^{3+}), bei denen die f-Schale völlig leer bzw. völlig aufgefüllt ist. Diese Ionen sind dementsprechend diamagnetisch und farblos. Bei allen anderen Elementen ist die $4f$-Bahn nur teilweise aufgefüllt, die Elektronen sind teilweise oder völlig ungepaart. Dies hat zur Folge, daß sie leicht anregbar sind und daß para-Magnetismus auftritt. Derartige Ionen sind farbig. Dieselbe Feststellung ist auch für die Actiniden-Reihe gültig.

Die Lanthaniden und Actiniden sind ziemlich positive Metalle, sie sind in ihrer Reaktionsfähigkeit mit dem Aluminium vergleichbar. Ihr Normalpotential beträgt ca. $-2,1$ V. Dementsprechend oxydieren sie sich an der Oberfläche und verbrennen an der Luft. Sie vereinigen sich mit den Halogenen unmittelbar, bei erhöhter Temperatur bilden sich in Stickstoffatmosphären Nitride und mit Kohlenstoff Carbide. Sie sind alle sehr leicht in Säuren löslich, jedoch nicht in Laugen. Darin unterscheiden sie sich vom Aluminium, das amphoter ist. Von den Salzen lösen sich lediglich die Halogenide und die Nitrate leicht, die Löslichkeit der Sulfate ist nicht besonders gut. Die Doppelsulfate jedoch, die von diesen Elementen bevorzugt gebildet werden, lösen sich schon leichter. Trotz der hohen positiven Ladung ihrer Ionen neigen sie infolge des größeren Ionendurchmessers nicht besonders zur Komplexbildung.

III. Die Eigenschaften der Verbindungen

1. Der strukturelle Aufbau von Verbindungen

Die Elektronenhülle der freien Atome — darauf wurde schon früher hingewiesen — kann nicht nur durch die Vereinigung gleichartiger Atome, sondern auch verschiedenartiger Atome stabilisiert werden. Liegen zwei Atomarten A und B vor, dann können sich diese in verschiedenen Verhältnissen miteinander verbinden: $A_m B_n$. Die Verbindungen vom Typ $A_m B_n$ (z. B. H_2O) werden binäre Verbindungen genannt. Ihre Struktur und ihre Eigenschaften hängen von denen der Komponenten A und B ab, und es ist in solchen Fällen nicht allzu schwer, aus den atomaren Eigenschaften auf das Verhalten der Verbindung zu schließen. Dies wird schwieriger, wenn die Verbindung aus mehr als zwei Atomarten aufgebaut ist. Die komplizierteren Verbindungen können jedoch ebenso behandelt werden wie die binären Verbindungen, wenn in ihnen gewisse Atomgruppen als zusammengesetzte Ionen bzw. Radikale unterschieden werden können. Innerhalb der zusammengesetzten Ionen oder Radikale wirken kovalente Kräfte, so daß in den meisten Fällen in sich abgegrenzte und stabile Atomgruppierungen vorliegen. Die Verbindungen, die aus solchen Atomgruppen aufgebaut sind, können als binäre Verbindungen betrachtet werden. Eine echte binäre Verbindung ist z. B. das Kaliumchlorid, aber auch das Kaliumsulfat kann auf dieser Grundlage als eine solche angesehen werden. Das Sulfation, das aus Schwefel und Sauerstoff aufgebaut ist, ist ein diskretes Ion und ist so zu behandeln wie das Chloridion.

In binären Verbindungen kann die Bindung ionisch, kovalent oder metallisch sein. Dabei sind alle Übergänge denkbar, was von der Elektronegativitätsdifferenz und vom Ausmaß der auftretenden Polarisation abhängt. Im allgemeinen Teil haben wir die Elektronegativitätsdifferenzen angegeben, die die einzelnen Bindungstypen annähernd charakterisieren. Daneben muß man jedoch auch die Stellung des betreffenden Elementes im Periodensystem berücksichtigen. Ein Übergang zur metallischen Bindung kann nur dann entstehen, wenn wenigstens einer der Reaktionspartner ein Metall ist.

Ist die Differenz $x_A - x_B$ größer 1, so erfolgt die Stabilisierung dadurch, daß unbegrenzte Gitterverbände nach drei Dimensionen entstehen. Bei der gegenseitigen Stabilisierung von Na- und Cl-Atomen beträgt die Differenz der Elektronegativitäten 2,0. Das Kochsalz bildet so in typischer Weise ein Ionengitter aus. Von einer Molekel der Zusammensetzung NaCl kann also nur im Dampfzustand die Rede sein. NaCl im Kristall und NaCl im Dampfzustand stellen zwei Grenzfälle dar, zwischen denen ein kontinuierlicher Übergang möglich ist. So bildet z. B. das Cadmium (EN = 1,5) mit Jod (EN = 2,55) Cadmiumjodid der Zusammensetzung CdI_2. Hier ergibt sich eine Elektronegativitätsdifferenz von 1,05. Bei einer solchen Elektronegativitätsdifferenz entsteht zwar immer noch ein unendliches Molekül, jedoch erstreckt sich das Gitter nicht mehr in drei, sondern nur noch in zwei Dimensionen. Mit anderen Worten, es handelt sich beim Cadmiumjodidkristall um ein Schichtengitter. Innerhalb der einzelnen Schichten entspricht die Bindungsart, entsprechend der Elektronegativitätsdifferenz von 1,05 einem kovalent-ionischen Übergang. Innerhalb der Schichten sind die Bindungen erster Art vollständig abgesättigt, so daß zwischen den Schichten nur van der Waalssche Kräfte wirken. Daraus ergibt sich, daß der Schmelzpunkt schon wesentlich niedriger und der Kristall weicher sein muß. Die Bindungen sind nun nicht mehr wie im Falle des dreidimensionalen Koordinationsgitters nach allen Richtungen hin gleichmäßig stark.

Beim Palladiumchlorid beträgt die Differenz $x_{Pd} - x_{Cl}$ gleichfalls 1. In diesem Falle entsteht eine unendliche Molekel in einer Dimension, es entsteht ein Kettengitter.

Bei der Anordnung der Ionen im Gitter können folgende zwei Regeln beobachtet werden. Es ist erstens ein jedes Ion bestrebt, eine möglichst große Anzahl von Ionen entgegengesetzter Ladung in seinen Anziehungsbereich einzuordnen. Dies erfolgt dabei so, daß die Anziehungs- und Abstoßungskräfte ebenfalls möglichst groß bzw. gering sind. Entsprechend dieser Feststellung streben die entgegengesetzt geladenen Ionen danach, sich so nahe wie möglich zu kommen. Die Ionen mit identischer Ladung sollten möglichst weit voneinander entfernt sein. Dies muß zwangsweise zu einer möglichst symmetrischen Verteilung der Ladungen führen. So ist beispielsweise das Tetraeder ein geeignetes Koordinationspolyeder, um vier Ionen mit gleichsinniger Ladung um ein Zentralatom anzuordnen. Die zweite Regel sagt etwas darüber aus, wie sich im atomaren Bereich die Ladungen verteilen. So hat PAULING gefordert, daß sich die entgegengesetzten Ladungen nicht nur nach außen hin neutralisieren, sondern daß auch in atomaren Dimensionen keine größeren unkompensierte Ladungen vorliegen sollen. Betrachtet man z. B. ein ganz bestimmtes Natriumion im Kochsalzgitter, so ist zwar dieses Natrium von 6 Chlorionen umgeben, aber gleichzeitig ist jedes dieser 6 Chlorionen auch wiederum von 6 Natriumionen koordiniert, so daß dementsprechend nur ein Sechstel der Ladung von 6 Chlorionen auf das betreffende Natriumion einwirkt.

Ionen mit entgegengesetzter Ladung ziehen sich also an; für gleichsinnig geladene Ionen gilt das Umgekehrte. Eine stabile Gruppierung entsteht jedoch nur dann, wenn die Ionen möglichst dicht gepackt sind,

d. h. wenn sie sich gegenseitig berühren. Eine einfache geometrische Betrachtung zeigt, daß die Anzahl der sich um ein Zentralion anordnenden Ionen von den Abmessungen beider Partner, vom Verhältnis ihrer Radien abhängt. Da die Ionen sich gegenseitig berühren sollen, wird die Koordinationszahl auch davon abhängen, welche Reaktionspartner vorliegen. Als Beispiele für diese Regel sind u. a. die Verbindungen zwischen den Elementen der Schwefelgruppe und den Halogenen angeführt worden (siehe Abb. 10).

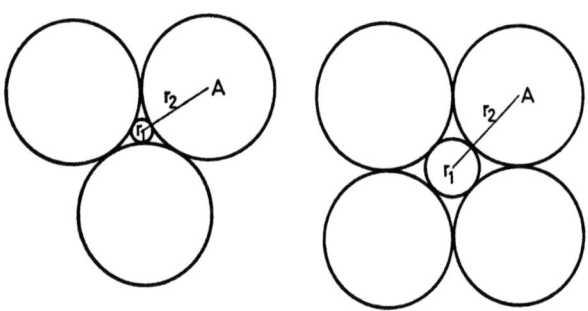

Abb. 10. Die radius-ratio bei dreier, und in der Ebene vierer Koordination

Werden Atome durch eine kovalente Bindung miteinander verknüpft, dann wird die Richtung der kovalenten Bindung von der Art der Bindungselektronen bestimmt. Vereinigen sich zwei Atome, so gibt es natürlich kein Problem, aber bereits beim Zusammentritt von drei Atomen können verschiedene geometrische Anordnungen zustande kommen. Die drei Atome ordnen sich entweder linear an, wie z. B. beim Kohlendioxid, $O=C=O$, oder es entsteht eine gewinkelte Molekel, wie z. B. beim Wasser $\overset{O}{\underset{H\quad H}{\diagup\diagdown}}$. Auch vier Atome können so zusammentreten, daß noch eine ebene Anordnung auftritt. Ein Beispiel ist das Bortrifluorid, wo die drei Fluoratome an den Ecken eines Dreiecks sitzen, und im Mittelpunkt des Dreiecks befindet sich das Boratom. Bildet sich durch das Zustandekommen kovalenter Bindungen ein Oktett am Zentralatom aus, so sind die Bindungen nach den Ecken eines Tetraeders gerichtet. Dies gilt auch für die Ammoniakmolekel NH_3, oder für das Wasser, H_2O. Im ersten Falle ist ein Elektronenpaar, im zweiten Falle sind zwei nichtbindende Elektronenpaare in Richtung der Tetraederecken angeordnet. Für die Ammoniakmolekel resultiert daraus eine trigonale Pyramide, die Wassermolekel kann nur gewinkelt sein. Eine solche Anordnung von Atomen verschiedener Elektronegativität bringt im Molekül eine asymmetrische Ladungsverteilung, ein Dipolmoment zustande. Durch die Dipole erhalten die Stoffe besondere Eigenschaften; so besitzen sie eine große Dielektrizitätskonstante, die Kohäsionskräfte untereinander sind größer, und die Neigung sich mit anderen Molekeln zu vereinigen wächst. Diese Beispiele deuten wohl darauf hin, welcher Zusammenhang zwischen der räumlichen Anordnung und den Eigenschaften besteht.

Zu Strukturuntersuchungen werden Röntgenstrukturanalysen und Elektronenbeugungsuntersuchungen herangezogen, doch kann auch die Bestimmung der Dielektrizitätskonstanten bzw. der Dipolmomente nützliche Hinweise bieten.

2. Die physikalischen Eigenschaften von Verbindungen

Aggregatzustand und Farbe

Es wurde schon darauf hingewiesen, daß der Aggregatzustand von der Bindungsart abhängt. Wenn $\Delta x = x_A - x_B$ groß genug ist, dann bildet sich ein Ionengitter, welches unter gewöhnlichen Umständen der Substanz einen festen Aggregatzustand verleiht. Ist aber $x_A - x_B \leq 1$, dann vereinigen sich die Atome schon in Form diskreter Molekeln, und zwischen diesen Molekeln wirken lediglich van der Waalssche Kräfte oder gegebenenfalls Wasserstoffbrücken-Bindungen.

Der Aggregatzustand dieser Substanzen kann unter gewöhnlichen Bedingungen fest sein, sofern das Molekulargewicht groß genug ist. Ansonsten sind sie flüssig oder gasförmig, je nachdem wie groß ihre Flüchtigkeit ist. Natürlich schmelzen solche festen Substanzen immer leicht, da hier nur die van der Waalsschen Kräfte zur Auflösung des Molekülgitters zu überwinden sind.

Sind in einer Verbindung Ionen mit hohen Oxydationsstufen vorhanden, kann sich dies nach zwei Seiten hin auswirken. Einerseits kann die ionische Bindung stärker werden, der Stoff besitzt dann einen höheren Schmelzpunkt und eine größere Härte; andererseits kann aber die Polarisation infolge der hohen Ladung zunehmen, so daß ein Übergang zur kovalenten Bindung auftreten kann. Betrachten wir einmal die drei Oxide: Na_2O, CaO, Al_2O_3, so ist eine Komponente, das Sauerstoffatom, immer dieselbe, während die Ladung der Kationen

Tabelle 13. *Der Einfluß der Polarisation auf den Schmelzpunkt*

| Verbindung | Ionenradius, Å | | Schmelzpunkt |
	Kation	Anion	C°
$BeCl_2$	0,31	1,81	405
$MgCl_2$	0,65	1,81	712
CaF_2	0,99	1,36	1392
$CaCl_2$	0,99	1,81	772
$CaBr_2$	0,99	1,95	730
CaI_2	0,99	2,16	575
$SrCl_2$	1,13	1,81	872
$BaCl_2$	1,35	1,81	960
$RaCl_2$	1,50	1,81	1000

zunimmt. In kristalliner Form ist das Natriumoxid am weichsten, während das Aluminiumoxid wegen seiner Härte als Schleifmittel benutzt wird (Korund). Tabelle 13 veranschaulicht den Zusammenhang zwischen den Ionenradien und dem Schmelzpunkt, der ja auch durch die Polarisation mitbestimmt wird.

Veränderungen im Bindungscharakter wirken sich auch auf die Flüchtigkeit der Verbindungen aus. Dies spiegelt sich sehr anschaulich wider, wenn man einmal die Siedepunkte der Chloride der Elemente der 3. Periode vergleicht.

	NaCl	$MgCl_2$	$AlCl_3$	$SiCl_4$	PCl_3	SCl_2	Cl_2
S.p.	1442	1410	182	57	76	69	−34 °C

Nimmt der kovalente Charakter der Bindung zu, dann nimmt die Löslichkeit der Verbindung ab. Dazu kann auch eine Vertiefung der Farbe auftreten.

Die Farbe von Verbindungen hängt in erster Linie von der Farbe der Ionen ab, aus denen sie aufgebaut sind. Wenn sowohl das Kation als auch das Anion farblos ist, bleibt auch das aus ihnen gebildete Salz oder die Säure farblos. Abweichungen von dieser Regel beobachtet man nur dann, wenn die polarisierende Kraft des Kations groß genug ist, und sich das Anion leicht polarisieren läßt. Die Verbindungen in der ersten Reihe der unten angeführten Beispiele sind farblos bzw. gelblich. Betrachtet man die einzelnen Gruppen, so erkennt man, daß sich die Farbe immer mehr vertieft, da entweder die Polarisationskraft oder die Polarisierbarkeit oder beide gleichzeitig zunehmen.

AgF (w)	PbF_2 (w)	ZnS (w)	Na_3AsO_3 (w)
AgCl (w)	$PbCl_2$ (w)	CdS (g)	Ag_3AsO_3 (g)
AgBr (s. g.)	PbI_2 (g)	HgS (s)	Ag_3AsO_4 (b)
AgI (g)	HgI_2 (r)		
	Na_3PO_4 (w)		$K_4[Fe(CN)_6]$ (s. g.)
	$Pb_3(PO_4)_2$ (w)		$Cu_2[Fe(CN)_6]$ (b)
	Ag_3PO_4 (g)		$Fe_4[Fe(CN)_6]_3$ (bl)

w = weiß, s. g. = schwach gelb, g = gelb, r = rot, s = schwarz, b = braun, bl = blau.

In der ersten Gruppe ist so das Silberfluorid farblos und wasserlöslich. Das Silberchlorid ist zwar noch weiß, aber nicht mehr wasserlöslich. Die Schwerlöslichkeit nimmt zum Jodid hin zu, und auch die Farbe vertieft sich in dieser Richtung. Daraus geht eindeutig hervor, daß die Polarisation des Anions vom Fluorid zum Jodid zunimmt. Da das Fluoridion nicht deformiert wird, entsteht zwischen dem Silber und dem Fluoridion eine ionische Bindung, woraus ein wasserlösliches Salz resultiert.

Beim Bleifluorid und Bleichlorid sind die beiden Anionen nur geringfügig polarisiert, die Verbindungen haben noch keine Farbe. Das

Bleijodid jedoch ist schon gelb, obwohl die beiden Ionen für sich ansonsten farblos sind. Das Quecksilber(II)-Kation wirkt offensichtlich noch stärker polarisierend, so daß die Farbe sich hier weiter vertieft. Wird das Elektronensystem eines Anions aufgelockert, so erfolgt allgemein eine Farbvertiefung. Im Falle des Silberarsenids und Silberarsenats zeigt letzteres eine größere Deformierbarkeit und besitzt somit auch eine dunklere Farbe. Auch die Farbunterschiede bei den anderen angeführten Beispielen können unter diesen Gesichtspunkten diskutiert werden.

Geht die ionische Bindung so weit in eine kovalente über, daß die Bindung rein kovalent ist, so verschwindet die Farbe wieder. Deshalb ist das Sulfation farblos. Eine Farbvertiefung kann auch dann vorkommen, wenn ein Element in derselben Verbindung in verschiedenen Oxydationsstufen auftritt; dies wird vor allem bei den Oxiden der Übergangsmetalle beobachtet.

Ein sehr schönes Beispiel für das zuletzt Gesagte findet man bei den Eisenoxiden. Fällt man aus Eisen(II)-salzlösungen unter Sauerstoffausschluß Eisen(II)-hydroxid, so ist der Niederschlag weiß, bestenfalls grünlich gefärbt. Schüttelt man nun den Niederschlag an der Luft, so färbt er sich schwarz, da sich ein Teil der Eisenionen in der +2-, ein anderer Teil in der +3-Oxydationsstufe befindet. Bei längerem Stehen an der Luft geht die schwarze Farbe in Rostbraun über, da nun alle Eisenionen in die +3-Stufe übergegangen sind.

Gewöhnlich begrenzt man den Begriff der Farbe auf den sichtbaren Bereich des Spektrums. Deshalb kann es vorkommen, daß ein Ion farblos ist, obwohl es nach dem eben Gesagten farbig sein sollte. Die Ursache liegt, wie gesagt, darin, daß das Ion außerhalb des sichtbaren Spektralbereichs absorbiert. So sind die Kristalle des wasserfreien Kupfersulfates durchsichtig und farblos. Bindet nun aber das Kupfer(II)ion 4 Molekel Wasser (Kristallwasser), so verschiebt sich die Absorption in den sichtbaren Spektralbereich und es tritt die charakteristische blaue Farbe der Kupfer(II)-salze auf. Noch leichter deformierbar als das Wasser ist die NH_3-Molekel. Kupfer(II)-ionen bilden so mit Ammoniak den azurblauen Kupfertetrammin-Komplex; die Farbe ist also dunkler. Das an sich farblose Kupfer(II)-ion ist durch Komplexbildung mit deformierbaren Liganden farbig geworden. Es kann jedoch auch der umgekehrte Fall auftreten, daß die Farbe durch Komplexbildung verschwindet. So ist der Aquokomplex des Eisen(III)-ions $[Fe(H_2O)_6]^{3+}$ gelb, der Fluorokomplex $[FeF_6]^{3-}$ jedoch farblos.

Anorganische Verbindungen, in denen die Bindungen kovalent sind, sind farblos, da die Elektronen zwischen den einzelnen Bindungspartnern fest lokalisiert sind. Nur ungepaarte Elektronen in der Molekel können eine Farbe verursachen. Deshalb sind das NO_2 und das ClO_2 farbig. Auch das Stickstoffmonoxid, NO, müßte gefärbt sein. Jedoch ist die Energie des ungepaarten Elektrons so, daß es im sichtbaren Bereich nicht absorbiert.

3. Die physikalischen Eigenschaften der Verbindungen

Löslichkeit

Die Löslichkeit einer Verbindung hängt auch von der Bindungsart ab. Die typischen Ionenverbindungen sind alle wasserlöslich. Dazu gehören viele Salze, die meisten Säuren — sofern es sich nicht um makromolekulare Polysäuren handelt — und ferner die Hydroxide der stark positiven Metalle. Die Salze sind dann in Wasser unlöslich, wenn die ionische Bindung einen stark kovalenten Charakter besitzt, oder wenn beide Ionen bei gleichzeitig großem Ionendurchmesser eine hohe Ladung aufweisen. Große Ionen hydratisieren weniger leicht (Bariumsulfat). Da aber die Hydratationsenergie den größten Teil der Energie liefert, die zur Überwindung der Gitterkräfte benötigt wird, ist die Hydratation äußerst wichtig. Die Korrelation zwischen Hydratationsenergie und Gitterenergie ist heute noch nicht ganz geklärt, so daß eine allgemein gültige Regel für die Löslichkeit nicht aufgestellt werden kann. Einige qualitative Gesichtspunkte können jedoch zusammengestellt werden. So ist die Gitterenergie, die sich aus elektrostatischen Wechselwirkungen ergibt, um so größer, je größer die Ladung und je kleiner der Durchmesser des Ions ist. Dementsprechend ist die Löslichkeit der Salze der Alkalimetalle größer als die der Erdalkalimetalle, weil bei den letzteren größere Gitterkräfte zu überwinden sind. Komplizierter sind die Verhältnisse bei der Hydratation. Im allgemeinen ist es so, daß sich ein Ion um so stärker hydratisiert, je kleiner es ist. Das Ausmaß der Hydratation nimmt ebenfalls mit der positiven Ladung des Ions zu. Das Natriumion ist stärker hydratisiert als das Kaliumion, und auch deshalb sind im allgemeinen die Natriumsalze in Wasser besser löslich als die Kaliumsalze. Im allgemeinen sind die Anionen immer größer als die Kationen, wodurch ihr Beitrag zur Hydratationsenergie geringer wird.

Die Oxide lösen sich nur in Wasser auf, wenn es sich um ein Oxid eines stark elektropositiven Metalls handelt und wenn sie sich in Wasser in die Hydroxide umwandeln. Dies bedeutet praktisch, daß lediglich die Hydroxide der Alkali- und Erdalkalimetalle wasserlöslich sind. Veränderungen der Löslichkeit wird durch die eben beschriebenen Ursachen bestimmt. So nimmt z. B. die Löslichkeit der Hydroxide innerhalb einer Gruppe im allgemeinen von oben nach unten zu, wenn die Positivität auch zunimmt.

Einfach negativ geladene Anionen, die nicht leicht polarisierbar sind, bilden mit einwertigen Kationen wasserlösliche Salze. Dies gilt besonders für die Nitrate, Perchlorate, Chlorate usw. Eine Ausnahme bilden hier nur die Kationen Cu^+, Ag^+, Au^+, Tl^+ und Hg_2^{2+}, deren Halogenide unlöslich sind. Diese Kationen verfügen über eine kompakte Elektronenhülle und wirken deshalb auf das Anion stark polarisierend. In diesem Falle kann auch das Anion das Kation polarisieren, so daß der kovalente Bindungscharakter zunimmt und die Löslichkeit sich verringert.

Zweifach negativ geladene Anionen mit geringer Polarisierbarkeit bilden mit einwertigen Kationen im allgemeinen wasserlösliche Verbindungen. Bei Kationen der Oxydationsstufe $+2$ trifft dies nur zu, wenn der Durchmesser des Kations klein genug ist, um bei der Wechselwirkung mit dem Lösungsmittel eine genügend große Hydratationsenergie zu ergeben, die zur Überwindung der Gitterkräfte notwendig ist. Dreifach positiv geladene Ionen haben im allgemeinen einen so kleinen Ionendurchmesser, daß die Wechselwirkung mit dem Lösungsmittel, die Hydratation, ziemlich groß ist. Die Löslichkeit der Verbindungen, die diese Kationen mit schwer polarisierbaren Anionen, wie dem SO_4^{2-}-Ion, bilden, ist beträchtlich. Liegen aber verhältnismäßig leicht polarisierbare Anionen (CO_3^{2-}) vor, so entsteht ein unlöslicher Niederschlag.

Dreifach negativ geladene Anionen bilden nur mit den schwereren Alkalimetallen wasserlösliche Salze, da diese den größten Durchmesser haben. Die dreiwertigen Anionen sind im allgemeinen stark polarisierbar und die kleineren Alkalimetallionen würden sie so zu stark polarisieren. Das beste Beispiel hierfür ist das Lithiumphosphat. Für die vierfach negativ geladenen Anionen gilt in verstärktem Maße, was für die dreiwertigen Anionen gültig ist.

Diese sehr qualitativen Regeln reichen jedoch heute noch nicht aus, um die Löslichkeit einer Verbindung exakt vorauszusagen. Es ist deshalb zweckmäßig, die Löslichkeiten der häufigsten und somit auch für die Praxis wichtigsten Verbindungen kurz zusammenzufassen. Dies wird in der zusammenfassenden Behandlung der Salze von Sauerstoffsäuren (S. 118) geschehen. Hier werden nur die Löslichkeiten von Hydroxiden und von Salzen erwähnt, denen keine Sauerstoffsäuren zugrunde liegen:

Die Hydroxide der Alkalimetalle lösen sich in Wasser. Von den Erdalkalimetallen ist das Bariumhydroxid gut, die Hydroxide des Calciums und Strontiums weniger gut löslich.

Die Halogenide sind im großen und ganzen wasserlöslich. Unlöslich sind lediglich die Fluoride von Ca, Sr, Ba und Al, sowie die Chloride, Bromide und Jodide von Ag^+, Pb^{2+}, Hg_2^{2+}, Cu^+ und Tl^+ sowie das Jodid von Hg^{2+}.

Mit Ausnahme der Alkali- und Erdalkalimetalle sind sämtliche Sulfide unlöslich.

Im Zusammenhang mit der Löslichkeit von ionischen Verbindungen in Wasser muß man noch zwei Phänomene erwähnen. Das eine ist die Hydrolyse, die auch dann eine geringere Löslichkeit verursachen kann, wo es an sich nicht begründet wäre. Einen solchen Fall stellt z. B. das Quecksilber(I)-nitrat dar. Zwar löst sich $Hg_2(NO_3)_2$ reichlich in Wasser, doch kann die Sättigungskonzentration nicht erreicht werden. An der Oberfläche der Kristalle nämlich bildet sich im Wasser ein weniger lösliches basisches Nitrat. Fügt man jedoch einige Tropfen Salpetersäure hinzu, so kann die Hydrolyse zurückgedrängt werden, und es entsteht eine klare und gesättigte Lösung. Ein anderer Vorgang, der die Löslichkeit ionischer Verbindungen in Wasser erhöht, ist die Komplexbildung. Auch die Hydratation der Kationen ist eigentlich hierzu zu rechnen, es bilden sich Aquokomplexe.

Eine scheinbar schlechte Löslichkeit beobachtet man bei einigen wasserfreien Salzen, bei denen die Auflösungsgeschwindigkeit besonders gering ist. Hierzu gehört beispielsweise das Chrom(III)-sulfat, das sozusagen unlöslich ist. Dagegen löst sich das wasserhaltige Chrom(III)-sulfat recht gut, da hier der Chrom(III)-hexa-aquokomplex im Kristall bereits ausgebildet ist.

Kovalente Verbindungen lösen sich nur dann in Wasser, wenn sie flüchtig sind, ihre Löslichkeit in Wasser ist praktisch gleich Null, wenn sie keinen meßbaren Dampfdruck aufweisen.

Die Löslichkeit von kovalenten Verbindungen in Wasser nimmt jedoch erheblich zu, wenn die betreffende Substanz mit Wasser in eine starke Wechselwirkung tritt, wenn sie beispielsweise in Ionen zerfällt. Chlorwasserstoffgas und noch mehr Jodwasserstoffgas sind kovalente Verbindungen, und beide sind flüchtig; sind also in Wasser bis zu einem gewissen Grade löslich. Ihre Löslichkeit in Wasser ist jedoch wesentlich größer, als die anderer vergleichbarer Substanzen, da die Molekeln sofort nach dem Auflösen in Ionen gespalten werden. Die Hydratation ist im Falle des Protons (H_3O^+) besonders groß. Die nicht dissoziierten HCl-Moleküle werden durch die elektrolytische Dissoziation so lange aus dem Gleichgewicht entfernt, bis die Sättigungskonzentration für die Ionen in der Lösung erreicht ist. Ähnlich verhalten sich alle Verbindungen, die Wasserstoff als Proton abspalten können. In manchen Fällen ist die Tendenz des Protons, sich zu solvatisieren, so stark, daß es sich mit einem Molekül der Säure selbst vereinigt ($2 HNO_3 = H_2NO_3^+ + NO_3^-$).

Auch die Hydrolyse kann unter Umständen der Grund für die scheinbare gute Löslichkeit einer kovalenten Verbindung sein. Beispiele hierfür findet man bei den Oxiden und den kovalenten Halogeniden. So ist beispielsweise das Dichlorheptoxid an sich in Wasser nur in geringem Maße löslich. Jedoch reagiert es sekundär mit den Ionen des Wassers und bildet dabei zwei Molekel Perchlorsäure. Dieser Vorgang kann folgendermaßen veranschaulicht werden:

$$\begin{array}{c} \vdots\ H \\ \vdots\ | \\ H\!-\!\!\!\!\!{-}\!\!\!\!\!{-}O \\ \uparrow\ \vdots\ \downarrow \\ O_3\!-\!Cl\!-\!O\!\!\!\!\!{-}\!\!\!\!\!{-}ClO_3 \end{array}$$

Danach bildet sich intermediär ein Vierring aus, der dann in der Weise gespalten wird, daß ein Wasserstoff der Wassermolekel an das Sauerstoffatom geht und die OH-Gruppe am Cl-Atom verbleibt. Auch das Sulfurylchlorid (SO_2Cl_2) löst sich infolge von Hydrolyse auf. Dieser Vorgang kann in zwei Schritten formuliert werden:

$$\begin{array}{c} H\longleftarrow Cl \\ ---|-----|-- \\ H\!-\!O\longrightarrow SO_2 \\ | \\ Cl \end{array} \qquad \begin{array}{c} OH \\ | \\ HO\longrightarrow SO_2 \\ --|-----|-- \\ H\longleftarrow Cl \end{array}$$

Im ersten Schritt bildet sich zunächst einmal Chlorschwefelsäure und ein Molekül Salzsäure. Im zweiten Schritt wird auch die Chlorschwefelsäure hydrolysiert, es entsteht H_2SO_4 und HCl.

4. Die Stabilität von anorganischen Verbindungen und ihre Reaktionsweisen

Die Stabilität einer anorganischen Verbindung, mit anderen Worten, ihre Widerstandsfähigkeit gegen eine spontane oder erzwungene Zersetzung, kann durch eine thermodynamische Zustandsgröße, durch die sogenannte freie Bildungsenthalpie charakterisiert werden. Darunter versteht man denjenigen Anteil der Energie, der bei der Verbindungsbildung frei wird und der sich in jede beliebige Energieform, insbesondere Arbeit, verwandeln läßt. Von der freien Bildungsenthalpie ist der Begriff der Bildungsenthalpie oder auch Bildungswärme zu unterscheiden. Damit ist die Wärmetönung gemeint, die entsteht, wenn die Verbindung aus den Elementen gebildet wird. Diese Bildungswärme kann kalorimetrisch gemessen werden. Um nun zu entscheiden, ob eine chemische Reaktion freiwillig abläuft, ob also eine große Affinität gegenüber einem bestimmten Vorgang vorliegt, muß lediglich die Änderung der freien Bildungsenthalpie, ΔG, bekannt sein. Ist ΔG negativ, läuft der Vorgang freiwillig ab, ist er positiv, kann der fragliche Vorgang nicht von selbst eintreten. Ist ΔG gleich Null, d. h. die Affinität gleich Null, dann ist das System stabil, der Anfangs- und Endzustand existieren im Gleichgewicht nebeneinander, ohne daß sich das Gesamtsystem verändert. ΔG kann aus der Enthalpieänderung berechnet werden, wenn die Entropieänderung der Reaktion bekannt ist. In den meisten Fällen ist aber letztere nicht leicht zugänglich. Da sie jedoch bei Reaktionen in flüssiger oder fester Phase keinen besonders hohen Wert annimmt, kann sie in den meisten Fällen vernachlässigt werden. So gelangt man zwangsläufig dazu, daß man die Reaktionswärme bei der Bildung selbst als diejenige Größe betrachtet, die etwas über die Stabilität der Verbindung aussagt.

Unter diesem Gesichtspunkt kann man nun formulieren, daß eine Verbindung dann stabil sein wird, wenn beim Entstehen der Verbindung die Enthalpie bzw. die freie Enthalpie beträchtlich abnimmt. Um die Verbindung zu zersetzen, d. h. um die Bindungen aufzusprengen, müßte man dieselbe Energie aufwenden, die bei der Entstehung frei geworden ist.

Maßgebend für die Stabilität einer Verbindung ist ihr Energiegehalt. Erfolgte die Verbindungsbildung unter Energieaufnahme, so ist die Energie des Systems im Endzustand größer als im Ausgangszustand; die Verbindung ist instabil. Es gilt allgemein, daß das System mit der geringsten Energie auch am stabilsten ist.

Es ist nun aber möglich, daß sich eine Molekel in exothermer Reaktion gebildet hat, daß sie aber trotzdem nicht den stabilsten Zustand erreicht hat, weil das System durch weitere Energieabgabe in einen energetisch noch günstigeren Energiezustand übergehen kann. Dies ist der Fall in den folgenden Reaktionen des Wasserstoffs und Sauerstoffs:

$$H_2 + O_2 = H_2O_2 - 33{,}6 \text{ kcal},$$
$$H_2O_2 = H_2O + 1/2\, O_2 - 12{,}1 \text{ kcal}.$$

Die unter Energieaufnahme gebildeten Verbindungen befinden sich normalerweise in einem metastabilen Zustand. Um diesen Zustand zu verlassen, bedarf es einer bestimmten Aktivierungsenergie. Wird nun dem System diese Aktivierungsenergie zugeführt, so verändert sich das System, Energie wird frei. Wenn nun aber eine endotherme Verbindung zu zerfallen beginnt, beschleunigt die frei werdende Wärme autokatalytisch die Zersetzung. Die spontane Zersetzung von endothermen Verbindungen beginnt gewöhnlich zögernd, sie kann sich jedoch gelegentlich bis zur Explosion steigern. Durch geeignete Katalysatoren kann die Aktivierungsenergie beträchtlich herabgesetzt werden, so daß in Anwesenheit von Katalysatoren die scheinbare Stabilität von endothermen Verbindungen wesentlich verringert wird. Typische endotherme anorganische Verbindungen sind Ozon, Stickstoffmonoxid und Dicyan. Als anorganische Katalysatoren werden häufig Halogene, feinverteilte Schwermetalle und Metallionen herangezogen, die in verschiedenen Oxydationszahlen auftreten können.

Man kann das Problem der Stabilität auch von den Bindungsstärken her betrachten. Dann wird man eine Verbindung als stabil ansehen, wenn in ihr die Verbindungspartner so angeordnet sind, daß jede andere Anordnung nur zu schwächeren Bindungen führen müßte. Ganz allgemein sind kettenartige Verknüpfungen zwischen identischen Atomen, wie z. B. $-O-O-$, $-N-N-N-\ldots$, in der anorganischen Chemie instabil. Kohlenstoff bzw. Siliciumketten sind jedoch schon beständig. Kettenmolekel, die abwechselnd aus verschiedenen Elementen aufgebaut werden, sind manchmal sogar sehr beständig, wie z. B. in den Silicaten bzw. in den Polyphosphorsäuren. Wenn sich eine Verbindung zersetzt oder wenn sie in einen Zustand übergeführt wird, aus dem heraus sie sich leicht zersetzen kann, dann bestimmen die Zerfallsprodukte die weiteren Reaktionen, sie bestimmen das chemische Verhalten. Beispielsweise ist Jodwasserstoff nicht besonders beständig, da er leicht in Wasserstoff- und Jodatome zerfällt. Die Wasserstoffatome wirken aber stärker reduzierend als die Jodatome oxydierend. Deshalb ist der Jodwasserstoff schon bei mäßig hohen Temperaturen ein Reduktionsmittel. Ähnliches gilt für den Schwefelwasserstoff und für einige Hydride wie z. B. PH_3. Reduzierend wirken auch Verbindungen mit einer Elektronenlücke, dazu zählen u. a. SO_2, S_2O_3, B_2H_6.

Beim Zerfallen des Ozons bildet sich atomarer Sauerstoff. Sauerstoff in statu nascendi wirkt stark oxydierend, und deshalb wird auch das Ozon als ein kräftiges Oxydationsmittel geschätzt. Das Wasserstoffperoxid zersetzt sich in der Wärme unter Aufspaltung der Sauerstoff-Sauerstoff-Bindung; es entstehen OH-Radikale. Diese Radikale besitzen eine besonders große Elektronenaffinität (136 kcal/mol) und oxydieren deshalb sehr kräftig. Durch Elektronenaufnahme entstehen dabei Hydroxidionen, OH^-, die sehr beständig sind und nicht leicht oxydiert werden können. Die große Elektronenaffinität der OH-Radikale, die auch durch die Beständigkeit der Hydroxidionen erkennbar ist, ist auch dafür verantwortlich, daß die Peroxosäuren oxydierend wirken. Starke Oxydationsmittel sind auch die Chloroxide, die Salze der Chlorsäuren, die Perchlorate, die Bromate und Jodate sowie einige Stickstoffoxide, die leicht Elektronen aufnehmen. Die oxydierende Wirkung einiger Säuren ist konzentrationsabhängig. Davon wird im Abschnitt über die Säuren noch die Rede sein.

Reaktionen zwischen anorganischen Verbindungen, bei denen sich zwei — oder seltener mehrere — Molekel zu einer neuen Molekel vereinigen, können auf prinzipiell zwei verschiedenen Wegen verlaufen. Es ist einmal denkbar, daß sich bei der Reaktion die Oxydationsstufen der beteiligten Elemente nicht ändern. Dies trifft beispielsweise für Neutralisationsreaktionen, für Additionsreaktionen und für doppelte Umsetzungen zu. Andererseits kann sich aber die Oxydationsstufe der beteiligten Elemente verändern. Bei der Reaktion $2\,Mn(OH)_2 + 1/2\,O_2 + H_2O = 2\,Mn(OH)_3$ geht beispielsweise Mangan der Oxydationsstufe $+2$ in Mangan der Oxydationsstufe $+3$ über; das bedeutet, daß das Mangan oxydiert wird. Gleichzeitig geht bei der Reaktion aber O_2 in O^{2-} über, was einer Reduktion des Sauerstoffs gleichkommt. Die angeführte Reaktion ist ein typischer Redoxvorgang.

Die Reaktionsfähigkeit von Verbindungen hängt auch davon ab, ob die in der Verbindung vorliegende Radikale durch andere ähnliche Radikale substituierbar sind. Gemäß dem Grimmschen Hydridverschiebungssatz sind bestimmte Radikale bzw. Atomgruppen untereinander austauschbar. Nach dem Hydridverschiebungssatz verändern die Elemente des P-Feldes durch Aufnahme von n Wasserstoffatomen ($n < 4$) ihre Eigenschaften derartig, daß sie in Radikale bzw. Pseudoatome oder Ionen übergehen, die den Atomen der im Periodensystem um n Gruppen rechts von ihnen stehenden Elemente ähnlich sind.

So ist das Fluoratom mit dem OH-Radikal, das Fluoridion mit dem Hydroxidion vergleichbar; sie sind isoelektronisch, und sie haben auch etwa den gleichen Raumbedarf. Das gleiche gilt auch für die NH_2- und die CH_3-Gruppe. Alle diese Radikale und Ionen können sich gegenseitig vertreten. So entstehen beispielsweise aus Säuren infolge von Substitution des Hydroxidradikals durch Halogenatome die Säurehalogenide. Wegen der großen Ähnlichkeit dieser beiden Radikale ist dieser Vorgang in vielen Fällen umkehrbar, so daß man aus Säurehalogeniden mit Wasser wieder die ursprüngliche Säure zurückgewinnen kann.

Säure-Base-Reaktionen, wie die Vereinigung des Protons mit dem Hydroxidion, spielen sich im allgemeinen zwischen Verbindungen mit einer Elektronenlücke und Molekeln mit einem freien Elektronenpaar leicht ab. Auch die Reaktion $As_2S_3 + 3\,Na_2S = 2\,Na_3AsS_3$ ist eine solche Säure-Base-Reaktion.

Diese Reaktionen sind recht häufig, und sie sind auch bei Reaktionen in der Schmelze anzutreffen. Unlösliche Metalloxide werden mit Kaliumhydrogensulfat in der Schmelze aufgeschlossen. Unter diesen Bedingungen liefert Kaliumhydrogensulfat SO_3, das in einer typischen Säure-Base-Reaktion (Antibase-Base-Reaktion) mit den Metalloxiden reagiert. Analoges gilt auch für den Aufschluß von Silikaten beispielsweise mit Natriumcarbonat. Auch oxydierende Aufschlußverfahren, wie z. B. die Schmelze von Chrom-Eisenstein ($FeCr_2O_4$) mit Natriumperoxid (Na_2O_2), sind auf solche Reaktionen zurückzuführen.

5. Hydride

Hydride sind einfache, binäre Verbindungen, die aus einem Element und Wasserstoff bestehen. Sie haben die allgemeine Formel H_nA_m. Je nachdem um welches Element es sich bei A handelt, kann man die Hydride in drei größere Gruppen unterteilen. Es gibt

1. kovalente,
2. salzartige,
3. metallische oder interstitielle Hydride.

Salzartige Hydride entstehen immer dann, wenn A ein Alkali- oder Erdalkalimetall ist. Kovalente Hydride findet man bei Verbindungen des Wasserstoffs mit der Gruppe der Nichtmetalle oder den Halbmetallen. Mit anderen Elementen, wie mit Metallen 2. Art, mit Übergangsmetallen und den Seltenen Erden, entstehen interstitielle Hydride.

Die kovalenten Hydride bestehen aus diskreten Molekeln, sie sind deshalb bei Zimmertemperatur gasförmig. Lediglich das Wasser und der Fluorwasserstoff machen davon eine Ausnahme. Beide sind bei Normalbedingungen flüssig, obwohl sie ihrer Stellung im Periodensystem entsprechend und wegen ihres Formelgewichtes flüchtig sein sollten. Daß sie von dieser Annahme abweichen, liegt daran, daß sie sich bereits im gasförmigen Zustand assoziieren. Was den Fluorwasserstoff betrifft, so liegen anstatt der einfachen HF-Molekeln Doppelmoleküle $H-F-H-F$, ja sogar Ringe mit H_4F_4- und H_6F_6-Einheiten vor, während das Wasser traubenförmige Molekel-Assoziate bildet. Da die Flüchtigkeit mit der Zunahme des Molgewichts abnimmt, sind eben diese Hydride des Sauerstoffs und Fluors weniger flüchtig als diejenigen, die in der homologen Reihe nach ihnen folgen, aber keine Wasserstoffbrücken bilden.

Durch die Wasserstoffbrücken hat Wasser in festem Zustand, im Eis, eine besonders voluminöse, lockere Struktur. Beim Schmelzen bricht die Gitterordnung zusammen, und die Moleküle können sich dichter zusammenlagern, so daß Wasser beim Schmelzpunkt eine höhere Dichte besitzt als im Eis. Bei weiterem Erwärmen durchläuft die Dichte des Wassers bei 4 °C ein Maximum, da hier zwei entgegengesetzte Effekte, die stärkere Wärmebewegung und ein engeres Zusammenlagern der Wassermolekeln, entsprechend wirksam werden.

Die Beständigkeit der Hydride nimmt im Periodensystem von rechts nach links und von oben nach unten ab. Dies wird in der Abb. 11 anhand der Bindungsstärken veranschaulicht.

Das stabilste kovalente Hydrid ist somit der Fluorwasserstoff, allgemein sind es die Hydride der ersten Reihe. Mit Elementen, deren Elektronegativität kleiner ist als die des Wasserstoffs, bilden sich nur sehr unbeständige Verbindungen. Ist $x_A > x_H$, so bildet sich das Hydrid bei entsprechend hohen Temperaturen direkt aus den Komponenten. Sind aber die Elektronegativitäten x_A und x_H etwa gleich, dann kann das Hydrid nur mit nascierendem atomarem Wasserstoff dargestellt werden. Je größer die Differenz der Elektronegativitäten ist, desto exothermer wird der Vorgang sein, und die benötigten Reaktionstemperaturen sind niedriger. Umgekehrt wird im Falle $x_A \sim x_H$ die Bildungstemperatur weit über der Zersetzungstemperatur liegen, und daher wird nur die Reaktion mit atomarem Wasserstoff zur Hydridbildung führen.

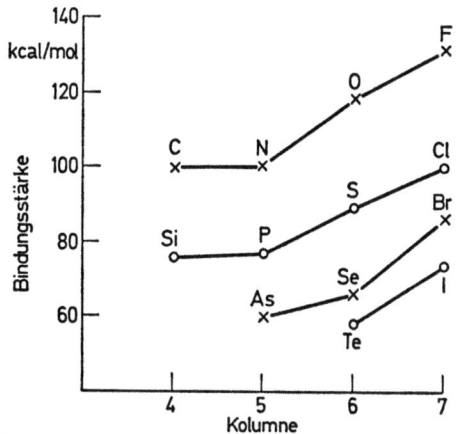

Abb. 11. Die Beständigkeit der molekularen Hydride

Die Halogenwasserstoffe dissoziieren in Wasser und bilden starke Säuren, HCl, HBr, HI. Bei den Wasserstoffverbindungen der Sauerstoffgruppe treten die sauren Eigenschaften stark in den Hintergrund. Das Wasser verhält sich amphoter, da es mit Protonen-Donationen das Oxoniumion, H_3O^+, bildet und somit saure Eigenschaften aufweist. Mit Protonen-Akzeptoren dagegen bildet es das Hydroxidion, OH^-, das genau so wie das Oxoniumion sofort weiter hydratisiert wird. Die Hydride der schwereren Elemente der Sauerstoffgruppe, H_2S, H_2Se usw., zeigen allmählich stärker werdende saure Eigenschaften. Jedoch sind diese im Vergleich zu den Hydriden der Halogengruppe schwach ausgeprägt. Die Hydride der Stickstoffgruppe nehmen lieber ein Proton auf; so bildet das Ammoniak, NH_3, unter Aufnahme eines Protons, H^+, das Ammoniumion, NH_4^+. Hier stabilisiert nicht das Lösungsmittel das Proton der Verbindung, wie im Falle des Oxoniumions, sondern die Ammoniakmolekel stabilisiert das Proton des Lösungsmittels, indem es das Ammoniumion bildet. Die anderen kovalenten Hydride, bei denen der Verbindungspartner des Wasserstoffs eine noch kleinere Elektronegativität besitzt, verhalten sich als neutrale Gase und dissoziieren nicht im Wasser.

In der Sauerstoffgruppe ist das Wasser die wichtigste Wasserstoffverbindung. Seine Bedeutung für das Leben, für die Technik und für die Gestaltung der Oberfläche der Erde sind hinreichend bekannt.

Die Energie der Wasserstoff-Sauerstoffbindung ist etwas größer als 110 kcal/mol, so daß die Molekel nur bei sehr hoher Temperatur in ihre Bestandteile gespalten werden kann. Bei wesentlich niedrigeren Temperaturen reagiert das Wasser aber mit den sehr positiven Metallen (Na, K), durch die es schon bei Zimmertemperatur zersetzt wird. Die weniger positiven Metalle und auch der Kohlenstoff reagieren erst bei mäßiger Rotglut:

$$2\,K + 2\,H_2O = 2\,KOH + H_2,$$
$$2\,Fe + 3\,H_2O = Fe_2O_3 + 3\,H_2,$$
$$C + H_2O = CO + H_2.$$

Diese Vorgänge laufen deshalb ab, weil die Bindungsenergie zwischen Sauerstoff und Metallen bzw. Kohlenstoff so groß ist, daß die Dissoziationsenergie der Wasserstoff-Sauerstoffbindung gedeckt ist.

Die Wassermolekel ist gewinkelt: $\overset{O}{\underset{H\ \ H}{\diagup\ \diagdown}}$. Sie ist so gebaut, daß sich im Mittelpunkt eines deformierten Tetraeders der Sauerstoff befindet und daß die Ecken des Tetraeders von zwei Wasserstoffatomen bzw. von zwei freien Elektronenpaaren besetzt werden. Die daraus resultierende asymmetrische Ladungsverteilung hat zur Folge, daß das Wassermolekül ein besonders großes Dipolmoment besitzt. Als Lösungsmittel hat es eine hohe Dielektrizitätskonstante (ca. 80), so daß Verbindungen mit ionischer Bindung, die Elektrolyte, in Wasser gut dissoziieren. Wasser ist aufgrund der beiden freien Elektronenpaare am Sauerstoff gut als Komplexligand geeignet, es bildet mit Ionen, die leere Orbitale zur Verfügung haben, Aquokomplexe.

Der Schwefelwasserstoff, H_2S, der durch seinen charakteristischen Geruch auffällt, bildet keine Wasserstoffbrücken mehr aus und ist deshalb gasförmig. Ähnliches gilt für den Selenwasserstoff, H_2Se, und den Tellurwasserstoff, H_2Te. Diese höheren Homologe des Wassers werden leicht unter Schwefel, Selen oder Tellurausscheidung oxydiert, wobei die Tendenz vom Schwefel zum Tellur hin zunimmt. Die Beständigkeit der Chalkogenwasserstoffe nimmt mit zunehmendem Molekulargewicht ab. Die Verbindungen sind allgemein aus den Elementen bei einigen hundert Grad darzustellen, sie zersetzen sich jedoch wieder sehr leicht. Schwefel bildet Kettenmoleküle der Zusammensetzung $H-S_n-H$ (H_2S_5, H_2S_8), im Falle des Sauerstoffs entsteht nur $H-O-O-H$, beim Selen und Tellur werden diese Ketten nicht beobachtet. Die Wasserstoffverbindungen von Schwefel, Selen und Tellur sind starke Gifte, wobei die Giftigkeit mit dem Molekulargewicht zunimmt.

Die Hydride der Stickstoffgruppe NH_3, PH_3, AsH_3 und SbH_3 sind gasförmig, sie haben einen charakteristischen Geruch, und ihre Beständigkeit nimmt in der angegebenen Reihenfolge rasch ab. Auch diese Molekeln haben am Zentralatom ein freies Elektronenpaar. Der Bau der Molekeln leitet sich von einem Tetraeder ab, wobei eine

Koordinationsstelle lediglich durch das freie Elektronenpaar an den Zentralatomen besetzt wird. Daraus ergibt sich ein pyramidenförmiger Bau für die Hydride der Stickstoffgruppe, wobei die Basis durch drei Wasserstoffatome gebildet wird. Die Folge davon ist eine asymmetrische Ladungsverteilung, ein großes Dipolmoment und eine große Dielektrizitätskonstante. Durch das freie Elektronenpaar am Zentralatom sind diese Hydride befähigt, genau wie das Wasser, Komplexe zu bilden. Das flüssige Ammoniak ist ein dem Wasser in vieler Hinsicht ähnliches Lösungsmittel, in ihm können sich interessante chemische Reaktionen abspielen. Flüssiges Ammoniak siedet bei Atmosphärendruck bei $-33\,°C$, seine kritische Temperatur liegt bei $+134\,°C$. Bei der Verwendung von Ammoniak als Lösungsmittel muß man entweder unter Druck oder im Dewar-Gefäß bei $-40\,°C$ arbeiten. Durch Anlagerung eines Protons an das freie Elektronenpaar des Ammoniakmoleküls bildet sich das NH_4^+-Ion, das das Proton sehr stark an sich bindet. Substituiert man dagegen im Ammoniak ein Wasserstoff- durch ein NH_2-Radikal, so bildet sich Hydrazin, H_2N-NH_2. Ersetzt man das NH_2-Radikal im Hydrazin durch die OH-Gruppe, was nach dem Grimmschen Hydridverschiebungssatz erlaubt ist, so erhält man Hydroxylamin, H_2NOH. In diesen Verbindungen besitzen die Stickstoffatome ebenfalls ein freies Elektronenpaar, wodurch sie wie das Ammoniak basische Eigenschaften erhalten. So bildet sich beispielsweise aus Hydrazin das Hydrazoniumion, $NH_3^+-NH_2$. Normalerweise verbrennt Ammoniak mit Sauerstoff zu Wasser und Stickstoff.

$$4\,NH_3 + 3\,O_2 = 6\,H_2O + 2\,N_2\,.$$

Mit Platin als Katalysator verläuft jedoch die Oxydation bei niedriger Temperatur anders, es bildet sich Stickstoffmonoxid, NO:

$$2\,NH_3 + 2^{1}/_{2}\,O_2 = 2\,NO + 3\,H_2O\,.$$

Mit überschüssigem Sauerstoff oxydiert sich das Stickoxid weiter und ergibt mit Wasser Salpetersäure:

$$2\,NO + 1^{1}/_{2}\,O_2 + H_2O = 2\,HNO_3\,.$$

Mit den positiveren Metallen bildet Ammoniak Nitride, die als die Salze des Ammoniaks betrachtet werden sollten. Entsprechend reagiert Magnesium zu Magnesiumnitrid:

$$3\,Mg + 2\,NH_3 = Mg_3N_2 + 3\,H_2\,.$$

Wird bei der Ammoniakmolekel nur ein Wasserstoffatom durch ein Metall substituiert, so entstehen Amide:

$$2\,Na + 2\,NH_3 = 2\,NaNH_2 + H_2\,.$$

Analoge Wasserstoffverbindungen bildet der Phosphor, von dem das Phosphin, PH_3, und das Diphosphin, P_2H_4, bekannt sind. Das Phosphin bildet genauso wie das Ammoniak mit Protonen ein positives Kation, das Phosphoniumion, PH_4^+. Das Phosphoniumion, PH_4^+, ist jedoch nicht so beständig wie das Stickstoffanaloge, es ist in Wasser nicht beständig und geht in Phosphin und das Oxoniumion über:

$$PH_4^+ + H_2O = PH_3 + H_3O^+ \, .$$

Die Hydride des Arsens und des Antimons, das Arsin und das Stibin, sind instabile Verbindungen, die kein Proton mehr anlagern können und die sich auch gegenüber sehr starken Säuren als neutrale Gase verhalten.

Die Hydride der Elemente der Kohlenstoffgruppe sind befähigt, Ketten zu bilden, wobei mit zunehmender Zahl der Kettenglieder auch die Anzahl der Isomeren rasch zunimmt. Außerdem treten in dieser Gruppe ungesättigte Wasserstoffverbindungen auf. Was die gesättigten Wasserstoffverbindungen betrifft, so bildet das Silicium maximal sechsgliedrige Ketten, während die ungesättigten Hydride die Zusammensetzung $(SiH)_x$ besitzen. Die beständigsten Hydride sind die Kohlenwasserstoffe, deren Stabilität der Kettenlänge umgekehrt proportional ist. Die Hydride des Siliciums, die Silane, zerfallen schon bei niedrigen Temperaturen vollständig, sie entzünden sich an der Luft von selbst. Die Entzündungstemperaturen liegen somit um etwa 300° bis 400 °C tiefer als bei den Kohlenwasserstoffen, die an der Luft beständig sind. Die Kohlenwasserstoffe sind in starken Laugen beständig, während die Silane bei einem pH größer als 7 hydrolisieren. Es entsteht Wasserstoff und Kieselsäure. Wie alle unbeständigen Hydride sind auch die Silane sehr kräftige Reduktionsmittel.

Daß die Silane mit den Kohlenwasserstoffen nahe verwandt sind, konnte durch zahlreiche Reaktionen bestätigt werden, die an sich ursprünglich für Kohlenwasserstoffe entwickelt wurden. So können beispielsweise Halogene durch eine Friedel-Craftssche Reaktion in Anwesenheit von Aluminiumchlorid als Katalysator in die Silanmolekel eingeführt werden:

$$SiH_4 + HCl \xrightarrow{Al_2Cl_6} SiH_3Cl + H_2 \, .$$

Auch die Swartssche Reaktion, mit deren Hilfe Fluorverbindungen dargestellt werden, konnte auf die Silanchemie übertragen werden:

$$3\, SiH_3Cl + SbF_3 = SbCl_3 + 3\, SiH_3F \, .$$

Mit Ausnahme der Fluoride hydrolysieren die Halogenderivate mit Wasser, wobei Äther entsteht:

$$2\, SiH_3X + H_2O = (SiH_3)_2O + 2\, HX \, .$$

Auch die Wurtzsche Synthese kann mit den Silanderivaten durchgeführt werden:

$$2\, SiH_3I + 2\, Na = Si_2H_6 + 2\, NaI \, .$$

Eine interessante Reaktion der Halogensilane ist ihre Disproportionierung:

$$2\,SiH_3F \rightarrow SiH_2F_2 + SiH_4,$$

die über eine intermediäre Verbindung

$$H-Si\begin{smallmatrix}H\\|\\|\\H\end{smallmatrix}\begin{smallmatrix}F\\\\\\\end{smallmatrix}Si-F$$

abläuft.

Silane werden klassisch durch Erhitzen von Siliciumdioxid mit Magnesium im Überschuß dargestellt. Dabei reduziert das Magnesium einen Teil des Siliciumdioxids zu elementarem Silicium, das nun weiter bei Magnesiumüberschuß Magnesium-Silicid, Mg_2Si, ergibt. Mit Salzsäure entsteht dann aus dem Silicid Silan.

Germanium bildet eine gasförmige und zwei flüssige Wasserstoffverbindungen der allgemeinen Zusammensetzung Ge_nH_{2n+2}. Diese Hydride kann man aus Mg_2Ge mit Salzsäure darstellen, sie werden Germane genannt. Ihre Stabilität ist noch geringer als die der Silane, jedoch entzünden sie sich nicht von selbst an der Luft, und ihre Hydrolyse verläuft auch träger.

Die Hydride des Bors werden Borane genannt, sie können durch folgende Reaktionen dargestellt werden:

oder
$$4\,BCl_3 + 3\,LiAlH_4 = 2\,B_2H_6 + 3\,LiCl + 3\,AlCl_3$$
$$6\,LiH + 8\,Et_2O \cdot BF_3 = 6\,LiBF_4 + B_2H_6 + 8\,Et_2O.$$

Das einfachste Glied der Reihe, das Diboran, B_2H_6, ist gasförmig. Außerdem gibt es noch fünf weitere Borane, von denen vier flüssig und eines fest sind. Abhängig von der Konzentration des Wasserstoffs und des Hydrids bzw. abhängig von den Drucken sowie von der Temperatur lassen sich die Borane ineinander umwandeln. Die Verbindungen sind ziemlich unbeständig, so läßt sich die Zersetzung von B_2H_6 schon bei Zimmertemperatur beachten. Sie hydrolysieren mit Wasser, wobei pro B–H-Bindung eine Wasserstoffmolekel entsteht.

$$B_2H_6 + 6\,H_2O = 2\,H_3BO_3 + 6\,H_2.$$

Stellt man beim Diboran eine Elektronenbilanz auf, so stellt man fest, daß die Molekel ein Elektronendefizit aufweist. Gemessen nämlich an den Bindungen, die in ihr ausgebildet sind, hat die Diboranmolekel 2 Elektronen zu wenig. Eigentlich wäre die Verbindung BH_3 das erste Glied der homologen Reihe. Sie ist jedoch unbeständig, da sich kein Oktett am Boratom ausbildet. Nach unserer heutigen Auffassung verbinden sich im Diboran zwei BH_3-Moleküle über zwei Wasserstoffbrücken.

$$\begin{smallmatrix}H & & H & & H \\ \backslash & & | & & / \\ & B & \cdots & B & \\ / & & | & & \backslash \\ H & & H & & H\end{smallmatrix}$$

Dieses Formelbild wurde dadurch bestätigt, daß nur vier Wasserstoffatome durch Methylgruppen ersetzt werden konnten; daraus muß man schließen, daß zwei Wasserstoffatome anders gebunden sind als die übrigen. Die Bindung zwischen den beiden BH_3-Gruppen ist nicht besonders stark. Es ist jedoch auch möglich, daß monomere BH_3 zu stabilisieren. BH_3 hat eine Elektronenlücke und kann deshalb durch Elektronendonatoren wie CO oder NH_3 stabilisiert werden. Es bilden sich dabei die Verbindungen H_3BCO bzw. H_3BNH_3, wobei letztere beim Erhitzen in das benzolähnliche Borazol, $B_3N_3H_6$, übergeht. BH_3 stabilisiert sich auch mit Lithiumhydrid zu Lithiumboranat ($LiH+BH_3$ $=LiBH_4$), welches genauso wie das oben erwähnte Lithiumaluminiumhydrid, $LiAlH_4$, ein außerordentlich kräftiges Reduktionsmittel ist.

Das Hydrid des Boranalogen Aluminium entsteht nach der Gleichung

$$3\,LiH + AlCl_3 \rightarrow AlH_3 + 3\,LiCl\,;$$

es ist jedoch monomer nicht beständig, sondern polymerisiert sich sofort in Form von $(AlH_3)_x$. Liegt Lithiumhydrid im Überschuß vor, so bildet sich, wie schon erwähnt, $LiAlH_4$.

Metalle mit einer kleineren Elektronegativität als 1 bilden salzartige Hydride. Es sind dies die Metalle des S-Feldes, die auf der rechten Seite des Periodensystems zu finden sind. In den salzartigen Hydriden, die alle weiße kristalline Verbindungen sind, hat der Wasserstoff die Oxydationszahl -1; er bildet H^--Ionen. Dieses Ion ist nur im Kristallgitter existent, weil es gemäß der Gleichung

$$H^+ + H^- = H_2$$

schon mit den Protonen des Wassers sofort Wasserstoff entwickelt. Bei der Elektrolyse der geschmolzenen salzartigen Hydride entwickelt sich an der Anode Wasserstoff. Dies ist ein weiterer Beweis für die Existenz des H^--Ions. Die Darstellung dieser Hydride erfolgt direkt aus ihren Komponenten. Dabei muß man jedoch sehr genau darauf achten, daß die Bildungstemperatur nicht zu stark überschritten wird, da bei einer weiteren Temperaturerhöhung die Hydride wieder in ihre Komponenten zerfallen.

Die Übergangsmetalle, die Seltenen Erden und die Metalle 2. Art bilden interstitielle Hydride, die sich hinsichtlich ihrer Stabilität stark unterscheiden. Die Hydride der Übergangsmetalle und der Seltenen Erden können in einer Wasserstoffatmosphäre durch Erhitzen der Metalle dargestellt werden, wobei sie als schwarzes Pulver zurückbleiben. Die Aufnahme des Wasserstoffs verläuft um so leichter, je reiner das Metall ist. Da die Menge des absorbierten Wasserstoffs der Quadratwurzel des Wasserstoffdruckes proportional ist, muß man folgern, daß der Wasserstoff in atomarer Form reagiert. Will man die Hydride dieser Metalle in sehr reiner Form erhalten, so ist dies nur auf einem Umweg über die Reaktion der wasserfreien Chloride mit Wasserstoff in Anwesenheit eines Grignard-Reagenzes möglich:

$$NiCl_2 + 2\ C_6H_5MgBr \rightarrow Ni(C_6H_5)_2 + MgBr_2 + MgCl_2$$
$$Ni(C_6H_5)_2 + 2\ H_2 \rightarrow 2\ C_6H_6 + NiH_2$$

Die schwarzen, pulverförmigen interstitiellen Hydride besitzen ein elektrisches Leitvermögen erster Art. Aus diesem Grund kann der zwischen den Gitterplätzen in den Interstitia eingebaute atomare Wasserstoff als ein legierendes Element aufgefaßt werden.

Die interstitiellen Hydride verhalten sich chemischen Einwirkungen gegenüber nicht einheitlich. Mit Wasser oder Säuren entwickeln die Hydride der weniger edlen Metalle Wasserstoff. Sie wirken reduzierend, was sicherlich dadurch bedingt ist, daß hier der Wasserstoff atomar vorliegt. Daß die Übergangsmetalle gute Katalysatoren für Hydrierungen sind, ist nach dem oben Gesagten verständlich.

6. Halogenide

Unter Halogeniden versteht man die binären Verbindungen (A_nX_m) der Halogene mit anderen Elementen oder zusammengesetzten Atomgruppen. Infolge ihrer höheren Elektronegativität sind die Halogene in diesen Verbindungen immer die negativen Bestandteile. Der Charakter der Bindung wird durch die Differenz der Elektronegativitäten bestimmt. Deshalb weichen auch die Fluoride in ihren Eigenschaften stärker von den anderen Halogeniden ab als beispielsweise die Chloride. Die folgenden allgemeinen Bemerkungen beziehen sich vorwiegend auf die Chloride, Bromide und Jodide, während auf die Eigenschaften der ionisch gebundenen Fluoride als Ausnahme hingewiesen wird.

Die Halogene bilden mit den stark positiven Metallen Salze, in denen Ionenbindung vorliegt. Mit den weniger positiven, wie z. B. mit den Elementen des D-Feldes, entstehen ebenfalls Salze, jedoch ist in ihnen ein Übergang zwischen ionischer und kovalenter Bindung zu beobachten. Alle diese Salze sind fest; im Falle ionischer Bindung, wenn also $x_A - x_X = 1{,}6$ ist, liegen dreidimensional-unbegrenzte Gitterverbände vor, es bildet sich also ein Koordinationsgitter (NaCl, CsCl). Mit den Elementen des D-Feldes und mit den Metallen 2. Art ($x_A - x_X = 1{,}5$) entstehen Gitter, in denen die Gitterbausteine zu Schichten oder Ketten angeordnet sind, wobei der Zusammenhalt zwischen den Schichten bzw. Ketten lediglich von den schwächeren van der Waalsschen Kräften gewährleistet wird. Die Halogenide, in denen ein Koordinationsgitter vorliegt, sind harte Kristalle mit einem hohen Schmelzpunkt (600—900°). Die Halogenide mit Schichten bzw. Kettengittern, sind weicher und schmelzen auch tiefer (300—400 °C). Bei den Halogeniden der Elemente des D-Feldes und der Metalle 2. Art können diese Elemente in verschiedenen Oxydationsstufen auftreten.

Die Elektronegativität der Metallionen in der niedrigeren Oxydationsstufe ist kleiner als in der höheren Oxydationsstufe, so daß die Bindung im ersten Fall mehr ionisch, im letzteren mehr kovalent sein wird. Das führt zu bemerkenswerten Unterschieden. So ist beispielsweise das Zinn(II)-chlorid salzartig und auch fest, während das Zinn(IV)-chlorid eine farblose Flüssigkeit darstellt, die erst bei —36 °C erstarrt. Auch die Polarisierbarkeit ist selbstverständlich ein wichtiger Faktor bei der Bestimmung der Eigenschaften eines Halogenids. So ist das Chlorid des kleinen Be^{2+}-Ions schon so kovalent, daß es sich auch in apolaren Lösungsmitteln auflöst. Hat das Metallion einen großen Durchmesser und besitzt es außerdem gegenüber den Halogenen eine große Koordinationszahl, so gibt es nur die Fluoride, bestenfalls noch die Chloride. Dabei werden die Ladungen so stark abgeschirmt, daß sich praktisch diskrete Molekeln bilden, d. h. das Halogenid ist flüssig oder sogar gasförmig. Der Aggregatzustand eines Halogenids hängt also davon ab, welches Halogen in der Verbindung vorliegt; maßgebend ist aber auch die Zahl der Halogenatome in der Verbindung. Je leichter das Halogen ist und je mehr Halogenatome in der Verbindung vorliegen, desto flüchtiger ist das Halogenid; dies geht aus den folgenden Beispielen hervor:

$SnCl_4$, Fp: —36 °C; $PbCl_4$, Fp: —15 °C; MoF_6, Fp: 17,5 °C; WF_6, Fp: 2,3 °C; UF_6, Fp: 69 °C.

Der Schmelzpunkt des Uranhexafluorids kann nur unter Druck gemessen werden, da die Verbindung bei Atmosphärendruck schon bei 56 °C sublimiert. Gemäß den allgemeinen Regeln dürften diese Verbindungen mit sehr großem Molekulargewicht nicht flüssig sein; jedoch schirmen die Halogenatome das Kation ab, so daß ein geschlossenes Molekül (umhülltes Ion) zustande kommt.

Mit den Halbmetallen und den Nichtmetallen bilden die Halogene ($x_A - x_X = 1{,}0$) Verbindungen, in denen diskrete Molekeln vorliegen. Diese Substanzen sind meistens flüssig; sind sie fest, so haben sie einen niedrigen Schmelzpunkt und bilden Molekülgitter. Diese Halogenide stehen gerade in der Mitte des Überganges zwischen kovalenter und ionischer Bindung, so daß schon eine kleine Beeinflussung den Charakter der Bindung verändert. So ist beispielsweise das Phosphorpentachlorid, PCl_5, im gasförmigen Zustand eine diskrete Molekel mit trigonaler bipyramidaler Struktur. Im festen Zustand jedoch liegen PCl_4^+- und PCl_6^--Ionen vor; diese Ionen können sogar in einer Lösung von PCl_5 (z. B. in Methylnitrit) durch elektrische Leitfähigkeit nachgewiesen werden.

Die Farbe der Halogenide durchläuft die ganze Farbskala von farblos bis schwarz. Die salzartigen Halogenide sind farblos, sofern das Kation nicht farbig ist. Die Farben einiger Halogenide sind im folgenden zusammengefaßt:

TiCl$_3$ bläulich violett	VCl$_3$ violett	CrF$_3$ grün	MnCl$_2$ rosa	FeCl$_2$ grün	CoCl$_2$ blau	NiCl$_2$ grün
		CrCl$_3$ zyklamen		FeCl$_3$ orange	CoCl$_2 \cdot$H$_2$O rosa	NiI$_2$ schwarz
TiCl$_4$ farblos	VCl$_4$ braun				PtCl$_4$ rotbraun	
	VCl$_5$ farblos					
CuCl weiß	AgCl weiß	HgI$_2$ rot	PbI$_2$ gelb			
	AgI gelb					
CuCl$_2$ gelb						
CuCl$_2 \cdot$2 H$_2$O grün						

Aus dieser Zusammenstellung kann man einige interessante Folgerungen ziehen. Im Titan(IV) und Vanadium(V) sind keine d-Elektronen vorhanden, d. h. es gibt keine halbbesetzten Bahnen, und die Verbindungen sind farblos. Liegen aber d-Elektronen vor, so sind die verschiedensten Farbtöne möglich. Einige der Verbindungen sind sogar schwarz gefärbt, wenn noch eine starke Polarisation des Anions hinzukommt. Nickelsalze sind im allgemeinen grün, jedoch im Nickeljodid ist das Jodion so stark polarisiert, daß das Salz schwarz ist. Auch bei den Silberhalogeniden ist die Farbvertiefung vom Chlorid zum Jodid eine Folge der Polarisation. Am Beispiel des Blei(II)-jodids wird der Einfluß der Polarisation noch deutlicher. Das PbI$_2$ ist gelb, obwohl das Kation und das Anion an sich farblos sind. Die Lösung von Bleijodid in heißem Wasser ist ebenfalls nicht gefärbt, da in wäßriger Lösung die Wechselwirkung zwischen den dissoziierten Ionen so gering ist, daß eine Polarisation nicht erfolgen kann.

Die Halogenide der Nichtmetalle und der Halbmetalle sind farblos oder höchstens schwach gelb gefärbt, da alle ihre Elektronenbahnen voll besetzt sind.

Die stöchiometrische Zusammensetzung der Halogenide hängt selbstverständlich von der Oxydationsstufe des Elementes A ab. Bei Elementen, die in verschiedenen Oxydationszahlen auftreten können, ist die Anzahl der gebundenen Halogenatome abhängig von der Konzentration und der Temperatur. Die Übergänge finden gewöhnlich sehr leicht statt. So nimmt Phosphortrichlorid ein weiteres Chlormolekül auf und geht in Phosphorpentachlorid über; umgekehrt kann auch das aufgenommene Chlor wieder leicht abgegeben werden. Halogenide, in denen das Element A unter Veränderung seiner Oxydationsstufe Halogenatome aufnimmt oder abgibt, sind die besten Katalysatoren für Halogenierungsreaktionen, da in diesen Verbindungen das Halogen reaktionsfähiger als im elementaren Zustand ist. Dabei sind die Verbindungen, in denen das Element A in der niedrigeren Oxydationsstufe vorliegt, bestrebt, noch weitere Halogenatome aufzunehmen, so daß sie reduzierend wirken. Für das Halogenid der höheren Oxydationsstufe gilt das Umgekehrte. So ist beispielsweise das Chrom(II)-chlorid ein starkes Reduktionsmittel, während das Mangan(III)-chlorid schon oxydierend wirkt.

Eine dritte Gruppe bilden diejenigen Halogenide, in denen das Halogen mit einem Radikal verbunden ist. Dieses Radikal ist meistens vom Typ MO_m, wobei der Sauerstoff bzw. die Sauerstoffatome ausschließlich an M gebunden sind. Daraus ergibt sich, daß die Verbindungen M^IOX, die Hypohalogenite, nicht zu dieser Gruppe gehören. Diese Halogenide können entsprechend dem Element M weiter klassifiziert und in ihrem Verhalten unterschieden werden. M muß aber mindestens die Oxydationsstufe $+3$ oder noch höher besitzen. Gehört M zu den Metallen, deren Elektronegativität $X \sim 1{,}5-1{,}8$ ist, so entstehen die Oxohalogenide (BiO−Cl, UO_2Cl_2 usw.). Das Kation in den Oxohalogeniden wird durch die Silbe -yl gekennzeichnet; so spricht man von Bismutyl, Antimonyl, Uranyl, Vanadyl usw. Stark positive Metalle bilden keine Oxohalogenide, da diese höchstens in der Oxydationsstufe $+1$ bzw. $+2$ auftreten. Gehört M zu den negativen Elementen $(x > 1{,}8)$, wenn es also ein Element ist, dessen Oxide Säureanhydride bzw. seine Hydroxide Säuren sind, so erhalten wir die Säurehalogenide vom Typ MO_mX_n. Die Entstehung dieser Verbindungen kann man von zwei Standpunkten aus betrachten. Einmal könnten zwei Halogenatome in den Metallhalogeniden höherer Oxydationsstufen infolge von Hydrolyse paarweise durch Sauerstoff substituiert worden sein: $MX_n + H_2O = MOX_{n-2} + 2HX$; oder aber man betrachtet die Entstehung der Säurehalogenide als eine Substitution der OH-Radikale in Wasserstoffsäuren durch Halogene:

$$H_nMO_m + kX_2 = H_{n-k}MO_{m-k}X_k + kHOX.$$

Der obige Vorgang kann auch anders formuliert werden:

$$H_nMO_m + kHX = H_{n-k}MO_{m-k}X_k + kH_2O.$$

Da das Hydroxylradikal und ein Halogenatom praktisch äquivalent sind (Grimmscher Hydridverschiebungssatz), sind diese Vorgänge in vielen Fällen leicht umkehrbar. Je kleiner die Elektronegativität von M ist, desto leichter kann die Hydrolyse des Oxohalogenids durch Säurezugabe zurückgedrängt werden. Das binäre Halogenid entsteht wieder durch Einwirkung von Salzsäure im Falle von BiOCl, aber nicht im Falle von $POCl_3$.

Ist in den obigen Gleichungen $k = n$, so liegen die Säurehalogenide (SO_2Cl_2, $POCl_3$ usw.) vor. Ist jedoch k kleiner als n, so entstehen die Halogensäuren (Chlorsulfonsäure, HSO_3Cl). Leitet man die Oxohalogenide aus den Säuren ab, so wird derjenige Teil der Säure, der unverändert bleibt, als Säureradikal bezeichnet. Die Säureradikale sind nicht mit Säureresten zu verwechseln. Unter Säureradikal verstehen wir neutrale Radikale, die aus den Säuremolekeln durch Abspaltung der Hydroxylradikale entstehen, während die Säurereste negativ geladene Anionen darstellen. Die wichtigsten Säureradikale, die Säurehalogenide bilden können, sind: Thionyl (SO), Sulfuryl (SO_2), Nitrosyl (NO), Nitryl (NO_2), Phosphoryl (PO), Carbonyl (CO), Chromyl (CrO_2). Wenn diese Säureradikale — wie die meisten — auch als freie Molekel existieren (von den obigen sind nur PO und CrO_2 Ausnahmen), dann kann die Darstellung von Säurehalogeniden auch aus ihren Komponenten — gegebenenfalls mit Hilfe von Katalysatoren oder durch Einwirkung von Licht — geschehen.

Während die mit Metallen gebildeten Oxohalogenide feste Verbindungen sind, die in vielen Fällen Schichtengitter bilden, sind die Säurehalogenide flüssig und flüchtig, sie bestehen aus abgegrenzten Atomverbänden, diskreten Molekülen. Was daraus bezüglich des Bindungstyps gefolgert werden kann, wurde schon erwähnt.

Die Halogenverbindungen können mit Wasser verschieden reagieren:

1. Die salzartigen Halogenide (die Elektronegativität des Metalls $X < 1,2$) sind wasserlöslich; ist das Kation genügend klein, das Anion genügend groß, kristallisieren sie aus wäßriger Lösung mit Kristallwasser. Dies trifft z. B. für KI und NaI zu, wobei nur das zweite Kristallwasser besitzt.

2. Bei den Halogeniden der weniger positiven Metalle ($x \sim 1,2$ bis 1,8), bildet das Kation Aquokomplexe, sofern die Halogenide in Wasser löslich sind (die Halogenide der Kationen Ag^+, Cu^+, Pb^{2+}, Hg_2^{2+} und Tl^+ sind mit Ausnahme der Fluoride in Wasser nicht löslich). In vielen Fällen bewirkt diese Hydratisierung bzw. allgemein die Solvatisierung, daß der dreidimensional unbegrenzte Gitterverband des Koordinationsgitters abgebaut wird und in abgegrenzte Atomverbände zerfällt. Ein Koordinationsgitter hat beispielsweise das Eisen(III)-chlorid; im Dampfzustand liegen aber Moleküle der Zusammensetzung Fe_2Cl_6 vor. Bei der Lösung von Eisen(III)-chlorid in Wasser bilden sich jedoch die Ionen $Fe(H_2O)_6^{3+}$ und $3\ Cl^-$. Die Bildung des Aquokomplexes ist so bevorzugt, daß man aus wäßriger Lösung wasserfreies Eisen(III)-chlorid durch Verdampfen des Wassers nicht erhalten kann. Das gebundene Wasser spaltet sich vielmehr, es bildet sich Eisenhydroxid, und Salzsäure wird frei. Das gleiche gilt auch für das Magnesiumchlorid; beim Verdampfen entweicht Salzsäure, und das Metalloxid bleibt zurück:

$$MgCl_2 + H_2O = MgO + 2\ HCl.$$

In diesen Fällen verläuft also die Hydrolyse vollständig, und die Umkehrung der Reaktion kann durch Verdampfen nur in Anwesenheit von trockenem Chlorwasserstoff erreicht werden. Bei höheren

Halogeniden kann die Hydrolyse auch partiell ablaufen, es entstehen die Oxohalogenide (S. 98).

Da in den Fluoriden im allgemeinen ionische Bindung vorliegt, bilden diese auch mit den weniger positiven Metallen eher kristalline, schwerlösliche und stabile Verbindungen. Die Hydratation und die sich anschließende Hydrolyse nehmen in der Reihe Fluor, Chlor, Brom, Jod zu. Bei Metallen mit veränderlichen Oxydationsstufen ist die Elektronegativität in der niedrigeren Oxydationsstufe kleiner und die Bindung stärker ionisch. Das hat zur Folge, daß die Hydrolyse in diesen Fällen in geringerem Maße oder gar nicht auftritt (z. B. hydrolysiert $PbCl_2$ selbst beim Kochen nicht).

3. Die Halogenide der Nicht- und der Halbmetalle sowie die aus Säureradikalen gebildeten sind in Wasser nicht löslich; sie hydrolysieren sofort teilweise oder vollständig.

$$PCl_5 + H_2O = POCl_3 + 2\,HCl$$
$$PCl_5 + 4\,H_2O = H_3PO_4 + 5\,HCl$$

Eine derartige Hydrolyse ist nicht umkehrbar. Die Hydrolyse läuft um so leichter ab, je günstiger die Bedingungen für die Bildung des untenstehenden Übergangskomplexes sind.

$$\begin{array}{c} Cl_2 \\ \| \\ N-Cl = HNCl_2 + ClOH \\ \vdots\ \ \vdots \\ H-OH \end{array} \quad \text{usw.}$$

Dies ist dann der Fall, wenn freie Elektronenpaare oder d-Orbitale zur Verfügung stehen. So hydrolysiert Tetrachlorkohlenstoff nicht, da weder freie Elektronenpaare noch geeignete d-Orbitale vorhanden sind. Dagegen reagiert Siliciumtetrachlorid mit den Ionen des Wassers, da hier beim Silicium, einem Element der 3. Periode, entsprechende d-Bahnen vorliegen.

$$\begin{array}{c} Cl \quad\ \ Cl \\ \diagdown\ \ \diagup \\ Si \quad OH_2 \\ \diagup\ \ \diagdown \\ Cl \quad\ \ Cl \end{array}$$

Säurehalogenide hydrolysieren immer sehr leicht. Diese flüchtigen Flüssigkeiten rauchen an der Luft, da hier schon die Luftfeuchtigkeit für die Hydrolyse ausreicht.

Im Zusammenhang mit den Halogeniden sollen auch die sogenannten Pseudohalogenide bzw. Pseudohalogene erwähnt werden. Die Anionen Cyanid (CN^-), Cyanat (OCN^-), Isocyanat (NCO^-), Thiocyanat oder Rhodanid (SCN^-), Selenocyanat ($SeCN^-$), Tellurocyanat ($TeCN^-$) und Azid (N_3^-) bilden Verbindungen, die den echten Halogenverbindungen in vieler Hinsicht ähnlich sind. So bilden sie mit den stark positiven Metallen Salze, mit den weniger positiven Metallen salzartige Verbindungen, in denen die Bindung mehr oder weniger kovalenten Charakter hat. Diese salzartigen Pseudohalogenide sind gewöhnlich stark farbig, da diese Anionen sehr stark polarisierbare Gebilde sind. Entsprechend lösen sie sich in Wasser nur sehr schwer auf, sie sind flüchtig und beim Erhitzen auf einige hundert Grad zersetzen sie sich leicht in das Metall und in das Pseudohalogen. Ähnlich verhalten sich die Halogenide der edleren Metalle:

$$Hg(CN)_2 \longrightarrow Hg + (CN)_2$$
$$HgBr_2 \longrightarrow Hg + Br_2.$$

Von den Pseudohalogenen wurde bisher lediglich das Dicyan $(CN)_2$, das Dirhodan $(SCN)_2$ und Diselenocyan $(SeCN)_2$ in reiner Form isoliert. Die Darstellung erfolgt nicht nur über den thermischen Zerfall, sondern auch durch anodische Oxydation des Pseudohalogenidions, das seine Ladung an der Anode verliert und sich gleichzeitig dimerisiert.

Das Dicyan ist gasförmig und farblos; die anderen bisher isolierten Pseudohalogene sind gelbe kristalline Stoffe, die bei höheren Temperaturen in weitere Komponenten zerfallen. Viele Reaktionen der Pseudohalogene entsprechen den Reaktionen der Halogenen. So vereinigen sich die Pseudohalogene mit Wasserstoff unter Bildung von Wasserstoffsäuren, mit Metallen entstehen Salze, mit den Halogenen selbst Pseudohalogenhalogenide (CNCl), und auch Verbindungen der Pseudohalogene untereinander (CN−SCN) sind bekannt. Mit Olefinen spielen sich Additionsreaktionen ab.

$$C_2H_4 + (SCN)_2 = C_2H_4(SCN)_2$$

Die Pseudohalogene besitzen ein ziemlich starkes Oxydationsvermögen:

$$2\,Cu^+ + (SCN)_2 = 2\,Cu^{2+} + 2\,SCN^-.$$

Es ist bekannt, daß die Halogene in Wasser in einer mehr oder weniger umkehrbaren Reaktion hydrolysieren. Es erfolgt eine Disproportionierung, z. B. bildet sich Chlorwasserstoff und unterchlorige Säure. Analog verhält sich Dicyan, wenn man es in Wasser einleitet:

$$(CN)_2 + H_2O = HCN + HOCN.$$

Wie aus der Reaktionsgleichung zu ersehen ist, entspricht der Cyanwasserstoff (Blausäure) dem Chlorwasserstoff, und die Cyansäure der Unterchlorigen Säure.

7. Oxide

Mit Ausnahme der leichteren Edelgase bilden sämtliche Elemente mit Sauerstoff Verbindungen. Bei den normalen Oxiden ist der Sauerstoff direkt und mit beiden Valenzen mit anderen Elementen verbunden. Außerdem kennen wir noch die Peroxide, in welchen die Peroxidgruppe —O—O— anstelle der Gruppe —O— vorliegt. Im Gitter der Superoxide tritt das Ion O_2^- auf.

Die normalen Oxide kann man in drei Gruppen einteilen: basische, saure und neutrale Oxide. Manchmal werden auch amphotere Oxide unterschieden, die sowohl basische als auch saure Eigenschaften aufweisen. Diese Oxide bilden jedoch keine besondere Gruppe, da strenggenommen alle basischen und sauren Oxide bei geeigneten Reaktionsbedingungen amphotere Funktionen zeigen können.

a) Basische Oxide

Zu den basischen Oxiden zählen die Oxide der metallischen Elemente (die Elemente des S-, D-, F-Feldes sowie einige vom P-Feld). Bei den Übergangsmetallen haben lediglich die Oxide der niedrigeren Oxydationsstufen basischen Charakter. Bei diesen ist die Elektronegativität des Metalls ziemlich klein, wodurch der Charakter der Bindung vorwiegend ionisch wird. Auch hier gilt wieder, daß bei Abnahme des Kationenradius bzw. bei Zunahme der Ladungszahl die Bindung in eine kovalente übergeht. Dies gilt vor allem für die Elemente des D-Feldes, wenn sie in höheren Oxydationsstufen vorliegen, also für Oxide mit saurem Charakter. Die ionische Bindung bei den basischen Oxiden bestimmt auch den Aggregatzustand, diese Oxide bilden unbegrenzte Gitterverbände aus.

Basische Oxide mit ionischem Bindungscharakter sind entweder farblos, oder ihre Farbe richtet sich nach der des Kations (z. B. Cr_2O_3). Beim Übergang in eine kovalente Bindung vertieft sich die Farbe, weil das O^{2-}-Ion stark polarisierbar und das deformierte Ion leicht anregbar ist. Der Beginn des Übergangs vom Farblosen ins Farbige wird durch die gelbe Farbe angezeigt. So wird das bei Zimmertemperatur weiße Zinkoxid beim Erhitzen reversibel gelb, und das Natriumperoxid besitzt eine charakteristische gelbe Farbe. Schwarze Oxide bilden sich meistens mit Metallen, die in verschiedenen Oxydationsstufen auftreten können. Wenn nämlich im selben Molekül oder Gitter dasselbe Element in mehreren Oxydationsstufen vorliegt, dann bedeutet dies eine tiefe, meistens schwarze Farbe. Diese Oxide besitzen meistens keinen eindeutig definierten Oxydationszustand. Das Nickeloxid ist gewöhnlich schwarz, beim Erhitzen wird es jedoch grün, da das Nickelion mit höherer Oxydationszahl bei höheren Temperaturen reduziert wird. Daneben hängt die Farbe auch von der Verteilung ab. Feiner verteilte Oxide wirken heller als die dichteren. Eine Farbänderung kann auch durch Polymorphie bewirkt werden. Ein Beispiel hierfür ist das Blei(II)-oxid, das in einer gelben und roten Modifikation auftritt. Grobkristalline Metalloxide sind die dichtesten; sie können entweder aus der Schmelze oder durch Erhitzen mit Borax bzw. Ammoniumchlorid dargestellt werden.

Alle diese Oxide sind in Wasser unlöslich. In Berührung mit Wasser können sie aber verschiedene Mengen von Wasser aufnehmen und dadurch wasserlöslich werden. Die Oxide der stark positiven Metalle wandeln sich durch Aufnahme einer stöchiometrischen Menge von Wasser in wasserlösliche Hydroxide um.

$$Na_2O + H_2O = 2\,NaOH;\quad CaO + H_2O = Ca(OH)_2$$

Die Oxide der mittelschweren Metalle nehmen nur langsam Wasser auf; der Grund ist meistens darin zu suchen, daß diese Oxide bei der Darstellung „totgebrannt" werden, d. h., daß sie durch die hohen Temperaturen in einen Zustand übergeführt werden, in dem sie kein Wasser mehr aufnehmen können. Die Oxide der Edelmetalle bilden mit Wasser keine Hydroxide. Die Hydroxide können jedoch aus den Lösungen der Schwermetallsalze meistens in kolloidaler Form abgeschieden werden. Auch die aus diesen Hydroxiden hergestellten Oxide gehen in Berührung mit Wasser gleichfalls in kolloidaler Form in Lösung, sie peptisieren.

Alle basischen Oxide sind exotherm, die Verbrennungswärmen unterscheiden sich jedoch beachtlich. Die Bildungsenthalpie der Oxide entspricht nicht der elektrochemischen Spannungsreihe, da neben der Wanderungsarbeit des Elektrons die Gitterenergie des Ionengitters diese Größe beträchtlich beeinflußt. Die Bildungsenthalpie der Oxide von Kationen, die in der Außenschale 18 Elektronen haben bzw. deren Außenschale nicht aufgefüllt ist, ist wesentlich kleiner als diejenige der Oxide, die aus Ionen mit Edelgaskonfiguration aufgebaut sind, auch wenn sie den gleichen Ionenradius haben. Dies ist in der folgenden Zusammenstellung illustriert.

Kation	Na^+	Cu^+	Ca^{2+}	Cd^{2+}	Zr^{4+}	Pb^{4+}
Radius	0,98	0,96	1,06	1,03	0,87	0,84
Bildungsenthalpie des Oxids	49,7	21,3	75,9	32,6	64,5	16,3

Mit der Gruppennummer nimmt auch die Zahl der möglichen Oxide zu. Bei den höheren Gruppen ist nicht immer das einfachste Oxid auch das stabilste. So ist beispielsweise beim Eisen das Oxid, in dem das Eisen die Oxydationszahl $+2$ hat, nicht das beständigste. Ein Maß für die Stabilität von Oxiden ist der Sauerstoffdruck bzw. die Temperatur, bei welcher dieser Druck 1 Atü erreicht (Ag_2O 160 °C, PdO 875 °C, MgO 2700 °C, 2300 mm, HgO 450 °C, CoO 3100 °C). Das Goldoxid zerfällt schon bei Zimmertemperatur.

Die niedrigeren Oxide von Kationen mit veränderlicher Oxydationszahl, wie z. B. FeO, MnO sind außerordentlich starke Reduktionsmittel. Sie glühen an der Luft von selbst auf, sind also pyrophor, und sie disproportionieren leicht. So bildet sich aus FeO Eisen(III)-oxid und metallisches Eisen:

$$3\,FeO = Fe + Fe_2O_3\,.$$

In einem bestimmten Temperaturbereich und bei einem gegebenen Sauerstoffdruck ist bei den Oxiden meistens ein Oxydationszustand zu finden, der bei diesen Bedingungen am stabilsten ist. So gehen bei Rotglut und in der Luft alle Mangan- oder Eisenoxide in Mn_3O_4 bzw. Fe_3O_4 über. Bei anderen Sauerstoffdrucken und in anderen Temperaturbereichen ist wieder ein anderes Oxid stabiler. Von den Oxiden des Bariums ist das BaO bei 700 °C beständiger als BaO_2, das sich an der Luft bei 500 °C bildet. Diese Unterschiede in der Stabilität wurden früher zur Herstellung des Sauerstoffs aus der Luft ausgenutzt. Das Bariumoxid wurde an der Luft bei 500 °C erhitzt und wandelte sich in BaO_2 um. In einem abgeschlossenen Gefäß wurde dann das Produkt bei 700 °C wieder zersetzt, wobei sich unter Sauerstoffabgabe BaO zurückbildete. Später wurde dieses Verfahren dadurch vereinfacht, daß das BaO bei 500 °C an der Luft in BaO_2 umgewandelt und anschließend bei derselben Temperatur im Vakuum zersetzt wurde. Dieses Beispiel verdeutlicht sehr schön, daß die Zusammensetzung und die Stabilität eines Oxids von der Temperatur und vom Druck abhängt.

Die höheren Oxide, wie z. B. das Co_2O_3, sind kräftige Oxydationsmittel. Höhere Oxide bilden vor allem die Elemente des D-Feldes (Eisenmetalle), so daß sie selten eine stöchiometrische Zusammensetzung aufweisen. Die Kristalle sind fehlgeordnete Gitter, weil entweder das Metallion oder das Sauerstoffion in geringerer Menge als der stöchiometrischen vorliegt. Die Farbe ist dann immer schwarz.

b) Saure Oxide

Hierzu gehören die Oxide von Nichtmetallen, Halbmetallen und die Oxide der Übergangsmetalle, sofern diese in höheren Oxydationsstufen vorliegen. Alle die Elemente, die diesen Oxidtyp ausbilden, sind dadurch ausgezeichnet, daß sie in verschiedenen Oxydationsstufen auftreten können. Dadurch können sie zahlreiche, verschiedene Oxide bilden (siehe Tabelle 14).

Der Bindungscharakter in diesen Oxiden ist wegen des geringen Unterschieds in den Elektronegativitäten kovalent. Bei den Oxiden der Halbmetalle findet man, was den Bindungstyp anbetrifft, einen kovalent-ionischen Übergang, während bei höheren Oxydationszuständen der Übergangsmetalle der ionisch-kovalente Übergang vorkommt. Oxide mit kovalenter Bindung bilden diskrete Molekeln. Diese Oxide sind meistens gasförmig und werden von den Elementen Fluor, Chlor, Brom, Schwefel, Stickstoff und Kohlenstoff gebildet. Die anderen Oxide sind unter normalen Bedingungen fest, da ihre Moleküle zwar diskret, aber bereits schwer genug sind (P_4O_{10} oder As_4O_6). Einige Oxide (SiO_2, GeO_2, SeO_2) sind auch deshalb fest, weil in ihnen die Bindung schon stärker ionisch ist (siehe die Elektronegativitätsdifferenzen) und sie deshalb unbegrenzte Gitterverbände ausbilden können.

Auch die sauren Oxide der Übergangsmetalle kristallisieren in solchen Gittern, obwohl die höchsten Oxydationszustände — infolge der mehr kovalenten Bindung — wieder abgegrenzte Atomverbände bilden könnten. In diesem Falle ist nämlich der Radius des Zentralions ziemlich klein und außerdem die Ladung sehr groß. Die große Zahl der O^{2-}-Ionen schirmt die Ladung des Zentralanions stark ab. Beispiele hierfür wären das Mn_2O_7 und das OsO_4, die bereits flüchtig sind.

Tabelle 14. *Die wichtigsten sauren Oxide*

III. b.	IV. b.	V. b.	VI. b.	VII. b.
B_2O_3	CO	N_2O		F_2O
	CO_2	NO		
		N_2O_3		
		NO_2		
		N_2O_5		
	SiO_2	P_4O_6	SO	Cl_2O
		P_2O_4	S_2O_3	ClO_2
		P_4O_{10}	SO_2	Cl_2O_7
			SO_3	
			S_2O_7	
	GeO_2	As_4O_6	SeO_2	Br_2O
		As_4O_{10}	SeO_3	Br_3O_8
		Sb_4O_6	TeO_2	I_2O_5
		Sb_4O_{10}		

IV. a.	V. a.	VI. a.	VII. a.	VIII. a.
TiO_2	V_2O_5	CrO_3	MnO_2	
			Mn_2O_7	
	Nb_2O_5	MoO_3		
	Ta_2O_5	WO_3	Re_2O_7	OsO_4

Die sauren Oxide sind im allgemeinen farblos, auch die gasförmigen, obwohl gerade bei diesen zahlreiche Ausnahmen zu finden sind. So sind das Monoxid, das Dioxid, das Hexoxid des Chlors rotbraun (ähnlich sind auch die Bromoxide), dagegen sind das Cl_2O_7 sowie das Oxid des Jods farblos. Von den Oxiden des Stickstoffs sind diejenigen, in denen NO_2 vorliegt (NO_2, N_2O_3, N_2O_4) braun, während die anderen (N_2O, NO, N_2O_5) farblos sind.

Unter den höheren, d. h. säurebildenden Oxiden der Übergangsmetalle finden wir zunächst — einschließlich der Titangruppe — weiße, nachher — von der Vanadingruppe an — farbige Verbindungen. Häufig findet man folgende Farben:

V$_2$O$_5$	CrO$_3$	MnO$_2$	FeO$_4^{2-}$	Co$_2$O$_3$	Ni$_2$O$_3$
braun-rot	rot	braun	rot	braun-schwarz	schwarz
	MoO$_2$	Mn$_2$O$_7$	RuO$_4$		
	blau-rot	violett	gold-gelb		
	MoO$_3$	ReO$_2$	OsO$_4$		
	farblos	schwarz	schwarz		
	WO$_3$	Re$_2$O$_3$			PtO$_2$
	gelb	rot			schwarz
		Re$_2$O$_7$			PtO$_3$
		gelb			rot-braun

Auch hier ist die Farbänderung wie bei den basischen Oxiden der Zunahme der Polarisation zuzuschreiben. Von zwei Ausnahmen abgesehen (N$_2$O und NO sind permanente Gase), sind die gasförmigen Oxide leicht zu verflüssigen. Hierbei ist das flüssige Schwefeldioxid — wegen seinem gewinkelten Bau — 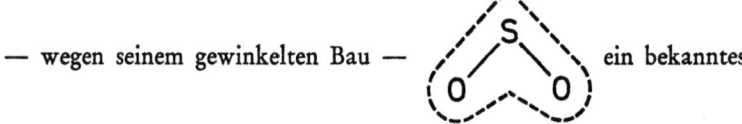 ein bekanntes aprotonisches Lösungsmittel mit hoher Dielektrizitätskonstante.

Die sauren Oxide lassen sich in endotherme und exotherme Oxide einteilen. Die Oxide der ersten drei Halogene und die des Stickstoffs sind endotherm, alle anderen Oxide sind schon exotherm. Die ersteren können deshalb gewöhnlich nur auf Umwegen — im elektrischen Entladungsrohr oder aus ihren Verbindungen — dargestellt werden. Die exothermen Oxide entstehen aus den Komponenten. Wie bei allen anderen Oxiden, in denen der Verbindungspartner des Sauerstoffs in verschiedenen Oxydationsstufen auftreten kann, sind auch hier die niederen Oxide Reduktionsmittel, während die höheren Oxide oxydierend wirken. Die beträchtliche Oxydationswirkung rührt davon her, daß bei der Zersetzung der höheren Oxide atomarer Sauerstoff entsteht.

Die sauren Oxide reagieren mit Wasser in unterschiedlicher Weise. Das Distickstoffmonoxid und das Dichlormonoxid nehmen kein Wasser auf, obwohl beide formal Säureanhydride sind und sich sogar aus den entsprechenden Säuren durch Wasser-Abspaltung bilden. Die exothermen Nichtmetalloxide hydratisieren sich unter ziemlich großer Wärmeentwicklung, mit Wasser sind sie in jedem Verhältnis mischbar. Phosphorpentoxid zischt, wenn es in Wasser gebracht wird, es bildet sich Phosphorsäure. Das Schwefeltrioxid reagiert so heftig mit Wasser, daß in Anwesenheit von wenig Wasser das Reaktionsprodukt verdampft. Die molekularen sauren Oxide bilden Säuren mit stöchiometrischen Mengen von Wasser. Die Oxide der Halbmetalle und Übergangsmetalle dagegen reagieren mit Wasser weniger heftig, und auch die aufgenommene Wassermenge ist nicht stöchiometrisch und nicht konstant. Im Falle von SO$_3$ oder P$_4$O$_{10}$ beispielsweise kann das molekulare Verhältnis zwischen saurem Oxid und aufgenommenem Wasser durch einfache ganze Zahlen angegeben werden; bei anderen sauren Oxiden ist dies nicht möglich, da wechselnde Mengen von Wasser kontinuierlich aufgenommen bzw. abgegeben werden können. So geht Siliciumdioxid unter Aufnahme verschiedener Wassermengen über den gelartigen Zustand kolloidal in Lösung. Eine charakteristische Eigenschaft der Oxide der Halbmetalle und Übergangsmetalle ist ihre Neigung zur Bildung von Polysäuren.

c) Neutrale Oxide

Man könnte die neutralen Oxide an sich als eine selbständige dritte Gruppe von Oxiden betrachten. Sie gehören aber eigentlich zur Gruppe der Oxide der nichtmetallischen Elemente. Die Einordnung der Oxide in basische und saure geschieht nämlich im Hinblick auf das Wasser als Lösungsmittel. Erst das Wasser ruft bei den Anhydroverbindungen die basischen oder sauren Eigenschaften im Sinne von BRÖNSTEDT hervor. Neutrale Oxide wie H_2O, CO, N_2O, NO, usw. sind zum Teil formale Anhydrosäuren (CO ist das Anhydrid der Ameisensäure, N_2O das Anhydrid der hyposalpetrigen Säure,) obwohl die Reaktion mit Wasser nur in eine Richtung verläuft. Diese Oxide, wie z. B. das Wasser, können sich aber auch amphoter verhalten, wenn man das Verhalten der Substanz einmal gegenüber einem anderen Lösungsmittel untersucht. Das Wasser verhält sich dem flüssigen Ammoniak gegenüber als eine Base, in flüssigem Schwefeldioxid als saures Oxid; dies wird durch die folgenden Gleichungen verdeutlicht:

$$H_2O + NH_3 = NH_4^+ + OH^- \quad \text{bzw.} \quad H_2O + SO_2 = H^+ + HSO_3^-.$$

Im ersten Fall liefert das Wasser Hydroxidionen, im zweiten die Wasserstoffionen. Das heißt aber, daß Wasser gegenüber anderen Lösungsmitteln nicht als neutrales Oxid reagieren muß.

Einige basische bzw. saure Oxide verhalten sich in wäßriger Lösung gegenüber Säuren oder Basen amphoter. Es handelt sich dabei um die Elemente, die auf der linken Seite des Periodensystems ober- bzw. unterhalb der stufenartigen Abgrenzung angeordnet sind und von dieser Abgrenzung nicht mehr als zwei Plätze abweichen. (Magnesium ist eine Ausnahme.) Hierzu gehören auch noch die niedrigen Oxide einiger Elemente, die in der Mitte des D-Feldes stehen (V_2O_3, Cr_2O_3, ZrO_2, Nb_2O_3 usw.). Die Elektronegativitäten der eben angeführten Elemente bzw., genauer gesagt, die Elektronegativitäten der Ionen in dem Oxydationszustand, in denen sie amphotere Oxide bilden, sind auf einen ziemlich engen Bereich beschränkt: $1,5 \leq x \leq 1,8$. Mit starken Basen bilden sich Hydroxokomplexe (z. B. $[Al(OH)_4]^-$), mit Säuren dagegen Salze, in denen die Bindung ziemlich kovalenten Charakter hat. Derjenige pH-Wert, bei dem die amphoteren Oxide ungeladen erscheinen, wo also der saure und basische Charakter gleichermaßen zur Geltung kommt, wird als der isoelektrische Punkt bezeichnet. Bei diesem Punkt ist die Löslichkeit am geringsten, sie nimmt jedoch, von diesem pH-Wert ausgehend, beim Salz bzw. Hydroxokomplex im stärker sauren bzw. stärker basischem Gebiet zu. Beim isoelektrischen Punkt dissoziiert die hydratisierte Form des Oxids gleichermaßen als Säure und Base.

8. Hydroxide

Hydroxide sind Verbindungen, welche aus Oxiden durch Wasseraufnahme entstehen. Ist die Elektronegativität des Elementes kleiner als 1,3, nimmt das Oxid stöchiometrische Wassermenge auf, es bilden sich die Hydrobasen. Ist die Elektronegativität jedoch größer als 2,5, dann kann das Oxid unterschiedliche Mengen Wasser aufnehmen, wobei das Verhältnis Oxid : Wassermolekeln immer durch einfache ganze Zahlen gegeben ist. Liegt nun die Elektronegativität zwischen den oben angegebenen Werten, dann werden wechselnde Mengen Wasser aufgenommen, die nicht mehr durch einfache Verhältnisse wiedergegeben werden können.

Die basischen Oxide der Elemente geringerer Elektronegativität ($x < 1,5$) bilden mit Wasser Hydrobasen. In diesen Verbindungen werden die OH-Ionen durch die geringe Elektronenaffinität des Metalls schwach gebunden, so daß diese leicht dissoziieren können und eine basische Reaktion ergeben. Der Dissoziationsgrad der Hydroxidionen hängt auch von der Ladung und vom Radius des Metallions ab. Je kleiner die erstere und je größer der letztere ist, desto stärker ist die Verbindung dissoziiert, die OH-Ionenkonzentration ist größer und die Base stärker. Wenn das Metallion eine kompakte Elektronenhülle besitzt, ist die Dissoziation unter sonst gleichen Bedingungen geringer, die Base ist also schwächer. Um diese Übergänge zu illustrieren, ist ein Vergleich der Basen LiOH, NaOH, KOH geeignet, bei denen mit dem Ionendurchmesser auch die Basenstärke zunimmt. Die geringere Basizität des CuOH gegenüber NaOH wird damit begründet, daß das Cu^+-Kation kompakter ist als das Na^+-Ion. Das Hydroxidion ist ziemlich stark polarisierbar, es wird vom Cu(I)-Ion so stark deformiert, daß der kovalente Bindungsanteil noch größer wird. Die Löslichkeit in Wasser wird kleiner und der Dissoziationsgrad geringer. An dem Paar KOH und $Ca(OH)_2$ wird deutlich, wie infolge der höheren Ladung des Kations die Basenstärke geringer wird.

Die Wassermolekeln sind über ihren Sauerstoff an das Kation des Oxids gebunden; ist nun die Elektronegativität des Bindungspartners des Sauerstoffs größer als 2,0, so wird das Elektronensystem des Wassers über den Sauerstoff so stark angezogen, daß die Sauerstoff-Wasserstoff-Bindung aufgelockert wird. Ein Proton dissoziiert ab, und es entsteht dadurch eine saure Reaktion. Je stärker die Elektronenanziehung des zentralen Atoms zur Geltung kommt, desto mehr Protonen dissoziieren, und desto stärker wird die Oxosäure sein. Bei der

Überchlorsäure, $HClO_4$, beispielsweise, die aus Chlorheptoxid durch Aufnahme eines Wassermoleküls gebildet wird, zieht das siebenfach positiv geladene Chlorion die Elektronenwolken der O^{2-}-Ionen so stark an sich, daß das Proton nur noch sehr schwach gebunden ist; $HClO_4$ ist die stärkste Säure. In anderen Säuren, wie NO_2^-, ClO^- und ClO_3^-, die eine kleinere Anzahl von O^{2-}-Ionen enthalten, hat das Zentralion eine kleinere Ladung, die Elektronenwolke wird nicht so stark vom Proton abgezogen, die Bindung ist stärker, die Dissoziation kleiner und die Säure dementsprechend schwächer. Das Abdissoziieren des Protons in wäßriger Lösung wird durch die Hydratation, durch die große Reaktionswärme der H_3O^+-Bildung gefördert ($-\Delta H \sim 290$ kcal). In wasserähnlichen Lösungsmitteln entstehen die Säuren analog; ihre Stärke hängt dann von der Bindungsstärke zwischen Proton und den Lösungsmittelmolekülen, von der Solvatationsenergie ab. Ist diese Energie kleiner als die Hydratationsenergie, dann wird naturgemäß die Säure schwächer sein. So wird im Äthanol die Konzentration des $C_2H_5OH_2^+$-Ions natürlich geringer sein als die des ihm entsprechenden H_3O^+-Ions im Wasser.

Die Stärke einer Säure oder Base wird durch das Dissoziationsgleichgewicht bestimmt, für beide elektrolytische Dissoziationen gilt das Massenwirkungsgesetz. Die Dissoziationskonstante der Base $M(OH)_n$ bzw. der Säure H_nXO_m kann durch folgende Gleichung angegeben werden:

$$\frac{[M(OH)^+_{n-1}][OH^-]}{[M(OH)_n]} = K_{Base}, \quad \frac{[H^+][H_{n-1}XO^-_m]}{[H_nXO_m]} = K_{Säure}.$$

Die Konstanten K_{Base} und $K_{Säure}$ geben unmittelbar die Stärke der Base bzw. der Säure an. In der Praxis werden allerdings statt diesen Konstanten zweckmäßigerweise die negativen Logarithmen zur Charakterisierung der Stärke von Basen und Säuren, die sogenannten Basen- bzw. Säurenexponenten (pK_b und pK_s), herangezogen. Starke Basen haben einen negativen pK_b-Wert (Kaliumhydroxid), bei mittelstarken Basen (Calciumhydroxid) liegt dieser Wert bei etwa 1—2. Für mittelschwache bzw. sehr schwache Basen (Ammoniak bzw. Aluminiumhydroxid) beobachtet man einen pK_b-Wert von ~ 5 bzw. 9. Bei den Säuren besteht ein merkwürdiger Zusammenhang zwischen Zusammensetzung und Säurestärke. Legt man den Oxosäuren die allgemeine Formel H_nXO_m zugrunde, so können sie nach ihrer Stärke in folgende vier Gruppen eingeteilt werden:

1. Ist $m = n$, z. B. bei $HOCl$, H_3BO_3 und H_6TeO_6, beträgt der Säureexponent — für die erste Dissoziationsstufe — $pK_s \sim 7-11$, d. h. es handelt sich um eine außerordentlich schwache Säure.

2. Ist $m = n + 1$, wie z. B. $HClO_2$, HNO_2, H_2SO_3 und H_3PO_4, beträgt der Säureexponent $pK_s \sim 2$, es liegt eine mittelschwache Säure vor.

3. Ist $m = n+2$, wie z. B. HNO_3, $HClO_3$ und H_2SO_4, beträgt der Säureexponent $pK_s \sim 1-3$, die Säure ist eine mittelstarke Säure.

4. Ist $m = n+3$, wie z. B. $HClO_4$, beträgt der Säureexponent $pK_s \sim -8$, hier hat man es mit einer sehr starken Säure zu tun.

Bei der Beurteilung der Stärke einer Säure kommen natürlich nur die Wasserstoffe in Betracht, die an Sauerstoff gebunden sind. Wasserstoff, der unmittelbar an das Zentralatom gebunden ist, wie z. B. das eine Wasserstoffatom in der phosphorigen Säure, wird nicht berücksichtigt. Da in diesem Falle $m = n+1 = 2+1$ ist, ist die phosphorige Säure eine mittelschwache Säure ebenso wie die hypophosphorige Säure HPH_2O_2.

Wenn ein säurebildendes Oxid die maximal mögliche Anzahl von Wassermolekeln aufnimmt, was gleichbedeutend ist, daß das säurebildende Ion die maximale Anzahl von OH^--Ionen an sich bindet, dann entsteht eine Orthosäure $X^{n+}(OH^-)_n$. Orthosäuren werden allerdings in den ersten Perioden des Periodensystems nicht gebildet. Hier wird diese Bezeichnung für solche Säuren angewandt, die die meisten Hydroxidionen enthalten; im Falle der Phosphorsäure ist die H_3PO_4 die Orthosäure. Kondensieren sich zwei Moleküle Orthosäure unter Abgabe einer Molekel Wasser, dann bildet sich die Di- oder Pyrosäure. Verliert aber eine Molekel Orthosäure eine Molekel Wasser, so entsteht die Metasäure. Die Pyro- und Metasäuren sind infolge des nun verschobenen $H : O = n : m$-Verhältnisses immer stärkere Säuren als die ortho-Formen. So beträgt für $H_4P_2O_7$ $pK_s = 1$, für $H_5P_3O_{10}$ $pK_s = 0$, während für H_3PO_4 $pK_s = 3$ ist.

Daß die Elektronegativität des Zentralatoms die Stärke der Säure beeinflußt, könnte man durch zahlreiche Beispiele in der anorganischen Chemie belegen. Es ist jedoch lehrreicher, dies an einem Modell aus der organischen Chemie zu zeigen. Für organische, aliphatische Säuren beträgt $pK_s \sim 5$. Wird in der Alkylgruppe der Wasserstoff durch ein elektronegativeres Element substituiert, z. B. durch Chlor, dann zieht dieses Element die Elektronenwolken der benachbarten Atome in noch stärkerem Maße an sich. Die Bindung des Protons wird dadurch schwächer, was zur Folge hat, daß diese Säuren dann stärker sind. Die untenstehende Abbildung zeigt dies für den Fall der Dichloressigsäure.

Mehrwertige Basen oder Säuren dissoziieren stufenweise. Auch während der Salzbildung verschiebt sich das Dissoziationsgleichgewicht. Für die zweite und die höheren Dissoziationsstufen gilt, daß der pK-Wert immer kleiner ist als für die erste Stufe. Daraus ergibt sich, daß die Basen bzw. die Säuren in der zweiten und den höheren Dissoziationsstufen immer schwächer sind. Dies kann man damit erklären, daß die Abtrennung weiterer OH^-- bzw. H^+-Ionen nicht mehr aus der neutralen Molekel, sondern aus entgegengesetzt geladenen Molekelrümpfen geschieht. Die elektrostatische Anziehung hemmt somit den Dissoziationsvorgang. Bei der Salzbildung werden die frei gewordenen OH^-- bzw. H^+-Ionen dem Gleichgewicht entzogen, und die stufenweise Dissoziation verläuft vollständig. Stufenweise dissoziierende und im übrigen schwache Basen bzw. Säuren neigen stark zur Polymerisation; es entstehen dabei Polybasen bzw. Polysäuren. Polymerisieren die Säurereste zweier verschiedener Säuren miteinander, so entstehen Heteropolysäuren. Die Polymerisation ist in diesen Fällen eine Polykondensation, da die Säurereste unter Austritt von Wasser miteinander verknüpfen werden.

Die wäßrigen Lösungen starker Basen reagieren mit zahlreichen Elementen. Die nichtmetallischen Elemente disproportionieren gerne:

$$4\,S + 6\,NaOH = 2\,Na_2S + Na_2S_2O_3 + 3\,H_2O,$$
$$P_4 + 3\,KOH + 3\,H_2O = PH_3 + 3\,KPH_2O_2.$$

Wie schon erwähnt, können die Halbmetalle unter Salzbildung reagieren:

$$Si + 2\,NaOH + H_2O = Na_2SiO_3 + 2\,H_2.$$

Die Metalle mit amphoterem Charakter lösen sich unter Bildung von Hydroxokomplexen auf, es entwickelt sich Wasserstoff:

$$2\,Al + 2\,NaOH + 6\,H_2O = 2\,Na[Al(OH)_4] + 3\,H_2.$$

Basen und Säuren von Elementen, die in mehreren Oxydationsstufen auftreten können, können sowohl reduzierende als auch oxydierende Eigenschaften zeigen. So sind z. B. $Mn(OH)_2$ und $Fe(OH)_2$ starke Reduktionsmittel, während $Pb(OH)_4$ und $MnO(OH)_2$ stark oxydierend wirken. Reduzierende Säuren sind H_2SO_3, H_2PHO_3 und HPH_2O_2, oxydierend wirken die Säuren $HClO_4$, HIO_3 und HNO_3. Die Salpetrige Säure HNO_2 zeigt beide Eigenschaften. Einige Säuren oxydieren nur, wenn sie in konzentrierter Form vorliegen; dies gilt für $HClO_4$ und H_2SO_4, während andere (HIO_3) auch noch in größter Verdünnung wirken können. Gewisse Säuren, z. B. H_3PO_4, besitzen keine Redoxwirkung. Dies rührt davon her, daß das Anhydrid der Phosphorsäure, das P_4O_{10}, nicht reduzierend und nicht oxydierend wirkt, während die sauren Oxide der oxydierenden bzw. reduzierenden Säuren diese Eigenschaften schon besitzen. Die Redoxwirkung ist gebunden an die undissoziierte Säuremolekel, dies gibt auch eine Erklärung dafür, daß die oxydierende Eigenschaft bei einigen Säuren von der Konzentration abhängt. Bestätigt wird dieser Sachverhalt durch die Feststellung, daß die oxydierenden Säuren in Form ihrer Salze überhaupt keine oxydierende Wirkung ausüben. Erst beim Ansäuern treten diese Eigenschaften wieder auf. Während das Salz in Lösung vollständig dissoziiert, bildet die Säure unter diesen Bedingungen auch undissoziierte Säuremolekel, die Konzentration dieser undissoziierten Moleküle ist mehr oder weniger groß, und sie hängt von der Stärke der Säure ab. Sehr starke Säuren sind weitgehend dissoziiert, und es ist daher nur bei hoher Konzentration zu erwarten, daß sich die oxydierend wirkende undissoziierte Säuremolekel bildet. Nur 70%ige Perchlorsäure oxydiert, die Schwefelsäure wirkt nur oxydierend, wenn sie in einer Konzentration von mehr als 80% vorliegt und erwärmt wird. Den Gegensatz hierzu stellt die Jodsäure dar, die auch in sehr verdünnter Lösung streng stöchiometrisch oxydiert.

Berücksichtigen muß man diese Gesichtspunkte, wenn man eine Säure nach ihrem Verhalten gegenüber einem Reduktionsmittel wie Zink beurteilt. Es ist bekannt, daß das Zink mit verdünnter Schwefelsäure Wasserstoff entwickelt. Mit konz. Schwefelsäure jedoch entsteht statt Wasserstoff Schwefeldioxid. Die konz. Schwefelsäure wird durch das Zink zur schwefligen Säure reduziert, die sich in Schwefeldioxid und Wasser zersetzt. Allgemein bedeutet dies, daß es nicht möglich ist, mit Hilfe einer Säure, die in der vorliegenden Konzentration oxydierend wirkt, mit Zink Wasserstoff zu entwickeln.

Im allgemeinen reagieren die oxydierenden Säuren kaum mit nichtmetallischen Elementen. Reagieren sie dennoch, dann wandelt sich das nichtmetallische Element ins Oxid bzw. in die Oxosäure um:

$$3 I_2 + 10 HNO_3 = 6 HIO_3 + 10 NO + 2 H_2O.$$

Der Dissoziationsgrad der Säuren bzw. der Basen ist auch maßgebend dafür, ob die aus ihnen gebildeten Salze beim Auflösen in Wasser hydrolysieren oder nicht. Liegt das Salz einer Säure mit geringem Dissoziationsgrad vor, dann reagiert das Anion des Salzes mit den Protonen des Wassers unter Bildung einer nicht dissoziierten Säuremolekel. Die Konzentration der Protonen in der Lösung (10^{-7}) geht zurück, und gemäß dem Ionenprodukt des Wassers wächst die Zahl der Hydroxidionen an. Liegen Salze schwacher Basen vor, dann bedingt die geringe Dissoziation der Base die hydrolytische Zersetzung. Das Kation der Base vereinigt sich mit dem Hydroxidion des Wassers zu einer undissoziierten Basenmolekel, und es nimmt nun die Konzentration der Oxoniumionen zu. Das Salz einer schwachen Base reagiert also sauer, das Salz einer schwachen Säure basisch.

Der Aggregatzustand von Basen bzw. Säuren hängt vom Bindungscharakter der Molekel ab. Basen mit ionischer Bindung (NaOH) bilden Koordinationsgitter. Dadurch daß das Hydroxidion sehr stark polarisierbar ist, bilden die stark polarisierenden Schwermetallionen Hydroxide mit zweidimensionalen unendlichen Schichtengittern. Die Basen sind also in jedem Fall Festkörper. Im Gegensatz dazu schirmen die Hydroxidionen in sauren Hydroxiden die positive Ladung des Zentralatoms stärker ab, und so ergibt sich die Möglichkeit, abgegrenzte

Atomverbände auszubilden. Dementsprechend sind die sauren Hydroxide flüchtiger und unter Normalbedingungen nicht ausschließlich kristallin; eine große Zahl von Säuren ist somit flüssig.

9. Sulfide und andere binäre Verbindungen

Wird in den Oxiden der Sauerstoff durch Schwefel ersetzt, so bekommt man die Sulfide. Die Substitution kann leicht erfolgen, da die Eigenschaften der beiden Elemente entsprechend ihrer Stellung im Periodensystem sehr ähnlich sind. Mit gewissen Abstufungen gelten die bei den Oxiden gewonnenen Feststellungen. Demgemäß unterscheidet man basische und saure Sulfide, wobei die Zugehörigkeit zur einen oder anderen Gruppe von den Eigenschaften des mit dem Schwefel verbundenen Elementes A abhängt. Mit den Metallen des alkalischen S-Feldes sowie mit denen des D-Feldes und mit den Metallen 2. Art bilden sich Anhydrothiobasen, mit den Nicht- und Halbmetallen entstehen die Anhydrothiosäuren. Die den neutralen Oxiden entsprechenden neutralen Sulfide bilden keine besondere Gruppe. So ist z. B. die Schwefelverbindung des Stickstoffs, N_4S_4, kein Stickstoffsulfid, sondern es handelt sich bei dieser Verbindung um ein Schwefelnitrid, da $x_N > x_S$ ist.

Der wesentlichste Unterschied zwischen den beiden Verbindungstypen besteht darin, daß das S^{2-}-Ion in viel größerem Maße polarisierbar ist als das O^{2-}-Ion. Dementsprechend ist der kovalente Bindungscharakter bei den Sulfiden stärker ausgeprägt als bei den Oxiden, was zur Folge hat, daß auch die Farbe im allgemeinen tiefer und die Löslichkeit geringer ist als bei den entsprechenden Oxiden.

Die basischen Sulfide sind kristallin, sie sind farblos, wenn es sich um Sulfide der Elemente des S-Feldes handelt. Andere Metalle bilden gewöhnlich tief schwarze Sulfide, davon ausgenommen sind MgS, ZnS, Al_2S_3, die weiß sind, sowie CdS, das gelb, und SnS, das braun ist. Ein interessanter Unterschied gegenüber den Oxiden liegt darin, daß sich die Alkalisulfide in Wasser lösen, ohne sich zu verändern. Die Oxide lösen sich nur in Form von Hydroxiden, die Sulfide bilden vor dem Lösevorgang keine HS^--Ionen. Die wäßrigen Lösungen der Sulfide sind jedoch stark alkalisch, da sie stark hydrolysieren:

$$Na_2S + H_2O \rightleftharpoons NaHS + NaOH.$$

Die Löslichkeit der Sulfide der Erdalkalimetalle ist geringer, sie hydrolysieren aber noch stärker. Dies ist nach den oben besprochenen allgemeinen Regeln über die Hydrolyse leicht zu verstehen. Die Erdalkalihydroxide sind schwächere Basen als die Alkalihydroxide, und außerdem können die Sulfide als Salz der sehr schwachen Säure H_2S aufgefaßt werden. Die Hydrolyse der Sulfide wird noch stärker sein, wenn die Base noch schwächer wird; so kann das Sulfid des Chroms, Cr_2S_3, oder das Aluminiumsulfid, Al_2S_3, aus den wäßrigen Lösungen dieser Kationen mit Ammonsulfid nicht gefällt werden, da sich die Sulfide sofort infolge Hydrolyse in die Hydroxide umwandeln.

Bei den Alkali- und Erdalkalisulfiden besteht die Möglichkeit, aus den normalen Sulfiden durch Auflösung von Schwefel Polysulfide (bis zu einer Zusammensetzung von M_2S_6) darzustellen. Im S_x^{2-}-Ion bilden die Schwefelatome eine Kette. Je schwerer das Alkalimetall ist, um so mehr Schwefelatome können in die Kette eingebaut werden.

Die Sulfide der Schwermetalle, zu denen die Sulfide der D-Elemente und der Metalle 2. Art zählen, gehören zu den in Wasser am wenigsten löslichen Verbindungen. Bei dieser Gruppe von Verbindungen ist ein Löslichkeitsprodukt in der Größenordnung von 10^{-50} nicht selten. Bei den Oxiden der Elemente, die auf der rechten Seite des D-Feldes stehen, haben wir gesehen, daß ihre Zusammensetzung nicht stöchiometrisch ist; das gleiche gilt für die analogen Sulfide. Das Verhältnis M : S kann von einfachen ganzen Zahlen merklich abweichen. Vom Eisen sind Sulfide der Zusammensetzung FeS, Fe_2S_3 und FeS_2 bekannt sowie Sulfide mit nichtstöchiometrischer Zusammensetzung, die als eine feste Lösung dieser Sulfide aufgefaßt werden können. Diese nichtstöchiometrischen Sulfide besitzen eine besondere elektrische Leitfähigkeit, sie sind Halbleiter. In diesen Sulfiden sind die S^{2-}-Ionen die Hauptbausteine, sie bilden eine dichteste Kugelpackung, während sich die Metallionen in den Hohlräumen zwischen den Kugeln befinden. Diese Hohlräume sind jedoch nicht immer einheitlich besetzt. Es gibt zwei Arten solcher Hohlräume; tetraedrische, die von vier „Kugeln" begrenzt sind, und oktaedrische, die von sechs „Kugeln" gebildet werden. Die Zahl der tetraedrischen Hohlräume ist gleich $2n$, wenn n die Gesamtzahl der Kugeln ist, die Zahl der oktaedrischen Räume ist gleich der Gesamtzahl der Kugeln (n).

Bei Metallen, bei denen mehrere Oxydationsstufen möglich sind, ist das Sulfid mit niedrigerer Oxydationszahl basisch, mit höherer sauer. Der unterschiedliche Charakter zeigt sich im Verhalten gegenüber Laugen. So löst sich zwar Zinn(IV)-sulfid, SnS_2, in farblosem Schwefelammon, $(NH_4)_2S$, auf, nicht aber das Zinn(II)-sulfid, SnS. Löslich ist jedoch SnS in gelbem Schwefelammon, Ammoniumpolysulfid, $(NH_4)_2S_x$, da das Polysulfid Zinn(II) zu Zinn(IV) oxydiert. $(NH_4)_2S$, das eine Anhydrothiobase ist, reagiert nicht mit der Base SnS, wogegen mit dem sauren SnS_2 eine Reaktion erfolgt.

Die Oxide bzw. die Hydroxide der Elemente, die in unmittelbarer Nähe der stufenartigen Abgrenzung angeordnet sind, können amphoter sein. Auch bei den Sulfiden dieser Elemente kann diese Eigenschaft auftreten. Von den Sulfiden der Halbmetalle ist z. B. Sb_2S_3 amphoter. Die Sulfide der Halbmetalle bilden fast schon abgegrenzte Atomverbände aus und sind dementsprechend auch flüchtiger. So schmilzt das Arsen(III)-sulfid schon bei 300 °C und siedet bei 700 °C. Bei Zimmertemperatur sind nur die Sulfide der leichten nichtmetallischen Elemente, wie z. B. CS_2, flüssig. Diese sind natürlich als kovalente Verbindungen in Wasser nicht löslich. Sie hydrolysieren jedoch mit Wasser, stärker noch mit Lauge, unter Bildung von H_2S bzw. Me_2S.

Von den Schwefelverbindungen des Stickstoffs ist das bekannteste das Tetraschwefeltetranitrid, N_4S_4. Diese Verbindung stellt ein achtgliedriges Ringsystem dar, der Ring hat Kronenform. Auch diese Substanz hydrolysiert mit Wasser, noch schneller mit Lauge, wobei Ammoniak und Salze von Schwefelsäuren entstehen:

$$N_4S_4 + 6\,OH^- + 3\,H_2O \rightarrow S_2O_3^{2-} + 2\,SO_3^{2-} + 4\,NH_3.$$

Daß bei der Hydrolyse kein Schwefelwasserstoff entsteht liegt daran, daß der Stickstoff der negativere Bestandteil in der Verbindung ist und somit die Protonen des Wassers bindet. Mit den Hydroxidionen reagiert der Schwefel, dabei laufen komplizierte Disproportionierungsreaktionen ab, wodurch das Auftreten von Thiosulfat und Sulfid unter den Hydrolyseprodukten verständlich wird. Schwefelkohlenstoff, CS_2, ist eine flüchtige und brennbare Flüssigkeit; sie löst sich in Laugen, ohne zu hydrolysieren, und bildet Thiocarbonat:

$$2\,NaOH + CS_2 = Na_2CS_2O + H_2O.$$

In Alkalisulfidlösungen entsteht Trithiocarbonat:

$$Na_2S + CS_2 = Na_2CS_3.$$

Analoge Verbindungen des Selens und Tellurs sind ebenfalls bekannt, sie sind den Schwefelverbindungen ähnlich, sie haben aber keine praktische Bedeutung.

Genau wie die Halogene und der Sauerstoff bzw. der Schwefel, bilden auch der Kohlenstoff und die anderen elektronegativeren Elemente mit den verschiedenen Gruppen der Metalle einfache binäre Verbindungen. Die wichtigsten unter diesen sind die Carbide und Nitride. Beide Verbindungsklassen können in drei Gruppen eingeteilt werden:

1. salzartige,
2. feuerfeste,
3. interstitielle Carbide bzw. Nitride.

Salzartige Nitride bzw. Carbide werden gebildet durch die Elemente des Alkali-S-Feldes, der ersten Gruppe des D-Feldes und des F-Feldes. Es handelt sich dabei um ionische Verbindungen, die farblos und durchsichtig sind, und die den elektrischen Strom nicht leiten. In Wasser, Säuren oder Laugen hydrolysieren sie. Die Hydrolyse verläuft derart, daß die Nitride Ammoniak, die Carbide Kohlenwasserstoffe entwickeln. So gibt z. B. das Aluminiumcarbid mit Wasser nach der Gleichung:

$$Al_4C_3 + 12\,H_2O = 4\,Al(OH)_3 + 3\,CH_4.$$

Methan, während aus Calciumcarbid mit Wasser Acetylen entsteht.

$$CaC_2 + 2 H_2O = Ca(OH)_2 + C_2H_2$$

Die anderen Carbide dieser Metalle zerfallen im Laufe der Hydrolyse ebenfalls unter Bildung der verschiedensten Kohlenwasserstoffe. Die Hydrolyse des Natriumnitrids Na_3N verläuft wie folgt:

$$Na_3N + 3 H_2O = 3 NaOH + NH_3.$$

Feuerfeste Carbide und Nitride entstehen mit den Elementen der Titan-, Vanadin- und Chromgruppe des D-Feldes. Diese Verbindungen haben ein metallisches Aussehen und besitzen einen hohen Schmelzpunkt (2500—3800 °C), sie sind äußerst hart (Härtegrade 9—10). Von Wasser werden sie überhaupt nicht angegriffen, und auch Säuren wirken nicht auf sie ein. Sie können lediglich durch eine Alkalischmelze bzw. durch Oxydation aufgeschlossen werden. Auf Grund dieser Eigenschaften dienen diese Carbide vor allem zur Herstellung von Laborgefäßen, die hohe Temperaturen ertragen können. Die Carbide des Wolframs, WC und WC_2, sind so hart, daß man sie zur Herstellung von Werkzeugen, von Drehstählen (Widia), als Ersatz für Diamant benutzt. Die Carbide dieser Gruppe zeigen eine metallische Leitfähigkeit; dies weist darauf hin, daß ein Übergang zwischen einer kovalenten und metallischen Bindung vorliegt.

Die interstitiellen Carbide und Nitride werden von den übrigen Elementen des D-Feldes, von der Mangan-, Eisen-, Cobalt- und Nickelgruppe gebildet. Hier werden die Kohlenstoff- bzw. Stickstoffatome in die Lücken zwischen die Metallatome eingebaut. Die ursprünglichen Eigenschaften der Metalle verändern sich dabei wenig, so daß man diese Verbindungen als Legierungen betrachten kann. Gegenüber chemischen Einwirkungen sind sie nicht sehr widerstandsfähig. Praktischen Nutzen haben die Carbide und Nitride des Eisens; so kann man Eisengegenstände härten, wenn man die Oberfläche durch eine entsprechende Behandlung mit einer härteren Nitrid- bzw. Carbidschicht überzieht.

Carbide und Nitride werden gewöhnlich aus ihren Komponenten dargestellt. Für die Carbide werden dabei höhere, für die Nitride niedrigere Temperaturen benötigt. Auf diesem Wege können die endothermen Carbide (Cu_2C_2, Ag_2C_2) nicht dargestellt werden, sie entstehen jedoch beim Einleiten von Acetylen in die ammoniakalische Lösung der Metallsalze. Diese endothermen Carbide können als Salze des Acetylens betrachtet werden. Sie sind entsprechend ihres endothermen Charakters sehr zersetzlich. So explodieren die trockenen Verbindungen leicht bei Schlag oder beim Erhitzen.

10. Salze der Oxosäuren

Oxosäuren sind anorganische Säuren, die im Anion koordinativ gebundenen Sauerstoff enthalten. Sie leiten sich aus den Oxiden der negativen Elemente und der säurebildenden Metalle ab. Durch Ersatz von Wasserstoff durch Metalle entstehen ihre Salze. Die Farbe dieser Salze ist abhängig von der Farbe der Ionen. Die Säurereste der Säuren der negativen Elemente sind immer farblos. Die säurebildenden Metalle ergeben oft farbige Ionen (CrO_4^{2-}, MnO_4^- usw.). Mit farblosen Kationen geben die sonst farblosen Anionen $S_2O_3^{2-}$, CO_3^{2-}, PO_4^{3-}, AsO_3^{3-} usw. nur dann eine Farbänderung bzw. Farbvertiefung, wenn sie polarisiert werden. Es genügt hier nur darauf hinzuweisen, daß die oben angeführten Anionen mit den Alkalimetallionen farblose Salze bilden, während die Verbindungen dieser Ionen mit dem an sich farblosen Silberion verschiedene Farbtöne zeigen können.

Sieht man einmal von den Alkaliverbindungen ab, so ist die Wasserlöslichkeit von schwach polarisierbaren Anionen (ClO_4^-, ClO_3^-, NO_3^-, SO_4^{2-}) meistens überraschend groß (größer als 1 Mol/Liter). Bei stärker polarisierbaren Anionen (PO_4^{3-}, CrO_4^{2-}) wird sie schon kleiner (10^{-4}—10^{-5} Mol/Liter), um dann bei stark polarisierbaren Anionen (AsO_4^{3-}) sehr klein zu werden (10^{-7}—10^{-8} Mol/Liter). Die Löslichkeit hängt selbstverständlich auch von der Polarisationskraft des Kations ab. Die wäßrigen Lösungen der Salze sind nur dann neutral, wenn der Dissoziationsexponent (pK_b oder pK_s) der vorliegenden Base oder Säure nicht größer als 5 ist. Salze von schwachen Basen bzw. Salze von schwachen Säuren zeigen eine saure bzw. alkalische Reaktion. Die Salze der Oxosäuren enthalten oft Kristallwasser, sie bilden Hydrate. Sie sind gewöhnlich hygroskopisch, und das um so mehr, je weniger sie von dem zur Kristallbildung benötigten Wasser bereits aufgenommen haben. So ist das völlig wasserfreie Natriumsulfat ein starkes Trockenmittel. Salze, die ohne Kristallwasser kristallisieren, sind meistens nicht hygroskopisch; jedoch gibt es auch hier Ausnahmen von dieser Regel (K_2CO_3, $NaNO_3$, $Na_2Cr_2O_7$).

Die Wärmestabilität der Salze ist sowohl von der polarisierenden Kraft des Kations als auch von der Polarisierbarkeit des Anions abhängig. Ist die Polarisation gering, d. h. ist die Verbindung stark ionisch, so können die Salze ohne Zersetzung geschmolzen, ja sogar bei höherer Temperatur verdampft werden. Je mehr aber infolge Polarisation der kovalente Charakter zunimmt, desto leichter zerfällt das Salz in Oxid und Säureanhydrid. So wächst die Stabilität von Carbonaten z. B. bei den Elementen des Alkali-S-Feldes von oben nach unten, da die polarisierende Kraft des Kations mit zunehmendem Ionendurchmesser abnimmt. Das Kaliumcarbonat ist also stabiler als das Lithiumcarbonat, das Bariumcarbonat stabiler als das Calciumcarbonat. Die Wärmestabilität von Carbonaten kann bei einer gegebenen Temperatur durch den CO_2-Druck charakterisiert werden; häufig gibt man jedoch als ein Maß für die Stabilität von Carbonaten diejenige Temperatur an, bei der der Druck des frei werdenden Kohlendioxids gerade 1 Atmosphäre ausmacht. Diese Temperatur ist beim Calciumcarbonat niedriger als beim Bariumcarbonat. Tritt eine sehr große Polarisation auf, so kann es geschehen, daß sich die Carbonate schon bei Zimmertemperatur zersetzen. Dies bedeutet, daß das Carbonation mit stark polarisierenden Kationen unter Normalbedingungen gar nicht stabil ist. Diese Carbonate können durch Umsetzung in wäßriger Lösung nicht hergestellt werden. Versetzt man z. B. eine Lösung, in der Hg_2^{2+}-Ionen vorliegen, mit Alkalicarbonat, so fällt lediglich Quecksilber(II)-oxid aus, und Kohlendioxid entwickelt sich. Salze von Säuren, deren Anhydrid flüchtig ist, zersetzen sich besonders leicht. Bei gleichen Voraussetzungen ist die Stabilität von Sulfaten größer als von Carbonaten; noch größer ist die Stabilität der Phosphate. Das Anhydrid der Kieselsäure, SiO_2, ist überhaupt nicht flüchtig, und dementsprechend können alle Säureanhydride aus ihren Salzen durch Siliciumdioxid verdrängt werden.

Salze von Kationen mit einer Ladung größer als +4 sind auch in festen Phasen nicht bekannt. Sie hydrolysieren vielmehr in Wasser, unter Bildung von Oxokationen (Titanyl, TiO^{2+}; Vanadyl, VO^{2+}; Uranyl, UO_2^{2+}). Dies trifft aber auch oft schon für die dreifach positiv geladenen Kationen (Bismutyl, BiO^+) zu. Bei einer so hohen Oxydationsstufe wird die Bildung einer kovalenten Molekel bevorzugt, was sich in noch größerer Flüchtigkeit, geringerer Löslichkeit und in jedem Falle in starker Hydrolyse bemerkbar macht. Die Hydrolyse nimmt also auch bei ein und demselben Element mit der Oxydationsstufe zu. Dies ist leicht zu verstehen, wenn man in Betracht zieht, daß mit der Zunahme der positiven Ladung das Ionenvolumen kleiner und die Hydratation größer wird und somit die Bindung im Aquokomplex stärker ist. Außerdem ist auch in höherem Oxydationszustand die Elektronegativität größer, was einen Übergang in die kovalente Bindung mit sich bringt.

Im folgenden werden die wichtigsten Vertreter einiger Oxosäuren, denen man in der Praxis oft begegnet, zusammengestellt und ihre charakteristischen Eigenschaften angegeben.

Perchlorate:	Mit Ausnahme der Kalium- und Ammoniumsalze, die schlecht löslich sind, handelt es sich bei den Perchloraten um wasserlösliche Salze. Wichtig ist auch noch das Barium- und das Silbersalz ($Ba(ClO_4)_2$, $AgClO_4$).
Chlorate:	Sie sind ebenfalls in Wasser löslich. $KClO_3$, $NaClO_3$ geben beim Erhitzen Sauerstoff ab; dieser Zerfall wird von MnO_2 katalysiert. Diesem Verhalten und der Anwesenheit von Schwermetallspuren als Verunreinigungen ist es zuzuschreiben, daß diese Salze bei Berührung mit brennbaren organischen Substanzen explosionsartig reagieren.
Bromate, Jodate:	$KBrO_3$, KIO_3, $NaBrO_3$, $NaIO_3$ zersetzen sich beim Erhitzen noch leichter als die Chlorate; sie sind in saurer wäßriger Lösung starke Oxydationsmittel. Lediglich die Alkalisalze sind in Wasser leicht löslich.
Hypochlorite:	$NaOCl$, $KOCl$, $Ca(OCl)_2$ entwickeln mit Säure in Anwesenheit von Chloriden Chlor, mit Wasserstoffperoxid Sauerstoff. Sie wirken auf jeden Fall stark oxydierend und bleichend. Sie sind gut in Wasser löslich.

Sulfite: Na$_2$SO$_3 \cdot$ 7 H$_2$O, NaHSO$_3$, Na$_2$S$_2$O$_5$ sind reduzierende Stoffe, die mit Säuren Schwefeldioxid entwickeln. Mit Ausnahme der Alkalisulfite sind sie in Wasser unlöslich, die Hydrogensulfite, sofern sie existieren, lösen sich in Wasser.

Sulfate: Die wichtigsten Sulfate sind Na$_2$SO$_4 \cdot$ 10 H$_2$O (Glaubersalz), K$_2$SO$_4$, CaSO$_4 \cdot$ 2 H$_2$O^x, BaSO$_4^{xx}$, Cr$_2$(SO$_4$)$_3 \cdot$ 10 H$_2$O, MnSO$_4 \cdot$ 4 H$_2$O, FeSO$_4 \cdot$ 7 H$_2$O, CoSO$_4 \cdot$ 7 H$_2$O, NiSO$_4 \cdot$ 7 H$_2$O, MgSO$_4 \cdot$ 7 H$_2$O, Al$_2$(SO$_4$)$_3 \cdot$ 18 H$_2$O, CuSO$_4 \cdot$ 5 H$_2$O, ZnSO$_4 \cdot$ 7 H$_2$O, Ag$_2$SO$_4^x$, CdSO$_4 \cdot$ 8/3 H$_2$O, HgSO$_4$, Hg$_2$SO$_4^x$, PbSO$_4^x$. Diese Sulfate sind in Wasser gut löslich, mit Ausnahme der mit x bzw. xx bezeichneten, die schlecht bzw. schwer löslich sind.

Die Sulfate werden neben den Chloriden und Nitraten am häufigsten für Reaktionen verwendet, da sie bequem herzustellen und stabil sind.

Thiosulfate: Lediglich die Alkalithiosulfate sind in Wasser löslich. Na$_2$S$_2$O$_3 \cdot$ 5 H$_2$O ist ein guter Komplexbildner (Fixiersalz) und wirkt reduzierend (Antichlor).

Dithionite: Na$_2$S$_2$O$_4$ ist ein sehr starkes Reduktionsmittel, das in alkalischen Lösungen schon von Luftsauerstoff oxydiert wird bzw. diesen absorbiert.

Peroxodisulfate: Sie sind wasserlöslich mit Ausnahme des Kalium- und Ammoniumsalzes K$_2$S$_2$O$_8$, (NH$_4$)$_2$S$_2$O$_8$, die weniger löslich sind.

Nitrite: Lediglich die Nitrite der Schwermetalle sind in Wasser wenig löslich.

Nitrate: Die Nitrate sind leicht lösliche und gut kristallisierte Salze. Die wichtigsten sind: NaNO$_3$, KNO$_3$, Ca(NO$_3$)$_2 \cdot$ 4 H$_2$O, Sr(NO$_3$)$_2$, Ba(NO$_3$)$_2$, Mn(NO$_3$)$_2$, Co(NO$_3$)$_2 \cdot$ 6 H$_2$O, Ni(NO$_3$)$_2 \cdot$ 6 H$_2$O, La(NO$_3$)$_2$, UO$_2$(NO$_3$)$_2 \cdot$ 6 H$_2$O, Mg(NO$_3$)$_2 \cdot$ H$_2$O, Al(NO$_3$)$_3 \cdot$ 9 H$_2$O, Cu(NO$_3$)$_2 \cdot$ 6 H$_2$O, Zn(NO$_3$)$_2$, AgNO$_3$, Hg$_2$(NO$_3$)$_2$, Hg(NO$_3$)$_2$, TlNO$_3$, Pb(NO$_3$)$_2$, Bi(NO$_3$)$_3 \cdot$ 5 H$_2$O. Je schwerer das Metallkation ist, desto leichter zerfallen sie in Metalloxid, Stickstoffdioxid und Sauerstoff. Der letztere rührt davon her, daß beim Zerfall von Nitraten in der ersten Stufe zunächst einmal Distickstoffpentoxid entstehen sollte, das sich aber sofort in Stickstoffdioxid und Sauerstoff zersetzt. In der Schmelze wirken somit die Nitrate stark oxydierend, sie werden deshalb zu Schmelzaufschlüssen herangezogen.

Phosphite: Mit Ausnahme der Alkali- und Calciumphosphite sind diese Salze alle in Wasser unlöslich. Reduzierend wirken die Salze Na$_2$PHO$_3$, CaPHO$_3$, sie zerfallen beim Erhitzen gemäß folgender Gleichung:

$$4\,Na_2PHO_3 = 2\,Na_3PO_4 + Na_2HPO_4 + PH_3 \,.$$

Diese Zersetzung ist eine Disproportionierung.

Phosphate: Löslich sind die Phosphate der Alkalimetalle (Na$_3$PO$_4 \cdot$ 12 H$_2$O), das Ammoniumphosphat, sowie die sauren primären Phosphate [Ca(H$_2$PO$_4$)$_2$]. Das Ca$_3$(PO$_4$)$_2$ ist in seiner natürlichen Form die Ausgangssubstanz für die Darstellung des Düngemittels „Superphosphat".

Hypophosphite: Ca(PH$_2$O$_2$)$_2$ ist ein sehr starkes Reduktionsmittel. Alle Hypophosphite sind wasserlöslich.

Carbonate:	Zu nennen sind die Carbonate $Na_2CO_3 \cdot 10\,H_2O$, K_2CO_3, $(NH_4)_2CO_3$, $CaCO_3$, $SrCO_3$, $BaCO_3$, $MnCO_3$, $FeCO_3$, $CoCO_3$, $NiCO_3$, $MgCO_3^x$, $CuCO_3^x$, $ZnCO_3$, $PbCO_3^x$, $Bi_2(CO_3)_3^x$. Mit Ausnahme der ersten drei genannten Salze sind die Carbonate nicht löslich. Die mit x bezeichneten Verbindungen liegen gewöhnlich als basische Carbonate vor. Das Natriumcarbonat kristallisiert mit 10 Molekeln Kristallwasser und wird im Gegensatz zum wasserfreien Salz, das nicht korrekt nach seinem Darstellungsverfahren als Ammoniaksoda bekannt ist, als Kristallsoda bezeichnet. Das Calciumcarbonat kommt als gewöhnlicher Kalkspat oder Kalkstein, das Magnesiumcarbonat als Magnesit bzw. als Doppelcarbonat $CaMg(CO_3)_2$ (Dolomit) in großen Mengen in der Natur vor. Die Carbonate der Schwermetalle sind für die Gewinnung derselben von großer praktischer Bedeutung.
Hydrogencarbonate:	Hydrogencarbonate sind von den Alkali-, den Erdalkali- und einigen anderen zweiwertigen Metallen bekannt. Für $KHCO_3$ besteht mehr wissenschaftliches Interesse, während $NaHCO_3$ ein oft verwendetes Neutralisationsmittel ist. $Ca(HCO_3)_2$ ist in allen natürlichen Wässern als temporäre Härte zu finden. Es zersetzt sich wie alle Hydrogencarbonate beim Erhitzen in das sekundäre (neutrale) Carbonat, d. h. es fällt als Calciumcarbonat, $CaCO_3$, aus, das als Kesselstein bekannt ist. Deshalb ist natürliches Wasser nach dem Kochen „weicher".
Silicate:	Mit Ausnahme der Alkalisalze sind die Silicate unlöslich. Na_2SiO_3 gibt mit wenig Wasser Wasserglas, das eine kolloidale Lösung darstellt.
Borate:	Das bekannteste Salz der Borsäure ist die Borax, $Na_2B_4O_7 \cdot 10\,H_2O$. Alle Alkaliborate sind wasserlöslich.
Vanadate:	Normalerweise handelt es sich um die in Wasser leicht löslichen Metavanadate, wie NH_4VO_3 und $NaVO_3$.
Chromate:	K_2CrO_4 und $BaCrO_4$ bilden zitronengelbe Kristalle; $PbCrO_4$ ist ockergelb und Ag_2CrO_4 bordeauxrot. Nur die Alkalisalze sind in Wasser löslich.
Bi- oder Pyrochromate:	$Na_2Cr_2O_7$ und $K_2Cr_2O_7$ sind orangerote in Wasser lösliche Substanzen, die oxydierend wirken.
Molybdate:	Na_2MoO_4 ist weiß und wasserlöslich.
Wolframate:	Na_2WO_4 ist eine weiße Verbindung, die sich in Wasser löst.
Manganate:	K_2MnO_4 ist grün, zersetzlich und wirkt oxydierend. In Anwesenheit von Säuren erfolgt Disproportionierung $$3\,K_2MnO_4 + 2\,H_2O = 2\,KMnO_4 + MnO_2 + 4\,KOH.$$
Permanganate:	$KMnO_4$ ist eine violette und stark oxydierende Substanz, die Kristalle lösen sich in Wasser.
Perrhenate:	$KReO_4$ ist farblos, wirkt nicht oxydierend und ist in Wasser schwer löslich.

Die Salze der Oxosäuren können auch so aufgefaßt werden, als ob sie durch eine Verknüpfung zweier binärer Verbindungen entstanden wären, d. h. als würden sie sich aus einem basischen und einem sauren Oxid zusammensetzen. In einer Lewissäure-Lewisbase-Reaktion würde dann das basische Oxid infolge seiner großen Elektronendichte die Lewisbase sein, das saure Oxid wäre die Lewissäure. Infolge der Säure-Base-Wechselwirkung entsteht aus dem Doppeloxid dann eine ionische Verbindung, die ein metallisches Kation und das Anion der Oxosäure enthält.

Ist der chemische Charakter der beiden Oxide nicht sehr verschieden, mit anderen Worten, handelt es sich um eine schwache Lewissäure bzw. Lewisbase, dann bilden sich keine neuen Ionen, die ursprüngliche Bindungsart wird in diesen zusammengesetzten oder komplexen Oxiden nicht wesentlich verändert. Die wichtigsten Vertreter dieser komplexen Oxide sind die Verbindungen vom Perovskit- bzw. Spinelltyp:

$$CaO + TiO_2 = CaO \cdot TiO_2 = CaTiO_3,$$
$$MgO + Al_2O_3 = MgO \cdot Al_2O_3 = MgAl_2O_4.$$

Die allgemeine Formel dieser Oxide ist: $A_xB_y \cdot O_n$; dabei bedeuten A, B zwei verschiedene Elemente, vorzugsweise Übergangsmetalle oder Metalle 2. Art. In den Perovskiten beträgt die Summe der Oxydationszahlen der Metalle $+6$, in Spinellen $+8$.

Die Sauerstoffatome bilden eine dichteste Kugelpackung; die tetraedrischen Hohlräume werden von dem Metallion mit der niedrigeren Oxydationszahl, die oktaedrischen Räume von denen mit höherer Oxydationszahl besetzt (siehe S. 114).

11. Peroxiverbindungen

In den Peroxiverbindungen liegt an Stelle des Oxidions, O^{2-}, das Peroxidion, $-O-O-$, vor. Der Sauerstoff selbst gehört nicht zu den Elementen, deren Atome sich untereinander kettenweise stabilisieren können, wie dies z. B. beim Kohlenstoff, Silicium oder Schwefel der Fall ist. Auf diese instabile $-O-O-$-Gruppierung ist manche ungewöhnliche Verhaltensweise der Peroxiverbindungen zurückzuführen.

Wasserstoffperoxid ist die einfachste Peroxiverbindung, die hellblaue und viskose Flüssigkeit ist dem Wasser in vieler Hinsicht ähnlich. Die Struktur des H_2O_2-Moleküls ist in der Abbildung 12 zu sehen. Das

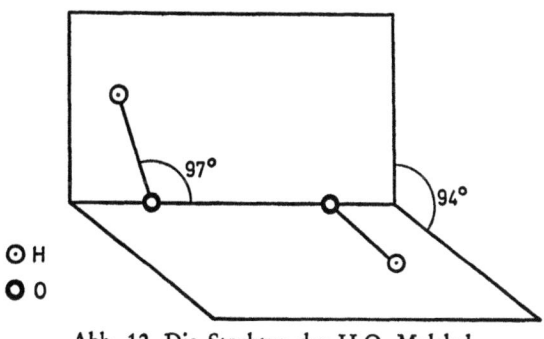

Abb. 12. Die Struktur der H_2O_2-Molekel

Wasserstoffperoxid besitzt infolge seiner asymmetrischen Ladungsverteilung ein besonders großes Dipolmoment (2,01 D) bzw. eine hohe Dielektrizitätskonstante (89).

Das Wasserstoffperoxid kann sowohl als Oxydations- als auch als Reduktionsmittel auftreten. Unter Aufnahme von zwei Elektronen geht es in das Hydroxidion über:

$$H_2O_2 + 2\,e = 2\,OH^- \quad E° = 1{,}77\,V.$$

In diesem Falle ist Wasserstoffperoxid ein kräftiges Oxydationsmittel.

Alkalisch bildet sich zuerst das Peroxidion, O_2^{2-}, das unter Elektronenabgabe in die stabile Sauerstoffmolekel übergeht:

$$H_2O_2 + 2\,OH^- = 2\,H_2O + O_2^{2-}$$
$$O_2^{2-} = O_2 + 2\,e,\ E° = 0{,}682\,V.$$

Hier ist nun das Wasserstoffperoxid ein schwaches Reduktionsmittel. Es oxydiert demnach jedes System, dessen Redoxpotential negativer als 1,226 V ist. Ist das Redoxpotential positiver, dann reduziert es.

Die Bildung des Wasserstoffperoxids aus Wasserstoff und Sauerstoff ist — wie wir schon oben darauf hingewiesen haben — mit einer geringeren Änderung der freien Enthalpie verbunden als die Bildung des Wassers. H_2O_2 ist deshalb eine instabile Verbindung, die sich unter Sauerstoffabgabe leicht in Wasser umwandelt. Diese Zersetzung kann durch verschiedene Katalysatoren (feinverteilte Metalle, Metallionen mit veränderlicher Oxydationszahl, ferner Substanzen mit großer spezifischer Oberfläche) einen explosionsartigen Verlauf nehmen. Seine Bildung kann nur durch Einwirkung eines starken Elektronen-Acceptors geschehen. In der Praxis wird Peroxodischwefelsäure durch Elektrolyse einer sauren Ammoniumsulfatlösung an der Anode gemäß

$$2\,HSO_4^- = H_2S_2O_8 + 2\,\text{Elektronen}$$

dargestellt. Aus der Lösung wird dann das infolge Hydrolyse gebildete H_2O_2 abdestilliert.

$$H_2S_2O_8 + 2\,H_2O = 2\,H_2SO_4 + H_2O_2$$

Die Wasserstoffe im H_2O_2 können durch Metalle substituiert werden. Es entstehen die stark oxydierenden Metallperoxide, wie z. B. Na_2O_2, die den basischen Oxiden ähnlich sind. Die Wasserstoffe können aber auch durch Säureradikale ersetzt werden, es liegen dann Peroxosäuren vor. Wird nur ein Wasserstoff durch ein Säureradikal ersetzt, bekommt man die Peroxomonosäure, durch Substitution beider Wasserstoffe die Peroxodisäure:

$HSO_3-O-O-H$ Peroxomonoschwefelsäure oder Carosche Säure
$HSO_3-O-O-SO_3H$ Peroxodischwefelsäure

Die Darstellung der Metallperoxide kann aus Wasserstoffperoxid und aus einer geeigneten Verbindung des Metalls erfolgen:

$$(TiOaq)^{2+} + H_2O_2 = (TiO_2aq)^{2+} + H_2O \ .$$

Die Peroxide der Alkalimetalle können auch durch Verbrennung des Metalls in reinem Sauerstoff entstehen:

$$2\,Na + O_2 = Na_2O_2 \ .$$

Die Darstellung von Peroxosäuren erfolgt entweder, wie oben erwähnt, elektrolytisch, oder durch Perhydrolyse:

$$H_2O_2 + ClSO_3H = HCl + HOOSO_3H$$

bzw.:

$$H_2O_2 + 2\,ClSO_3H = HSO_3 \cdot O_2 \cdot SO_3H + 2\,HCl \ ;$$

ferner gelingt die Darstellung, wie im Falle der Peroxomonophosphorsäure, auch durch Perhydratation:

$$2\,H_2O_2 + P_2O_5 + H_2O = 2\,H_3PO_5 \ .$$

Die Peroxosäuren und ihre Salze hydrolysieren sehr leicht. Im ersten Schritt entsteht dabei aus den Peroxodisäuren zunächst die Peroxomonosäure, im Falle der Peroxodischwefelsäure bedeutet dies, daß zunächst die Carosche Säure entsteht.

$$H_2S_2O_8 + H_2O = H_2SO_5 + H_2SO_4$$

In der zweiten Stufe zerfällt dann die Peroxomonosäure weiter, es wird H_2O_2 frei, und Schwefelsäure entsteht.

$$H_2SO_5 + H_2O = H_2SO_4 + H_2O_2$$

Bei Ersatz von nur einem Wasserstoff durch ein Metallatom entstehen die Metallhydrogenperoxide. Die allgemeine Formel dieser Verbindungsklasse ist Me^IOOH; sie sind von den Peroxihydraten zu unterscheiden, in denen das Wasserstoffperoxid lediglich die Rolle des Kristallwassers spielt. Die Alkaliperoxide selbst, aber auch die Salze der Peroxosäuren und auch manche gewöhnliche Salze bauen das Wasserstoffperoxid in ihr Kristallgitter ein. Diese Substanzen stellen ein besonders großes Reservoir für aktiven Sauerstoff dar und besitzen deshalb große praktische Bedeutung. Das Natriumperoxoborat, das man aus Borsäure erhält, bindet zusätzlich noch ein Mol Wasserstoffperoxid: $NaBO_3 \cdot H_2O_2$. Diese Substanz ist eine der wichtigsten Grundstoffe für Bleich-, Wasch- und Oxydationsmittel.

Auch organische Radikale können die Wasserstoffatome im Wasserstoffperoxid ersetzen. Bei Substitution eines Wasserstoffs entstehen die Hydroperoxide, in den Peroxiden sind beide Wasserstoffe substituiert.

$(CH_3)_3C-OOH$ t-Butylhydroperoxide,
$(CH_3)_3C-OO-C(CH_3)_3$ di-t-Butylperoxide.

Diese organischen Peroxiverbindungen spielen bei der Oxydation organischer Substanzen eine wesentliche Rolle, da sie infolge von Autooxydations-Reaktionen die Oxydation erleichtern.

12. Komplexverbindungen

Gibt man zu einer Lösung von $Cr_2(SO_4)_3$ Ammoniak oder zu einer Silbernitratlösung Kaliumcyanid hinzu, oder versetzt man Eisen(III)-chlorid mit einer wäßrigen Lösung von Kaliumfluorid,

$$FeCl_3 + 6\,KF = K_3[FeF_6] + 3\,KCl$$

so können nicht alle ursprünglich anwesenden Ionen in der Lösung nachgewiesen werden, sondern es treten neue Ionen bzw. neutrale Moleküle mit veränderten Eigenschaften auf (z. B. mit anderer Farbe und Löslichkeit). Die neuen Gebilde entstehen dadurch, daß sich die ursprünglich vorliegenden Ionen bzw. Moleküle (z. B. Ag^+ und CN^-, Fe^{3+} und F^-, Cr^{3+} und NH_3) zu einem neuen Atomverband zusammenschließen. Dies geschieht dadurch, daß sich um ein zentrales Atom, das Zentralatom, mehrere andere Atome oder Moleküle, die Liganden, mehr oder weniger stark gebunden anordnen. In diesen zusammengesetzten komplexen Ionen oder Molekeln unterscheidet man eine erste und eine zweite Koordinationssphäre. Die Schar der Liganden ist dabei die erste Koordinationssphäre, die in den Beispielen

$$[Cr(NH_3)_6]^{3+},\ [Ag(CN)_2]^-\ \text{und}\ [FeF_6]^{3-}$$

durch die Ammoniakmolekel, das Cyanidion bzw. durch die Fluoridionen repräsentiert wird. Man erhält, je nachdem ob die Summe der Ladungen des Zentralions und der Liganden eine negative bzw. positive Zahl ergibt, oder ob die Summe der Ladungen gerade 0 ist, Komplexanion bzw. Komplexkationen oder Neutralkomplexe, wie z. B. $[Cr(NH_3)_3Cl_3]$.

In die zweite Koordinationsphase gehören alle die Ionen, die elektrolytisch dissoziierbar sind. In dieser Sphäre, die früher ionogene Sphäre genannt wurde, können gegebenenfalls auch die Kristallwassermolekeln zu finden sein. Die Ionen in der zweiten Koordinationssphäre verhalten sich genauso wie in den ursprünglichen Verbindungen. So kann man aus einer Lösung der Komplexverbindung $[Cr(NH_3)_6]_2(SO_4)_3$ die Sulfationen quantitativ mit Bariumchlorid ausfällen. Dagegen ist es nicht möglich, aus der Lösung des Komplexes $K[Ag(CN)_2]$ die Silberionen als AgCl nachzuweisen. Das gleiche gilt für die Eisen(III)-ionen, die man mit den üblichen Reagentien in dem oben angeführten Hexafluorokomplex nicht erfassen kann.

Die Stärke der Bindung der Liganden an das Zentralatom bestimmt die Stabilität des Komplexes. Der Komplex wird stabil sein, wenn die Bindung der Liganden an das Zentralatom stark ist. Die Stabilität eines Komplexes ist durch die Stabilitätskonstante gegeben, die durch das Massenwirkungsgesetz

$$\frac{[MX_n]}{[MX_{n-1}]\,[X]} = K_n$$

definiert ist. Zwischen Zentralatom und Ligand kann die Bindung ionischer oder kovalenter Natur sein; auch Übergänge zwischen diesen beiden Grenzfällen sind möglich. Im Fluorokomplex des Eisens ist die Bindung ionisch, in den Ionen $Cr[(NH_3)_6]^{3+}$ und $[Ag(CN)_2]^-$ kovalent. Im ersten Falle halten die starken Coulombschen Kräfte den Komplex zusammen. Im zweiten Falle kommt die Bindung dadurch zustande, daß freie Elektronenpaare der NH_3-Molekel oder des Ions CN^- freie Orbitale des Zentralatoms besetzen. Die kovalente Bindung ist also in diesem Falle eine Donorbindung (dative Bindung), da beide Elektronen nur von einem Partner, vom Liganden, geliefert werden. Man bezeichnet deshalb auch diese Art der Bindung als koordinative Bindung. Zwischen den Ionen eines komplexen Ions wirken elektrostatische Kräfte; damit eine kovalente Bindung zwischen Zentralatom und Ligand zustande kommen kann, müssen geeignete, leere Atomorbitale am Zentralatom mit geringer Energie zur Verfügung stehen. Für ionische Komplexe gelten die Gesetze der Elektrostatik. Der Komplex ist dann beständig, wenn eine möglichst große positive Ladung auf einem Zentralatom von möglichst kleiner Dimension lokalisiert ist, und wenn die Liganden klein sind. Der Abstand zwischen den Schwerpunkten entgegengesetzter Ladung ist dann möglichst klein, wenn eben die Coulombschen Kräfte groß sind.

Kovalente Komplexe sind dann beständig, wenn die Akzeptororbitale des Zentralatoms energetisch möglichst tief liegen. Wenn man diese beiden Voraussetzungen berücksichtigt, kann man leicht feststellen, wann überhaupt ein ionischer oder kovalent gebundener Komplex zu erwarten ist. Offenbar bieten die Übergangsmetalle, die Metalle 2. Art sowie das Beryllium und das Aluminium die besten Voraussetzungen dazu. Einmal sind die Dimensionen der Ionen klein genug und die positive Ladung meistens ziemlich groß. Auch die Energieniveaus der in Frage kommenden Elektronenbahnen liegen nahe beieinander, so daß die Elektronen mit verhältnismäßig geringem Energieaufwand angeregt werden können. Bei den Alkalimetallen ist aus dreierlei Gründen eine Komplexbildung nicht zu erwarten. Einmal sind ihre Ionenradien sehr groß und die vorhandene positive Ladung verhältnismäßig gering; dies schließt die Bildung „elektrostatischer Komplexe" aus. Außerdem weisen die Energieniveaus der Elektronenbahnen beträchtliche Unterschiede auf, so daß auch keine kovalent gebundenen Komplexe stabil wären. Diese Feststellung gilt auch in geringerem Maße für die Erdalkalimetalle, bei denen immerhin schon Komplexbildung möglich ist.

Auch bei den negativen Elementen ist eine Komplexbildung nicht zu erwarten, da hier die Ionendurchmesser groß sind und die Ladung negativ ist. Da die Liganden ebenfalls eine negative Ladung besitzen, oder zumindest neutrale Molekel sind, können keine Bindungen zustande kommen. Immerhin kennt man bei den Halogeniden solche Koordinationsverbindungen. Die Polyhalogenide, wie das I_3^--Ion, sind Beispiele für diese sehr unbeständigen Komplexe. Bei elektronegativen Elementen erfolgt Komplexbildung gewöhnlich dann, wenn eine Lewis-

Säure vorliegt, wenn also eine Elektronenlücke vorhanden ist. Läßt man Diboran mit einer nukleophilen Molekel, wie CO, NH_3, reagieren, dann wird die Elektronenlücke am BH_3 durch eine Donorbindung aufgefüllt, das Bor erhält ein Oktett, wodurch das monomere BH_3 stabilisiert wird:

$$OC \rightarrow BH_3.$$

Anstelle von neutralen Molekeln können auch Ionen das Elektronendefizit egalisieren:

$$BF_3 + F^- = BF_4^- \text{ oder } BH_3 + H^- = BH_4^-.$$

Die Stabilität eines Komplexes wird also in erster Linie von zwei Faktoren bestimmt: von der Art und dem Charakter des Zentralatoms und der Liganden. Ist der Ligand kein einfaches Ion, sondern ist er aus mehreren Atomen zusammengesetzt, wie z. B. NH_3, CN^-, H_2O, $NH_2-CH_2-CH_2-NH_2$ usw., dann bestimmt vorwiegend das Donoratom die Stärke und die Art der Bindung. Die freien Elektronenpaare, die sich an den N-, P-, S-, O-, As- oder C-Atomen befinden, erlauben die Bindung an das Zentralatom. Manche Liganden haben mehr als ein freies Elektronenpaar zur Verfügung, sie können dadurch mehrere Koordinationsstellen am Zentralatom besetzen. Man spricht dann von zwei- bzw. mehrzähnigen Liganden. Auf diese Weise entstehen Chelatkomplexe, in denen ein Ringsystem vorliegt, und die dadurch oft durch besondere Stabilität ausgezeichnet sind. Die Stabilität dieser Chelatkomplexe hängt nicht nur von der Stärke der Bindung des Liganden zum Zentralatom ab, sondern auch von der Größe des Ringes; dabei ist der Fünfring der stabilste.

Der Ligand kann aber nicht nur durch eine koordinative Bindung an das Zentralatom gebunden sein, sondern auch (zumindest formal) dadurch, daß ein als Proton abspaltbares Wasserstoffatom durch das Zentralatom substituiert wird. Dies hat formal Ähnlichkeit mit der Salzbildung, so daß man hier von einer ionischen Bindung sprechen könnte. Bei der Propionsäure beispielsweise liegt eine Donorbindung und eine solche ionische Bindung vor. In der Propionsäure kann ein Wasserstoffatom einmal in α-Stellung und in β-Stellung durch das NH_2-Radikal substituiert werden. Man erhält so entweder α- oder β-aminopropionsäure. Beide Verbindungen sind nun Komplexbildner, im einen Fall entsteht ein Sechsring, im anderen ein Fünfring, wobei auch hier wieder der Fünfring der stabilere ist.

Der räumliche Aufbau der Komplexe hängt von der Zahl der Liganden und der Bindungsart ab. Bei ionischen, d. h. elektrostatischen Komplexen (Anlagerungskomplexe) ist die Anordnung mit der höchsten Symmetrie die beständigste. Eine hochsymmetrische Anordnung gestattet die beste Raumausfüllung. In diesem Fall wird auch die Forderung am besten erfüllt, daß die negativen Ladungen möglichst weit voneinander entfernt und die entgegengesetzten Ladungen möglichst nah beieinander fixiert sein sollen. So besetzen vier Liganden die Ecken eines Tetraeders, sechs Liganden die eines Oktaeders. Auch bei den kovalenten Komplexen (Durchdringungskomplexen) sind diese räumlichen Anordnungen im allgemeinen auch die beständigsten. Allerdings können hier auch 4 Liganden in einer Ebene angeordnet werden, d. h. die Liganden besetzen die Ecken eines Vierecks.

Liegen in einer Komplexverbindung verschiedenartige Liganden vor, so ist eine unterschiedliche Anordnung dieser Liganden im dreidimensionalen Raum denkbar. Es entstehen Stereoisomere. Man unterscheidet zwei Typen von Stereoisomeren, die optischen Isomeren (Spiegelbildisomere), die die Ebene des polarisierten Lichtes drehen, und geometrische Isomere (cis-trans Isomerie). Es können aber auch andere Arten von Isomerien (Strukturisomerie) in der Komplexchemie auftreten. Wir haben oben zwischen der ersten und zweiten Koordinationssphäre eines Komplexes unterschieden; zu der zweiten Sphäre rechneten wir die Gegenionen zum komplexen Anion, aber auch die Wassermolekeln, die zum Kristallaufbau benötigt wurden. Werden nun die Liganden der ersten Koordinationssphäre durch Ionen oder Moleküle der zweiten Sphäre ausgetauscht, so entstehen die Ionisations- oder Hydratations- bzw. allgemein Solvatationsisomerien. Die Koordinationsisomerie ist dadurch gekennzeichnet, daß in Komplexsalzen, die aus zwei oder mehreren Komplexionen bestehen, die Zentralatome oder einzelne Liganden gegeneinander ausgetauscht werden können. Die eben angeführten Typen der Strukturisomerie sollen durch die folgenden Beispiele veranschaulicht werden:

1. Ionisationsisomerie:

$[Co(NH_3)_4ClNO_2]Cl$ $[Co(NH_3)_4Cl_2]NO_2$
rot   grün
$[Pt(NH_3)_2Cl_2]Br_2$ $[PtBr_2(NH_3)_2]Cl_2$
orange   gelb

2. Hydratationsisomerie:

$[Cr(OH_2)_6]Cl_3$ $[Cr(OH_2)_5Cl]Cl_2H_2O$ $[Cr(OH_2)_4Cl_2]Cl \cdot 2\,H_2O$
lila   hellgrün   dunkelgrün

3. Koordinationsisomerie:

$[Cu(H_3N)_4] \cdot [PtCl_4]$ $[Pt(H_3N)_4][CuCl_4]$
violett   grün
$[Pt(NH_3)_4][PtCl_4]$ $[Pt^{Cl}_{(NH_3)_3}][Pt^{NH_3}_{Cl_3}]$

Die Stereoisomerien (cis-trans Isomerie, Spiegelbildisomerie) sind in der Abbildung 13 zusammengestellt.

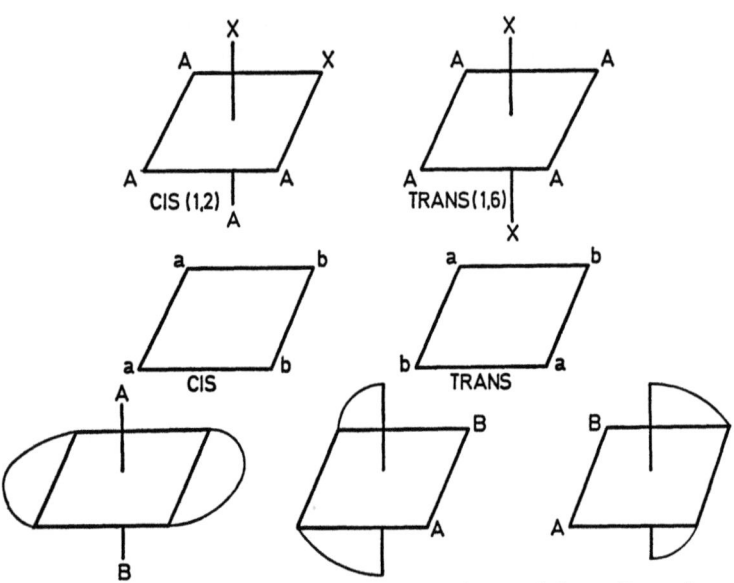

Abb. 13. Räumliche Konfiguration der Komplexe und Stereo-Isomerien

Tabelle 15. *Zusammensetzung und Farbe einiger Komplexe*

Zentralion	Komplex	Farbe
Cu^{2+}	$Cu(NH_3)_4^{2+}$	lilablau
Co^{2+}	$Co(NH_3)_6^{2+}$	rosa
Co^{3+}	$Co(NH_3)_6^{3+}$	gelb
Co^{3+}	$Co(NH_3)_5H_2O^{3+}$	rötlichlila
Ni^{2+}	$Ni(NH_3)_6^{2+}$	blau
Cr^{3+}	$Cr(H_2O)_4Cl_2^{+}$	grün
Cr^{3+}	$Cr(H_2O)_6^{3+}$	rötlichlila
Cu^{2+}	$Cu(H_2O)_4^{2+}$	hellblau
Cu^{2+}	$CuCl_4^{2-}$	grün
Ni^{2+}	$Ni(H_2O)_6^{2+}$	grün
Fe^{3+}	$Fe(H_2O)_6^{3+}$	gelb
Fe^{3+}	$Fe(H_2O)_5OH^{2+}$	gelb
Fe^{3+}	$Fe(SCN)_n^{3-n}$	rot
Ni^{2+}	$Ni(CN)_4^{2-}$	hellgelb
Ni^{2+}	$Ni(CN)_5^{3-}$	braun
Fe^{2+}	$Fe(CN)_6^{4-}$	gelb
Fe^{3+}	$Fe(CN)_6^{3-}$	orange-rot
Ag^{+}	$Ag(CN)_2^{-}$	farblos
Ag^{+}	$Ag(NH_3)_2^{+}$	farblos
Cu^{+}	$Cu(CN)_4^{3-}$	farblos
Hg^{2+}	HgI_4^{2-}	farblos
Bi^{3+}	BiI_4^{-}	gelb
Fe^{3+}	FeF_6^{3-}	farblos
Fe^{3+}	$FeCl_4^{-}$	gelb
Al^{3+}	AlF_6^{3-}	farblos

Es wurde schon darauf hingewiesen, daß bei den Elementen des D-Feldes die Voraussetzung zur Komplexbildung besonders günstig ist. Innerhalb dieser Gruppe sind vor allem die Komplexe des Chrom, Kobalt, Nickel und des Platin besonders stabil und schon seit langem bekannt. Mit Ammoniak und Cyanidion entstehen mit den Ionen dieser Elemente sehr stabile Komplexe, wogegen die Koordinationsverbindungen mit den anderen Halogenen sowie mit anderen Anionen (SO_4, NO_2, SCN^- usw.) weniger beständig sind. Die Zusammensetzung und die Farben der bekanntesten Komplexe sind in der Tabelle 15 zusammengestellt.

Normalerweise bewirkt der Cyanidligand keine Farbvertiefung; stark verändert wird jedoch die Farbe, wenn das Rhodanidion, SCN^-, als Komplexligand fungiert (Fe^{3+} tiefrot, Co^{2+} dunkelblau). Auch Ammoniak kann eine geringe Farbvertiefung verursachen. Diese Feststellungen gelten jedoch nur für den Fall, daß ein großes (Alkali-)Kation zusammen mit dem komplexen Anion die Verbindung aufbaut. Deshalb ist $K_4[Fe(CN)_6]$ blaßgelb, $K[Ag(CN)_2]$ farblos, $[Ag(NH_3)_2]^+$ farblos, $K_3[Co(NO_2)_6]$ gelb, aber z. B. $Cu_2[Fe(CN)_6]$ dunkelbraun und $[Cu(NH_3)_4]^{2+}$ tiefblau.

Ist das Zentralion schon ursprünglich farbig, vertieft sich die Farbe bei kovalenten, sie schwächt sich ab bei ionischen Komplexen. So schlägt die gelbe Farbe des Fe^{3+}-Ions, das eigentlich ein Aquokomplex $Fe(H_2O)_6^{3+}$ ist, bei dem Ionen-Ionen-Komplex $[FeF_6]^{3-}$ nach farblos um. Aber auch ein farbloses Zentralion, besonders wenn es kompakt ist, wie z. B. Ag^+, Zn^{2+}, Cd^{2+}, kann farbige Komplexe hervorrufen. Verantwortlich für die Farbänderung sind die Elektronenpaare der Liganden, die in einer Donorbindung an das Zentralion abgegeben werden. Hierdurch wird das Elektronensystem des Zentralions aufgelockert, so daß es schon im sichtbaren Spektralbereich angeregt werden kann. Farbänderungen können ebenfalls auftreten, wenn die komplexen Anionen sehr groß sind, so daß sie im Kraftfeld der stark polarisierenden Kationen deformiert werden. Dies bedingt nicht nur eine Farbvertiefung, sondern auch eine Verminderung der Löslichkeit.

$K_4[Fe(CN)_6]$	$Ca_2[Fe(CN)_6]$	$Ag_4[Fe(CN)_6]$	$Zn_2[Fe(CN)_6]$
hellgelb	farblos	farblos	weiß
löslich	schwerlöslich	nichtlöslich	nichtlöslich
$Cu_2[Fe(CN)_6]$	$Co_2[Fe(CN)_6]$	$Ni_2[Fe(CN)_6]$	$Fe_4[Fe(CN)_6]_3$
braun	grün	hellgrün	dunkelblau
unlöslich	unlöslich	unlöslich	unlöslich

Die tiefblaue Farbe des $Fe_4^{III}[Fe^{II}(CN)_6]_3$ rührt außer von der starken Polarisation auch davon her, daß im Kristallgitter das Eisen in zwei verschiedenen Oxydationsstufen vorliegt; dies hat eine starke Auflockerung der Valenzelektronen, also ihre sehr leichte Anregbarkeit zur Folge.

Recht häufig treten auch Komplexionen auf, bei denen Wassermolekeln die Liganden stellen. Das Wassermolekül ist infolge seines großen Dipolmomentes ein sehr guter Komplexbildner, und seine Bindung an verschiedene Zentralatome, wie z. B. Al^{3+} oder Fe^{3+}, kann so stark sein, daß beim Erhitzen des Salzes kein Wasser entweicht, sondern daß sich eher ein Proton aus dem Wassermolekül abspaltet. Dieses Proton verbindet sich mit dem Anion aus der zweiten Koordinationssphäre und verläßt den Molekülverband als Säuremolekel, während das Zentralion dann in Form des Hydroxids zurückbleibt; die Komplexverbindung hydrolysiert. Es ist also durchaus berechtigt, die an der Hydratation mitwirkenden Wassermolekeln als Liganden zu betrachten. Bei den Alkalimetallen, die ohnehin eine geringe Neigung zur Komplexbildung zeigen, ist der Aquokomplex äußerst instabil, und bei diesen Elementen spielt sich die bei den Schwermetallionen auftretende Hydrolyse überhaupt nicht ab. Die Beständigkeit der Aquokomplexe ist also recht unterschiedlich; sie reicht von einer schwachen Hydratation bis zur starken Bindung der Wassermolekeln. Die Schwermetallionen sind in wäßriger Lösung und in Abwesenheit anderer noch stärkerer Komplexbildner nur in Form der Aquokomplexe existent. Dementsprechend müßte man eigentlich die Komplexbildung bei solchen Ionen in wäßriger Lösung als einen Ligandenaustausch bzw. als die Umwandlung eines Aquokomplexes in einen anderen auffassen. Dieser Austausch der Wassermolekeln kann auch sukzessiv verlaufen. So können die Wassermoleküle eines Hexaaquokomplexes $(Cr(H_2O)_6)^{3+}$ nacheinander durch Ammoniakmoleküle ersetzt werden. Dieser Sachverhalt erklärt auch, warum die Komplexbildung in gewissen Fällen nicht augenblicklich erfolgt. In diesen Fällen liegt nämlich nicht ein nacktes Zentralion vor, sondern die neuen Liganden müssen erst die anderen aus den Koordinationsstellen verdrängen. Koordinationsverbindungen, bei denen dieser Austausch langsam erfolgt, nennt man neuerdings manchmal auch träge oder inerte Komplexe (z. B. Cr^{3+}).

Wenn ein Zentralatom in verschiedenen Oxydationsstufen vorliegen kann, dann kommt es oft vor, daß der Komplex mit bestimmten Liganden nur in der einen, mit anderen Liganden nur in einer anderen Oxydationsstufe beständig ist. So bildet Kobalt bei Normalbedingungen in seiner zweiwertigen Form den stabilen Hexaaquokomplex, während sein Kobalt(II)-hexamminkomplex unbeständig ist. Beim Kobalt(III) sind die Verhältnisse gerade umgekehrt, der Hexaaquokomplex des dreiwertigen Kobalts ist nicht existent. Das dreiwertige Kobalt ist nämlich ein so starkes Oxydationsmittel, daß das gebundene Wasser unter Sauerstoffentwicklung oxydiert wird. Auf der anderen Seite wird das Redoxpotential durch die Bildung des Amminkomplexes so stark erniedrigt (siehe nächstes Kapitel), daß sich das sonst so beständige Co^{2+}-Ion in Anwesenheit von Ammoniak als ein Reduktionsmittel erweist. Offensichtlich ist es möglich, daß bestimmte Oxydationsstufen eines Elementes durch ganz bestimmte Liganden stabilisiert werden können.

Etwas ähnliches kann man bei einigen Nickelkomplexen beobachten. In $K_2[Ni(CN)_4]$ hat das Nickel die Oxydationszahl $+2$; durch Reduktion kann die Verbindung in einen Komplex, $K_4[Ni_2(CN)_6]$, übergeführt werden, in dem das Nickel die Oxydationszahl $+1$ besitzt. In Form des Aquokomplexes wäre diese Oxydationsstufe des Nickels nicht beständig. Der Zweikernkomplex des Nickels kann mit noch kräftigeren Reduktionsmitteln, wie z. B. mit Natriumamalgam, noch weiter reduziert werden, es entsteht dann eine Verbindung mit der Zusammensetzung $K_4[Ni(CN)_4]$, in dem die Oxydationszahl des Nickels 0 ist. Diese Oxydationsstufe besitzt Nickel sowie das Eisen auch in den Metallcarbonylen ($Ni(CO)_4$, $Fe(CO)_5$), die sich aus den Elementen mit Kohlenstoffmonoxid bilden. Die Bindung ist analog wie bei dem isosteren und isoelektronischen Cyanidion, d. h. die freien Elektronenpaare am Kohlenstoff der CO-Molekeln füllen die leeren Atomorbitale des Nickels und Eisens auf. Die Verbindungen bilden sich so leicht, daß man Kohlenmonoxid, vor allem bei hohem Druck, nicht in Stahlflaschen aufbewahren kann.

IV. Anorganische Oxydations-Reduktionsvorgänge

Oxydation bzw. Reduktion bedeutet im modernen Sinne nicht nur die Reaktion mit Sauerstoff bzw. Wasserstoff, sondern ganz allgemein Elektronenabgabe bzw. Elektronenaufnahme:

$$Red = Ox + e.$$

Geht ein Metall eine Verbindung ein, so oxydiert es sich im allgemeinen, und wenn der Sauerstoff mit einem Metall reagiert, dann wird er reduziert. In chemischen Systemen ist die Oxydation einer Substanz immer mit der Reduktion einer anderen gekoppelt.

Bei Redoxvorgängen ist nicht nur die Anzahl der Elektronen ausschlaggebend, die zwischen den Reaktionspartnern ausgetauscht werden, sondern auch die Intensität, der Druck, mit dem solche Elektronenverschiebungen stattfinden. Ein gewisses Maß für die Bereitwilligkeit, mit der ein Redoxsystem Elektronen aufnimmt bzw. abgibt, ist sein Redoxpotential. Darunter versteht man das elektrische Potential, das an einer in das Redoxsystem eintauchenden Platinelektrode gegen eine Normal-Wasserstoff-Elektrode gemessen wird. Dieses Potential ist für die einzelnen Redoxsysteme spezifisch, es hängt aber auch von der Konzentration ab. Die Größe des Redoxpotentials ist durch die Peterssche Gleichung gegeben, die der Nernstschen Gleichung analog ist:

$$E = E_0 + \frac{RT}{nF} \ln \frac{(ox)}{(red)}.$$

In dieser Gleichung bedeutet (ox) die Aktivität der oxydierenden Komponente bzw. näherungsweise ihre Konzentration, (red) die Aktivität bzw. die Konzentration der reduzierenden Substanz.

Um nun verschiedene Redoxpaare vergleichen zu können, mißt man ihre Redoxpotentiale bei Standardbedingungen (bei 25 °C, alle Reaktionspartner in der Konzentration 1 mol/Liter). Man bezeichnet diese Potentiale als die Normpotentiale der Redoxpaare; die Tabelle 16 enthält die Normalpotentiale einiger Oxydations- bzw. Reduktionsmittel.

Sind mehrere oxydierende Substanzen gleichzeitig anwesend, so entsteht ein Wettbewerb um die Elektronen. Es wird nun dasjenige Oxydationsmittel zuerst reduziert, welches das höchste, d. h. positivste Potential besitzt. Es ist also durchaus möglich, daß ein Stoff, der normalerweise oxydiert, gegenüber einer Substanz mit noch höherem positivem Redoxpotential reduzierend wirkt. Auf Grund ihrer Redoxpoten-

Tabelle 16. *Normalpotentiale einiger Redoxpaare*

Substanz	Redoxy-Prozeß	Volt
Fluor	$2\,F^- = F_2 + 2\,(e)$	$+2{,}85$
Ozon	$O_2 + H_2O = O_3 + 2\,H + 2\,(e)$	$+2{,}07$
Hydrogenperoxyd	$2\,H_2O = H_2O_2 + 2\,H^+ + 2\,(e)$	$+1{,}77$
Permanganat	$Mn^{2+} + 4\,H_2O = MnO_4^- + 8\,H^+ + 5\,(e)$	$+1{,}52$
Bleioxyd	$Pb^{2+} + 2\,H_2O = PbO_2 + 4\,H^+ + 2\,(e)$	$+1{,}46$
Chlorsäure	$Cl^- + 3\,H_2O = ClO_3^- + 6\,H^+ + 6\,(e)$	$+1{,}45$
Bromsäure	$Br^- + 3\,H_2O = BrO_3^- + 6\,H^+ + 6\,(e)$	$+1{,}44$
Dichromsäure	$2\,Cr^{3+} + 7\,H_2O = Cr_2O_7^{2-} + 14\,H^+ + 6\,(e)$	$+1{,}36$
Chlor	$2\,Cl^- = Cl_2 + 2\,(e)$	$+1{,}36$
Braunstein	$Mn^{2+} + 2\,H_2O = MnO_2 + 4\,H^+ + 2\,(e)$	$+1{,}28$
Sauerstoff	$2\,H_2O = O_2 + 4\,H^+ + 4\,(e)$	$+1{,}23$
Jodsäure	$I_{(\text{fest})} + 3\,H_2O = IO_3^- + 6\,H^+ + 5\,(e)$	$+1{,}20$
Brom	$Br^- = Br_{(\text{flüssig})} + (e)$	$+1{,}07$
Salpetersäure	$NO + 2\,H_2O = NO_3^- + 4\,H^+ + 3\,(e)$	$+0{,}96$
Fe(III)	$Fe^{2+} = Fe^{3+} + (e)$	$+0{,}77$
Jod	$I^- = I_{(\text{fest})} + (e)$	$+0{,}53$
Arsensäure	$AsO_3^{3-} + H_2O = AsO_4^{3-} + 2\,H^+ + 2\,(e)$	$+0{,}49$
Fe(CN)$_6^{4-}$	$Fe(CN)_6^{4-} = Fe(CN)_6^{3-} + (e)$	$+0{,}36$
Kupfer	$Cu = Cu^{2+} + 2\,(e)$	$+0{,}34$
Hydrogen	$H_2 = 2\,H^+ + 2\,(e)$	$0{,}00$
Cr(II)	$Cr^{2+} = Cr^{3+} + (e)$	$-0{,}41$
Eisen	$Fe = Fe^{2+} + 2\,(e)$	$-0{,}44$
Zink	$Zn = Zn^{2+} + 2\,(e)$	$-0{,}76$
Magnesium	$Mg = Mg^{2+} + 2\,(e)$	$-2{,}34$
Natrium	$Na = Na^+ + (e)$	$-2{,}71$
Calcium	$Ca = Ca^{2+} + 2\,(e)$	$-2{,}87$
Kalium	$K = K^+ + (e)$	$-2{,}92$

tiale kann man die Substanzen nach ihrer Oxydations- bzw. Reduktionsfähigkeit in folgende sechs Gruppen einteilen:

$> +1{,}5$	starkes Oxydationsmittel
$+1{,}0 \;-\; 1{,}5$ V	mittelstarkes Oxydationsmittel
$+0{,}5 \;-\; 1{,}0$ V	schwaches Oxydationsmittel
$0{,}0 \;-\; 0{,}5$ V	schwaches Reduktionsmittel
$-0{,}5 \;-\; 0{,}0$ V	mittelstarkes Reduktionsmittel
$-1{,}0 \;-\; -0{,}5$ V	starkes Reduktionsmittel

Gemäß dieser Einteilung sind Wasserstoffperoxyd, Permanganat, Bleidioxid, Bromat, Chlor und Bichromat sehr kräftig oxydierende Substanzen, während das Chrom(II)-ion, das metallische Zink und Eisen stark reduzierende Stoffe sind. Bei Kenntnis der Redoxpotentiale kann man beurteilen, ob ein bestimmter Redoxvorgang möglich ist oder nicht bzw. wo sich das Gleichgewicht des Redoxsystems einstellt. Es kann aber nicht vorausgesagt werden, ob eine Reduktion oder Oxydation auch tatsächlich abläuft, da der Vorgang kinetisch gehemmt sein kann.

Bei der Elektrolyse spielen sich an den Elektroden unter Einwirkung des elektrischen Stromes ebenfalls Redoxreaktionen ab. Über die Kathode werden Elektronen dem System zugeführt, während die Anode diese entfernt. Natürlich muß das Potential der Elektroden positiver bzw. negativer sein als das der in der Lösung vorhandenen Anionen bzw. Kationen. Das Redoxpotential der reagierenden Systeme ist ebenfalls abhängig von der Konzentration bzw. der Aktivität.

Die anorganischen Redoxreaktionen sind sehr vielfältig, sie sollen im folgenden anhand der wichtigsten Typen behandelt werden.

1. Die Wasserstoffentwicklung aus Säuren bzw. die Darstellung von Salzen aus Metallen mit Hilfe von Säuren verläuft nach der allgemeinen Redoxgleichung:

$$H^+ + M = {}^1/_2 H_2 + M^+ .$$

2. Die Darstellung eines Halogens aus dem entsprechenden Halogenid kann erfolgen nach:

$$Br^- + {}^1/_2 Cl_2 = {}^1/_2 Br_2 + Cl^-$$

oder

$$Br^- + M^{n+} = {}^1/_2 Br_2 + M^{(n-1)+} .$$

3. Recht häufig sind die wichtigen Redoxvorgänge mit molekularem Sauerstoff; so ist der Röstprozeß von großer praktischer Bedeutung:

$$PbS + 1{}^1/_2 O_2 = PbO + SO_2 .$$

4. Reduzierend können auch komplexe Anionen wirken:

$$2\, Na_2S_2O_3 + I_2 = Na_2S_4O_6 + 2\, NaI .$$

Diese Reaktion verläuft auch in stark verdünnter Lösung streng stöchiometrisch und bildet die Grundlage der Jodometrie.

5. Bei einer Disproportionierung geht eine Substanz mittlerer Oxydationsstufe in eine höhere und eine tiefere Oxydationsstufe über:

$$Hg_2^{2+} = Hg + Hg^{2+}$$
$$3\,(IO)^- = 2\, I^- + (IO_3)^- .$$

Die wichtigsten Oxydationsmittel sind: O_2, O_3, H_2O_2, die freien Halogene (Cl_2, Br_2, I_2), ferner deren Oxosäuren (HOCl, HClO$_3$, HClO$_4$), weiterhin die Salpetersäure, Metalle in höheren Oxydationszuständen, die bei der Oxydation in niederere Oxydationszustände übergehen können (PbO_2, MnO_2) und schließlich die Säuren der säurebildenden Metalle, in denen diese Metalle in den höchsten Oxydationsstufen vorliegen ($H_2Cr_2O_7$, $HMnO_4$).

Die Oxydation durch Salpetersäure kann auf zweierlei Wegen verlaufen:

$$NO_3^- + 2H^+ + e = H_2O + NO_2$$

bzw.

$$NO_3^- + 4H^+ + 3e = 2H_2O + NO.$$

Bei hoher Salpetersäure-Konzentration verläuft die Oxydation gemäß der oberen Gleichung, in verdünnterer Lösung nach der unteren.

Ein häufig verwendetes Reduktionsmittel in der anorganischen Chemie ist der Wasserstoff und Metalle wie Fe, Zn, Al, Mg und Na. Auch die niederen Oxydationsstufen der Übergangsmetalle, die in unterschiedlichen Oxydationszuständen auftreten können, wie Cr^{2+}, Fe^{2+}, sind kräftige Reduktionsmittel. Dabei ist Cr^{2+}/Cr^{3+} das Redoxpaar mit dem tiefsten negativen Potential, bei dem sowohl die oxydierende als auch die reduzierende Stufe in Wasser löslich sind, also eine homogene Phase bilden. Die anderen Reduktionsmittel mit noch negativerem Potential wirken schon in heterogenen Systemen.

Reduktionsmittel sind auch die Säuren H_2SO_3, $H_2S_2O_3$ und $H_2S_2O_4$, ihre Salze und H_2S. In der Hitze, vor allem bei Temperaturen oberhalb der Rotglut, wird der Kohlenstoff in großem Maße als Reduktionsmittel herangezogen. Er wirkt normalerweise in Form von CO.

Im Zusammenhang mit anorganischen Redoxvorgängen soll noch die Einwirkung von Luftsauerstoff auf einige Elemente, besonders auf Metalle, sowie auf einige Verbindungen erwähnt werden. Im Falle der Metalle nennt man die von der Luft hervorgerufene Oxydation Korrosion. Eisen ist das am meisten verwendete Metall, und seine Korrosion — abgesehen von Edelstählen — verursacht jährlich ungeheure Verluste. Die Wirkung des Luftsauerstoffs wird von der Luftfeuchtigkeit als Katalysator gefördert. Bei einigen Metallen, wie z. B. Blei und Kupfer, spielt auch der Kohlendioxidgehalt der Luft eine Rolle, und an der Oberfläche dieser Metalle bildet sich nicht nur das Oxid, sondern auch eine Schicht aus basischem Carbonat.

Einige Metalle korrodieren scheinbar nicht, wie z. B. Mg, Al, Cr, Ni, Zn, Sn, obwohl einige von ihnen ein positiveres Redoxpotential besitzen als das Eisen, wodurch eine Reaktion mit Sauerstoff infolge der größeren Potentialdifferenz noch stärker begünstigt wäre. Die Ursache für die Beständigkeit dieser Metalle gegen die Korrosion liegt darin, daß sich an der Oberfläche dieser Metalle ein vollkommen zusammenhängender Oxidfilm ausbildet, der die Metalle vor weiterer Einwirkung des Sauerstoffs schützt. Durch diesen Schutzfilm werden die Metalle scheinbar veredelt. Um Eisen vor Rost zu schützen, versieht man es deshalb auch mit einem Zink- oder Zinnüberzug. Wird diese Schutzschicht allerdings beschädigt oder aufgelockert, oder wird ihre Ausbildung z. B. durch Amalgamierung verhindert, dann wird die Oxydation des Metalls an feuchter Luft sogar schneller erfolgen als bei dem reinen Metall, da sich nun ein Lokalelement ausbilden kann. Solche zusammenhängenden Schutzfilme bringen in vielen Fällen überraschende Vorteile. So entsteht an der Oberfläche des Magnesiums oder des Kupfers in Anwesenheit von wasserfreiem Fluorwasserstoff eine so dichte Fluoridschicht, daß die Metalle vor weiterer Einwirkung des Fluorwasserstoffs geschützt werden. Diese Metalle werden deshalb als Gefäßmaterialien bei Reaktionen mit Fluorwasserstoff verwendet.

V. Die biologische Bedeutung der Elemente und deren Verbindungen

Am Aufbau der lebenden Organismen sind keineswegs alle Elemente beteiligt, und auch der prozentuale Anteil der biologischen Elemente ist sehr verschieden. Einige dieser Elemente, die permanenten Elemente, sind Bestandteile aller lebenden Organismen, ohne sie können diese nicht existieren. Andere Elemente hingegen kommen nur in ganz bestimmten Organismen vor, sie bilden die 2. große Gruppe der biologisch bedeutsamen Elemente.

Ist der Anteil der permanenten Elemente zwischen 1% und 60%, dann werden sie als primäre Komponenten bezeichnet. Entsprechend spricht man bei einer Konzentration von 0,05—1% von sekundären, bei einer Konzentration von weniger als 0,05% von tertiären oder Mikrokomponenten. Primäre Komponenten sind: H, C, N, O, P. Sekundäre Bestandteile sind: Na, Mg, S, Cl, K, Ca, Fe, und tertiäre: B, F, Si, Mn, Cu und I. Von den Elementen, die nicht unbedingt in jedem Organismus vorliegen müssen, gibt es nur sekundäre bzw. tertiäre oder Mikrokomponenten. Sekundäre Elemente in dieser Gruppe sind: Ti, Zn, V und Br. Etwa 18 Elemente sind tertiäre bzw. Mikrokomponenten. Die wichtigsten Vertreter sind: Li, Cr, Co, As, Mo usw.

Wie aus der Tabelle 17 zu ersehen ist, sind es vor allem die Elemente der ersten drei Perioden, die die permanenten Bestandteile des menschlichen Organismus ausmachen. Hinzu kommen noch aus der 4. Periode die Elemente K, Ca, Mn, Fe, Cu und I. Fe, Cu, B, Mn und I sind dabei die aktiven Komponenten der sogenannten Bio-Katalysatoren, der Enzyme. Die Enzyme ermöglichen es, daß chemische Umsetzungen in den Organismen bei relativ niedriger Temperatur mit der nötigen Geschwindigkeit ablaufen können. Es ist deshalb verständlich, daß diejenigen Substanzen besonders giftig sind, die im elementaren oder gebundenen Zustand gegenüber diesen aktiven Komponenten der Biokatalysatoren eine besonders große Affinität aufweisen. Die Wirkung der Enzyme kann durch sie ausgeschaltet werden. Es nehmen vor allem diejenigen Elemente am Stoffwechsel teil, deren Kationen entweder eine geringe oder eine große polarisierende Kraft besitzen. Die Salze der ersteren sind leicht löslich, die letzteren bilden die in den löslichen Salzen vorkommenden zusammengesetzten Anionen. Die Elemente kommen in lebenden Organismen in einem höheren Prozentsatz vor, als ihrer irdischen Häufigkeit entsprechen würde, so daß man

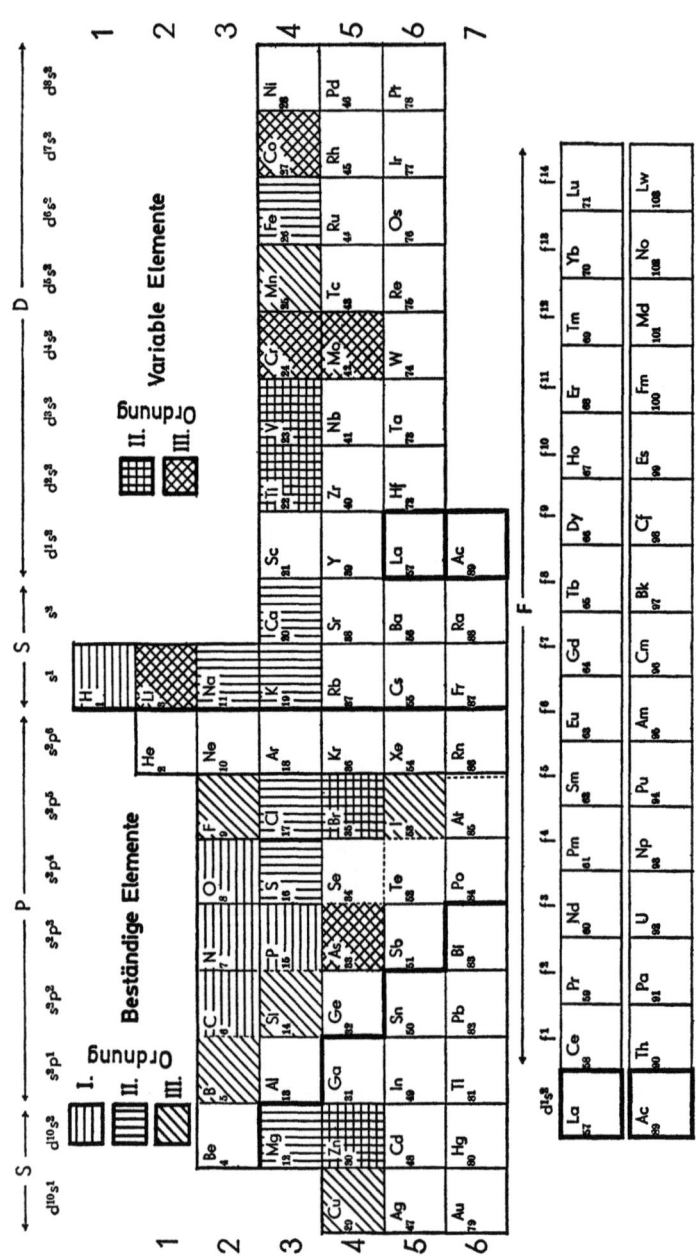

Tabelle 17. *Biologische Bedeutung der Elemente*

von einer biologischen Kumulation sprechen kann. Nach dem Absterben der Organismen werden die Elemente wieder in den mineralischen Zustand übergeführt; nur so können sie wieder von anderen Organismen aufgenommen werden. Die Elemente durchlaufen also in der Natur einen ganz bestimmten Zyklus. Besonders interessant ist der Kreislauf des Stickstoffs. Der Stickstoff ist für den Aufbau der Pflanzen unentbehrlich. Von wenigen Ausnahmen abgesehen, können die Pflanzen den Luftstickstoff nicht assimilieren; sie nehmen den Stickstoff aus anorganischen Verbindungen auf. Der von den Pflanzen gebundene Stickstoff wird von tierischen Organismen weiter umgesetzt; nach dem Absterben dieser Organismen entsteht aus dem Eiweiß Ammoniak, und das Ammoniak wird durch die Einwirkung bestimmter Bakterien zu Nitrat oxydiert. In ähnlicher Weise spielt sich der biologische Kreislauf des Phosphors ab.

Wenn die tierischen Organismen im Boden verfaulen, wandelt sich ein Teil des gebundenen Stickstoffs nicht in Ammoniak um, sondern er gelangt als molekularer Stickstoff in die Atmosphäre. Die Menge des gebundenen Stickstoffs sollte somit laufend abnehmen. Gewisse Pflanzen jedoch, z. B. die Leguminosen, vermögen aber mit Hilfe der an ihren Wurzeln lebenden Bakterien den Luftstickstoff zu assimilieren und so in einer Art Selbstregulierung den Stickstoffhaushalt der Biosphäre auszugleichen. Trotzdem ist in manchen Regionen das Angebot an Stickstoff nicht ausreichend, so daß das Pflanzenwachstum zurückbleibt.

Die örtliche Verarmung des Bodens an Stickstoffverbindungen muß deshalb künstlich durch Düngung behoben werden. Dies gilt auch für den Phosphor, ja sogar für das Kalium, so daß man diese drei biologisch besonders wichtigen Elemente dem Boden gleichzeitig zuführen muß.

Bei der Beurteilung der Giftigkeit von Elementen oder anorganischen Verbindungen muß man die folgenden Gesichtspunkte in Betracht ziehen:

Die Elemente sind nur in feiner Verteilung und dann giftig, wenn sie im Organismus reagieren können. Die gasförmigen Halogene sind einmal durch ihre große Affinität zu Wasserstoff schädlich, aber auch durch ihre Hydrolyse. Bekanntlich bilden sich bei der Hydrolyse Hypohalogenite, die stark oxydierend und zerstörend wirken. Von anderen flüchtigen Elementen sind vor allem das Hg, Se, As und Pb toxisch. Die flüchtigen Metalle sowie die wasserlöslichen Ionen derselben lähmen biokatalytische Vorgänge. Die Verbindungen der nichtmetallischen Elemente sind dann giftig, wenn sie in niedrigen Oxydationsstufen vorliegen, da allgemein die Stabilität dieser Verbindungen gering ist. Ein Beispiel dazu ist der Schwefelwasserstoff. Säurereste, wie das Sulfat, Nitrat, Phosphat, Carbonat usw. sind keine Gifte, da hier die Elemente in ihren höchsten Oxydationsstufen vorliegen und dementsprechend stabil sind. Sind sie dennoch schädlich, dann liegt das an ihren

Kationen. Die leicht reduzierbaren Selenate und Arsenate sind dagegen starke Gifte. Natrium- und Magnesiumsulfat sind verträglich, sie werden sogar oft als Laxativa angewandt. Demgegenüber sind Quecksilbersulfat und Zinksulfat wegen ihrer Kationen starke Gifte.

Gefährlich sind auch Verbindungen wie z. B. das Phosphortrichlorid, das mit Wasser die ätzende Salzsäure bildet. Kohlendioxid in kleinerer Konzentration (einige Zehntel Prozent), ist nicht giftig, es bildet sich ja auch in jedem tierischen Organismus. Dagegen sind das Kohlenmonoxid und das Dicyan starke Gifte.

Von den Metallen sind die Elemente der ersten 3 Perioden nicht giftig. Die Metalle mit höherer Ordnungszahl, d. h. Metalle der 4. bis 7. Periode bilden im allgemeinen stark giftige Kationen, wobei die Wirksamkeit nach höheren Perioden hin zunimmt. Betrachtet man einmal die Elemente Mg, Zn, Cd, Hg oder Al, Ga, In und Tl, dann nimmt die toxische Wirkung mit der Ordnungszahl stark zu, obwohl auch hier einige Ausnahmen, wie z. B. Sn und Bi, zu finden sind.

Das Calcium ist in unserem Organismus eine permanente Komponente, es ist ein sekundäres Element und spielt beim Aufbau unseres Knochengerüstes eine wichtige Rolle. Während Calciumchlorid oft als Heilmittel injiziert wird, ist Bariumchlorid bereits ein außerordentlich starkes Gift. Barium wirkt aber dann nicht giftig, wenn, wie im Falle von Bariumsulfat, die Substanz sich in Wasser nicht löst. Auf der anderen Seite wirken aber viele Verbindungen gerade eben dadurch giftig, daß sie mit den lebenswichtigen Bestandteilen der Organismen eine unlösliche Verbindung bilden. So werden z. B. Calciumionen aus der Gewebeflüssigkeit durch das Oxalation gefällt oder die Schwefelverbindungen durch Blei zersetzt. Die Säuren wirken entsprechend ihrer Stärke ätzend, jedoch können noch andere Effekte, wie z. B. bei der konzentrierten Schwefelsäure die Wasser entziehende Wirkung, bei der Salpetersäure die Oxydation und bei Fluorwasserstoff eine besondere Gewebevergiftung hinzukommen.

VI. Geochemisches Vorkommen und Häufigkeit der Elemente

Die Häufigkeit, mit der die Elemente auf unserer Erde vorkommen, variiert sehr stark. In Anbetracht dessen, daß unsere Erde nur ein Planet des Sonnensystems ist, und weil uns aus astronomischen Untersuchungen ziemlich ausführliche Daten über die Zusammensetzung der Himmelskörper vorliegen, lohnt es sich, neben der irdischen Häufigkeit das Vorkommen der Elemente auch im Weltall, die kosmische Häufigkeit, in Betracht zu ziehen. In Abbildung 14 ist der Logarithmus der

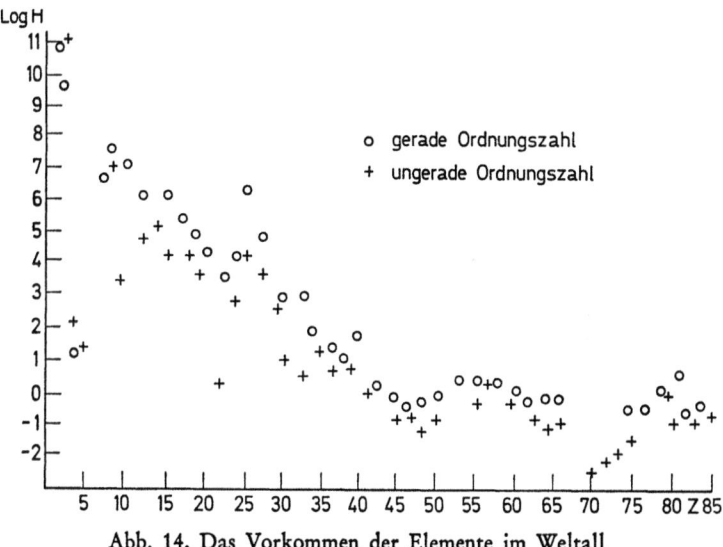

Abb. 14. Das Vorkommen der Elemente im Weltall

kosmischen Häufigkeit (bezogen auf Si = 10^6) gegen die Ordnungszahl aufgetragen. Man kann aus der Abbildung erkennen, daß die Elemente mit gerader Ordnungszahl auffallend häufiger sind als diejenigen mit ungerader Ordnungszahl (Oddo-Harkinsche Regel). Die Häufigkeit nimmt mit der Ordnungszahl bis etwa zum Rhodium stark ab, danach sind die Abweichungen geringer. Es fällt auf, daß vor allem das Eisen und die Elemente mit den Ordnungszahlen 28, 50 und 82 besonders häufig vertreten sind.

141

Tabelle 18. *Die irdische Häufigkeit der Elemente (in p. p. m.)*

O	466 000	Ge	7
Si	277 200	Be	6
Al	81 300	Sm	6,5
Fe	50 000	Gd	6,4
Ca	36 300	Pr	5,5
Na	28 300	Sc	5
K	25 900	As	5
Mg	20 900	Hf	4,5
Ti	4 400	Dy	4,5
H	1 400	U	4
P	1 180	B	3
Mn	1 000	Yb	2,7
S	520	Er	2,5
C	320	Ta	2,1
Cl	314	Br	1,6
Rb	310	Ho	1,2
F	300	Eu	1,1
Sr	300	Sb	1,0
Ba	250	Tb	0,9
Zr	220	Lu	0,8
Cr	200	Tl	0,6
V	150	Hg	0,5
Zn	132	I	0,3
Ni	80	Bi	0,2
Cu	70	Tm	0,2
W	69	Cd	0,15
Li	65	Ag	0,1
N	46	In	0,1
Ce	46	Se	0,09
Sn	40	Ar	0,04
Y	28	Pd	0,01
Nd	24	Pt	0,005
Nb	24	Au	0,005
Co	23	He	0,003
La	18	Te	0,002 ?
Pb	16	Rh	0,001
Ga	15	Re	0,001
Mo	15	Ir	0,001 ?
Th	12	Os	0,001
Cs	7	Ru	0,001 ?

Vergleicht man die irdische mit der kosmischen Häufigkeit der Elemente, so fällt auf, daß die seltensten Elemente auf der Erde gerade im Weltall in großen Mengen vorliegen. Dies gilt vor allem für den Wasserstoff und das Helium, deren Häufigkeit im Kosmos um vier bis fünf Größenordnungen größer ist als die des Eisens, während sie auf der Erde zu den seltenen Elementen gehören. Die Ursache ist, daß sich die Elemente im Kosmos gerade aus diesen Ur-Elementen durch Kernreaktionen aufbauen, während auf unserer Erde diese Phase bereits durchschritten ist.

Gibt man die Häufigkeit in Gewichtsprozenten an, so machen die ersten acht Elemente 99% der Erdrinde aus. Viele technisch wichtige

Elemente sind auffallend selten. Daß die technisch wichtigen Metalle dennoch in ausreichender Menge zur Verfügung stehen, ist dem Umstand zu danken, daß bei diesen Elementen eine gewisse Anhäufung zustande gekommen ist, wodurch die Ausbeutung erleichtert wird. Diese Metalle bilden eigene Erzlager aus, während die Mehrzahl der Elemente nur als Begleitelemente auftreten, in denen sie außerordentlich fein und gleichmäßig verteilt sind. Dadurch kann die technische Ausbeutung sehr erschwert werden.

Bei der Entstehung der Erdrinde haben sich gewisse Elemente vergesellschaftet. Eine anschauliche Darstellung der geochemischen Gruppen der Elemente, die Darstellung der geochemischen Eigenschaften der Elemente ist im Periodensystem nicht immer eindeutig durchzuführen. Die Ursache liegt u. a. auch darin, daß das neutrale Atom bzw. die Ionen verschiedener Oxydationsstufen desselben Elementes in ihrem geochemischen Charakter abweichen können. So ist das metallische Kobalt siderophil, das Co^{2+} calcophil, während das Co^{3+} lithophil ist.

Will man die Elemente gemäß ihren geochemischen Eigenschaften in Gruppen einteilen, so ist wohl das naheliegendste, sie nach ihrem gemeinsamen Vorkommen in den verschiedenen Geophasen zu ordnen.

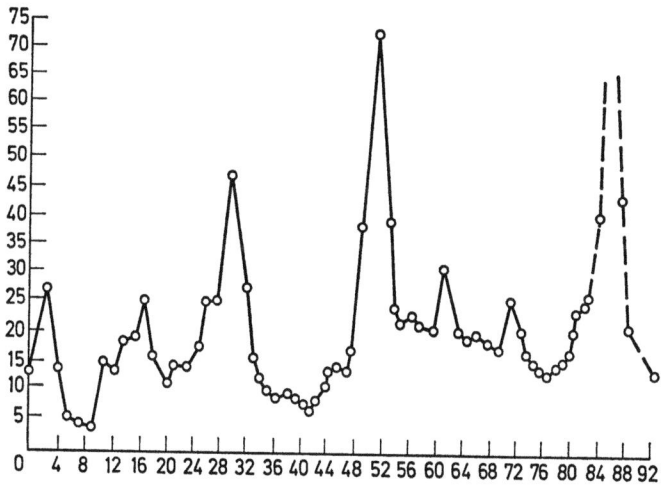

Abb. 15. Atomvolumen als periodische Funktion

Daneben hat aber schon GOLDSCHMIDT darauf hingewiesen, daß die Zugehörigkeit verschiedener Elemente zu einer geochemischen Gruppe auf eine gewisse Verwandtschaft in der Elektronenstruktur hinweist. Die geochemische Gruppierung kann auch mit dem Atomvolumen in Zusammenhang gebracht werden. In Abbildung 15 ist das Atomvolumen gegenüber der Ordnungszahl aufgetragen, es resultiert eine periodisch verlaufende Kurve.

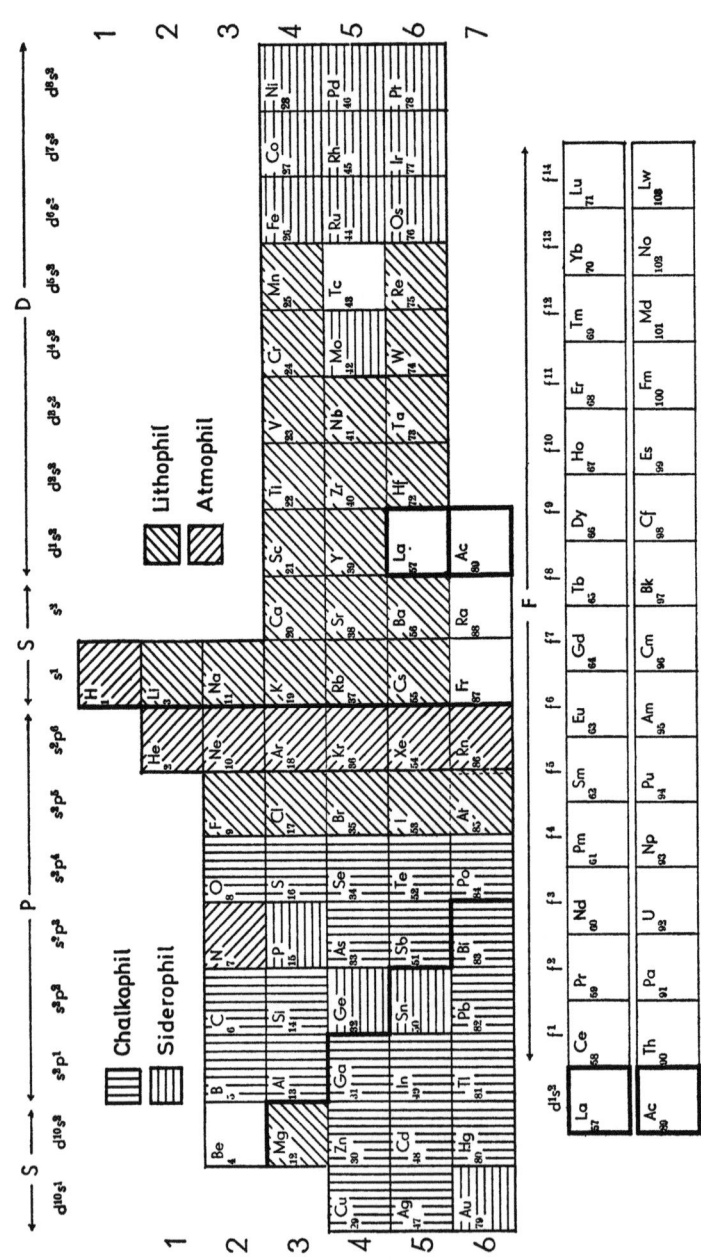

Tabelle 19. *Geochemische Bedeutung der Elemente*

Die geochemischen Familien der Elemente gruppieren sich auf gewissen Abschnitten dieser periodischen Kurve. Die lithophilen Elemente sind auf den Maxima bzw. auf den absteigenden Teilen der Kurve zu finden, die calcophilen Elemente sitzen auf den aufsteigenden Zweigen der Kurve, während die siderophilen Elemente, entsprechend ihrem kleinen Atomvolumen, in den Minima liegen. GOLDSCHMIDT unterscheidet zwischen siderophilen, calcophilen, lithophilen und atmophilen Elementen (Tabelle 19).

VII. Allgemeine Methoden zur Darstellung von Elementen und anorganischen Verbindungen

1. Allgemeine Bemerkungen

Bei der Darstellung von Elementen und Verbindungen ist es in den meisten Fällen nötig, noch vor dem eigentlichen chemischen Prozeß die Ausgangssubstanz von anderen Begleitstoffen zu trennen. Diese Trennung kann in vielen Fällen durch physikalische Methoden geschehen, aber auch chemische Prozesse werden in diese Trennungsverfahren eingeschaltet.

Von den physikalischen Trennungsmethoden im Labor ist vor allem die Lösungsmittelextraktion zu erwähnen. Mit diesem Verfahren ist es möglich, Substanzen zu trennen, wenn sich die Löslichkeit der Verbindungen in zwei miteinander nicht mischbaren Flüssigkeiten wesentlich unterscheidet, d. h. wenn der Verteilungskoeffizient möglichst groß ist. Bekanntlich löst sich Jod in Tetrachlorkohlenstoff etwa 84mal besser als in Wasser. Diese Tatsache kann zur Extraktion des Jods aus anderen Bestandteilen herangezogen werden. Dies geschieht am besten dadurch, daß die jodhaltige wäßrige Lösung mit Tetrachlorkohlenstoff geschüttelt wird.

Lösungsmittelsysteme, die man zur Extraktion von Stoffen heranziehen kann, sind Systeme wie Wasser/CCl_4, Wasser/CS_2, Wasser/Benzol usw., aber auch z. B. die Schmelze von Zink/Blei. Dieses System dient bei 420 °C zur Extraktion des Silbers bzw. zur Abtrennung anderer Begleitsubstanzen (Parkes-Verfahren). Es beruht darauf, daß sich das Silber in Zink viel besser löst als in flüssigem Blei. Selbst wenn das Silber in der Bleischmelze nur in ganz geringer Konzentration vorliegt, genügt ein Zusatz von 2—3% Zink, um das Silber in der Zinkphase zu sammeln. Das Silber wird hierbei auf ein kleines Volumen konzentriert und kann nun vom Zink durch Destillation getrennt werden.

Häufig werden auch Kunstharz-Ionenaustauscher zur Trennung, zur Anreicherung bzw. zur Entfernung von Verunreinigungen herangezogen. Mit ihrer Hilfe läßt sich salzfreies, „destilliertes" Wasser schneller und billiger herstellen als durch Destillation. Das natürliche Wasser wird zunächst über einen sauren Kationen-Austauscher geführt, wo die Wasserstoffionen des organischen Harzes gemäß der Gleichung

$$MA + HR = HA + MR$$

gegen Kationen ausgetauscht werden und dann über einen basischen Anionenaustauscher, wodurch nun die Anionen gemäß

$$HA + R'OH = H_2O + R'A$$

aus dem Wasser entfernt werden.

Ein im technologischen Maßstab verwendetes physikalisches Trennverfahren ist die Flotation. Dieses Verfahren wird besonders bei der Aufbereitung von Erzen angewandt, um das Erz vom tauben Gestein und anderen beigemengten Mineralien zu trennen. Sind die Erze auf physikalischem Wege weder durch ihre unterschiedlichen spezifischen Gewichte (Goldwäsche aus Flußsand) noch durch magnetische Separation (im Falle von Eisenerzen) zu trennen, so führt oft nur die Flotation zum Ziel. Mit diesem Verfahren wird beispielsweise die Zinkblende von Eisenspat und Baryt getrennt, die annähernd das gleiche spezifische Gewicht besitzen. Das Verfahren beruht auf der unterschiedlichen Benetzbarkeit der Mineralien durch Wasser und Kohlenwasserstoffe (Benzin und andere Mineralöle). Das Erz wird zunächst sehr fein vermahlen und anschließend mit Wasser, Mineralölen und geeigneten Chemikalien innig vermengt. Die durch Wasser schwer benetzbaren Mineralien werden mit einer Ölschicht bedeckt, deren kleineres spezifisches Gewicht das größere des Minerals ausgleicht und so die benetzten Teilchen nicht absinken läßt, während das taube Gestein, die Gangart, in der Trübe bleibt. Das Flotationsverfahren kann noch durch Schaumbildner wirksamer gestaltet werden.

Gewisse, technisch sehr wichtige Eisenerze sind magnetisch oder magnetisierbar. Die magnetische Separation besteht darin, daß das gemahlene Erz-Konglomerat auf ein Fließband gebracht wird, das über einen magnetischen Zylinder läuft. Während die nicht magnetisierbaren mineralischen Bestandteile infolge der Zentrifugalkraft weggeschleudert werden, bleiben die magnetisierbaren Teilchen auf dem Band haften und sondern sich so von der Gangart ab.

2. Die Darstellung der Elemente

Die Edelgase sowie die 6 Elemente O_2, N_2, C, S, Au und Pt kommen in der Natur im elementaren Zustand in einer so großen Menge vor, daß es zu ihrer Darstellung nur physikalischer Trennverfahren bedarf. Im Falle der beiden Hauptbestandteile der Luft, Stickstoff und Sauerstoff, sowie der Edelgase, wendet man entweder die fraktionierte Destillation oder fraktionierte Kondensation an. Mit diesen Verfahren erzielt man bereits sehr gute Trennwirkungen, sie können jedoch noch verbessert werden, wenn man auch gleichzeitig von der selektiven Adsorption Gebrauch macht.

Der gediegene Schwefel wird auf Sizilien durch Schmelzen bzw. Destillation von den erdigen Begleitstoffen getrennt. In Amerika wird der Schwefel in unterirdischen Lagerstätten durch überhitzten Wasserdampf geschmolzen und durch heiße Preßluft flüssig zutage gefördert (Frasch-Verfahren).

Der Diamant kommt in der Natur sowohl auf primärer (blue ground) als auch sekundärer Lagerstätte vor. Der Graphit findet sich vor allen Dingen in Ceylon, in Ostsibirien und in den magmatischen Gesteinen der USA. Heute werden beide Modifikationen, insbesondere der Graphit, großindustriell hergestellt. Bei der Graphitdarstellung geht man so vor, daß man Kokspulver, mikrokristallinen Kohlenstoff, mit Sand im elektrischen Ofen auf Temperaturen über 2500 °C erhitzt. Zur Darstellung des Diamanten genügen nicht nur hohe Temperaturen, zu seiner Darstellung sind auch hohe Drucke notwendig. Bei der Goldgewinnung wird zunächst die höhere Dichte des Goldes gegenüber den Begleitmineralien ausgenützt, wobei gelegentlich dieser Vorgang mit Flotationsverfahren kombiniert wird. An diese Verfahren schließen sich dann das Amalgamationsverfahren (Quecksilberverfahren) bzw. die Cyanid-Laugerei an. Das Quecksilber bildet mit dem Gold Amalgam, aus dem dann das Gold durch Abdestillieren des Quecksilbers rein erhalten werden kann. Das wichtigste Verfahren der Goldgewinnung ist die Cyanid-Laugerei, in der mittels Cyanid gemäß der Gleichung

$$2 \, Au + 4 \, NaCN + H_2O + 1/2 \, O_2 = 2 \, Na[Au(CN)_2] + 2 \, NaOH$$

das Gold in Form von $Na[Au(CN)_2]$ isoliert wird. Platin kommt in der Natur in Begleitung anderer Platinmetalle in Form kleiner Metallkörnchen vor und wird auf mechanischem Wege abgesondert.

Die überwiegende Mehrzahl der Elemente kommt aber in der Natur nicht gediegen, sondern in Form ihrer Verbindungen vor. Die Elemente besitzen dabei in ihren Verbindungen entweder eine positive (Metalle) oder negative (Halogene) Oxydationszahl. Dementsprechend erfolgt die Umwandlung in den elementaren Zustand immer durch Reduktion bzw. Oxydation.

Die Halogene treten hauptsächlich in Form ihrer Halogenide auf; aus ihnen werden sie auch durch Oxydation dargestellt.

Viele Ausgangssubstanzen für die Darstellung der Elemente können nur in Form ihrer Oxide weiterverarbeitet werden. So werden die sulfidischen Erze im Luftstrom erhitzt und so in das Oxid umgewandelt (Röstverfahren). Aus den Carbonaten erhält man die Oxide einfach durch Erhitzen. Beim Phosphor wird das Oxid P_4O_{10} durch das weniger flüchtige Säureanhydrid SiO_2 gemäß der Gleichung:

$$Ca_3(PO_4)_2 + 3 \, SiO_2 = P_2O_5 + 3 \, CaSiO_3$$

aus dem Phosphat in Freiheit gesetzt; anschließend wird es durch Kohle reduziert.

Die Oxide oder Salze der elektropositivsten Elemente, die zur Carbid- bzw. Nitridbildung fähig sind, werden mittels Schmelzflußelektrolyse reduziert. Es handelt sich dabei um die Metalle Li, Na, K, Mg, Ca,

Ti, In, Sc, Y. Gewöhnlich werden die wasserfreien Metallchloride dieser Metalle für die Elektrolyse herangezogen. Um die Schmelztemperaturen herabzusetzen, fügt man Calciumfluorid hinzu, oder man löst, wie z. B. bei der Aluminiumelektrolyse, das Al_2O_3 in geschmolzenem Kryolith, $Na_3[AlF_6]$. Bei den Alkalimetallen können auch die entsprechenden Hydroxide sowie die wäßrigen Lösungen ihrer Salze elektrolysiert werden (Na, Ba); bevorzugt ist dabei die Kathode aus Quecksilber, in dem sich die Metalle unter Amalgambildung lösen.

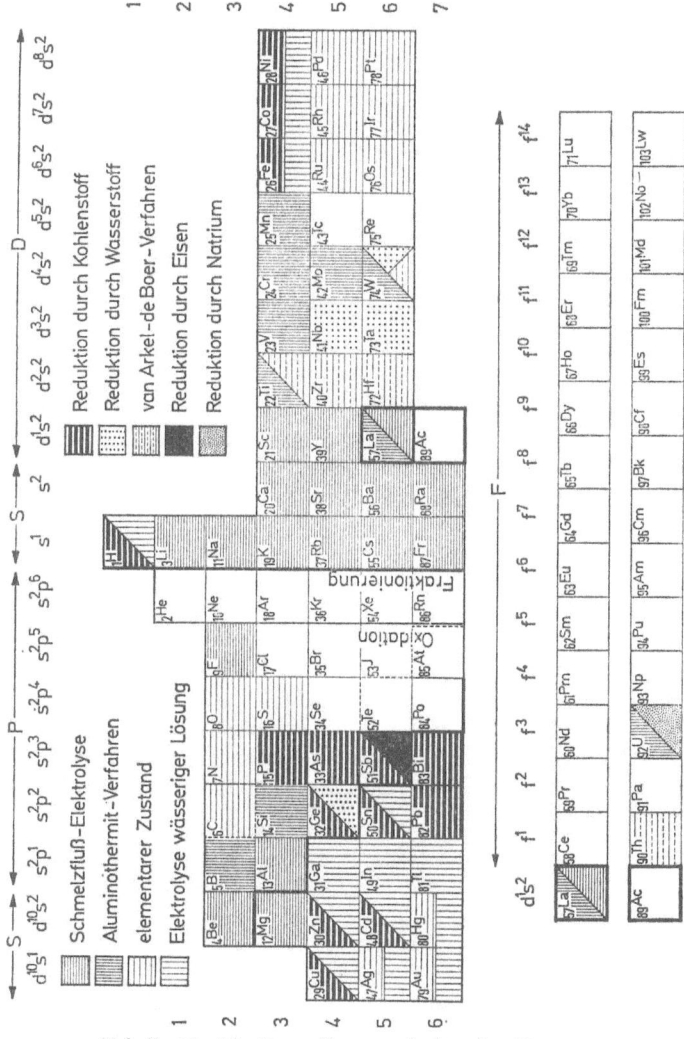

Tabelle 20. *Die Darstellungsmethoden der Elemente*

Nach dem Abdestillieren des Quecksilbers bleibt das reine Metall zurück.

Die Elektrolyse aus wäßrigen Lösungen wird meistens nur zur Darstellung von hochreinen Metallen, zur Raffination des schon verhütteten Metalls angewendet. Die zur Carbid- bzw. Nitridbildung neigenden Metalle können aus ihren Oxiden bei gleichzeitiger Verhüttung von Eisen durch Kohle reduziert werden. Es entstehen dabei Eisenlegierungen von Ti, V, Cr, Mo, W und Mn, die dann bei der Herstellung von Edelstählen weiter verwandt werden.

Manche Elemente werden auch durch Zersetzungsreaktionen dargestellt (O_2, N_2, As, Sb, Pt-Metalle). So zerfallen z. B. Metallcarbonyle in die Metalle und CO; auf diesem Wege wird z. B. aus $Ni(CO)_4$ oder $Fe(CO)_5$ sehr reines Nickel bzw. Eisen gewonnen. Ein spezielles Verfahren ist das van Arkel-de Boer-Verfahren, das auf der Zersetzung der Jodide der Übergangsmetalle bei hohen Temperaturen beruht. So zerfallen die Jodide von Ti, Cr, Hf, Th, W usw. am glühenden (1000 °C) Platinfaden in die Elemente, wobei das Metall Einkristalle ausbildet. Das frei gewordene Jod reagiert nun erneut mit dem pulverisierten Metall (500—600 °C) und nimmt somit kontinuierlich an dem Prozeß teil. Tabelle 20 gibt einen Überblick über die Darstellungsmethoden der Elemente.

3. Verfahren zur Darstellung von Verbindungen

Die Darstellung von Verbindungen ist auf den verschiedenartigsten Wegen möglich, so daß eine Schematisierung sehr schwerfällt. In der Praxis wird wohl immer eine der folgenden 7 Darstellungsweisen zum Erfolg führen.

I. Ist die Darstellung einer Verbindung aus ihren Komponenten direkt möglich, so kann der Reaktionsverlauf, der von der Größe der Affinität der Reaktionspartner untereinander abhängt, sehr verschieden sein.

1. Bei exothermen Vorgängen, die von selbst ablaufen, oder die lediglich eines geringen Anstoßes bedürfen (z. B. durch Erwärmen), genügt meistens die frei werdende Reaktionswärme, um die Reaktion aufrechtzuerhalten. Solche Reaktionen spielen sich zwischen Wasserstoff und den Halogenen bzw. zwischen Wasserstoff und den Elementen der Sauerstoffgruppe ab.

Salzsäure-Herstellung
$$H_2 + F_2 = 2\,HF$$
$$H_2 + Cl_2 = 2\,HCl$$

Herstellung von H_2S
$$2\,H_2 + O_2 = 2\,H_2O$$
$$H_2 + S = H_2S$$

Die Vereinigung von Sauerstoff bzw. der Halogene mit den meisten anderen Elementen unter Bildung von Oxid bzw. Halogenid sind chemische Umsetzungen, die sich selbst erhalten.

Darstellung von SO_2 $S + O_2 = SO_2$
„   „ SF_6 $S + 3 F_2 = SF_6$ (bei
„   „ P_4O_6 $4 P + 3 O_2 = P_4O_6$ vermindertem
„   „ P_4O_{10} $4 P + 5 O_2 = P_4O_{10}$ Druck)
„   „ CO_2 $C + O_2 = CO_2$
„   „ As_4O_6 $4 As + 3 O_2 = As_4O_6$
„   „ $AsCl_3$ $2 As + 3 Cl_2 = 2 AsCl_3$
„   „ Sb_4O_6 $4 Sb + 3 O_2 = Sb_4O_6$
„   „ $SnCl_2$ $Sn + Cl_2 = SnCl_2$
„   „ $FeCl_3$ $2 Fe + 3 Cl_2 = 2 FeCl_3$
„   „ NaH $Na + \frac{1}{2} H_2 = NaH$
„   „ Na_2O_2 $2 Na + O_2 = Na_2O_2$
„   „ FeS $Fe + S = FeS$
„   „ $Ni(CO)_4$ $Ni + 4 CO = Ni(CO)_4$

Manchmal allerdings verläuft die Reaktion nur bei so hohen Temperaturen, daß die Reduktionsprodukte infolge ihrer thermischen Instabilität zerfallen. In solchen Fällen

2. verwendet man entweder Katalysatoren, wie z. B. bei der Synthese des Ammoniaks aus Stickstoff und Wasserstoff

$$N_2 + 3 H_2 = 2 NH_3, \quad \text{oder}$$

3. man sorgt dafür, daß einer der Reaktionspartner in atomarem Zustand vorliegt. Die Reaktionsfähigkeit ist dann bedeutend größer, und der Vorgang kann dann unter Bedingungen ablaufen, bei denen die Endprodukte noch stabil sind. Ein solcher Fall ist die Bildung des Ozons aus Sauerstoff durch Einwirkung von stillen elektrischen Entladungen:

$$O + O_2 = O_3 \quad \text{(Siemens-Ozonisator).}$$

Endotherme Verbindungen können ebenfalls auf diese Weise dargestellt werden, oder

4. man gewinnt sie bei hohen Temperaturen und schreckt das Reaktionsgemisch durch plötzliche Abkühlung auf eine so niedrige Temperatur ab, daß die Zerfallsgeschwindigkeit der Komponenten vernachlässigbar klein ist. Die Gleichgewichte sind dann eingefroren. Folgende Verbindungen können so dargestellt werden:

Darstellung von NO $N_2 + O_2 = 2 NO$
„   „ $(CN)_2$ $2 C + N_2 = (CN)_2$
„   „ CaC_2 $CaO + 3 C = CaC_2 + CO$
     (im elektrischen Lichtbogen-Ofen)

II. Manche Verbindungen werden aus komplizierteren durch partielle Zersetzung dargestellt. Hierfür können folgende Beispiele angeführt werden:

Darstellung von H_3N $H_4NOH = H_3N + H_2O$
"   " N_2O $H_4NNO_3 = 2 H_2O + N_2O$
"   " CaO $CaCO_3 = CaO + CO_2$
"   " $(CN)_2$ $Hg(CN)_2 = Hg + (CN)_2$
"   " CO $HCOOH = H_2O + CO$

(in Gegenwart eines Katalysators oder eines wasserentziehenden Mittels)

Die Metalloxide, mit Ausnahme die der stark elektropositiven ($x < 1{,}0$) Metalle, können durch Erhitzen ihrer Hydroxide, Carbonate, Nitrate und aus ihren Salzen organischer Säuren dargestellt werden.

III. Doppelte Umsetzungen des untenstehenden Schemas spielen bei der Darstellung anorganischer Verbindungen eine große Rolle:

$$AB + CD = AD + CB,$$

wobei A, B, C und D nicht nur Atome oder Ionen symbolisieren sollen, sondern auch zusammengesetzte Radikale. Der Vorgang ist prinzipiell umkehrbar. Bei den doppelten Umsetzungen kann man abhängig vom Charakter der Reaktionsprodukte drei Typen unterscheiden.

1. Eines der Reaktionsprodukte ist flüchtig und entweicht aus dem Reaktionsgemisch, dadurch verschiebt sich das Gleichgewicht nach rechts:

Darstellung von H_2F_2 $CaF_2 + H_2SO_4 = CaSO_4 + H_2F_2$
"   " HCl $NaCl + H_2SO_4 = NaHSO_4 + HCl$
"   " $NaNO_2$ $Na_2CO_3 + N_2O_3 = 2 NaNO_2 + CO_2$
"   " H_2S $FeS + 2 HCl = FeCl_2 + H_2S$
"   " B_2H_6 $Mg_3B_2 + 6 HCl = 3 MgCl_2 + B_2H_6$
"   " SiF_4 $SiO_2 + 4 HF = 2 H_2O + SiF_4$

Darst. von BF_3 $B_2O_3 + 3 CaF_2 + 3 H_2SO_4 = 2 BF_3 + 3 CaSO_4 + 3 H_2O$

2. Auch die Neutralisation einer Säure und Base ist eine doppelte Umsetzung, bei der sich Salz und Wasser bildet:

Darstellung von Na_3PO_4 $3 NaOH + H_3PO_4 = Na_3PO_4 + 3 H_2O$.

3. Ist eines der Reaktionsprodukte eine schwerlösliche Verbindung, so scheidet sie aus dem Gleichgewicht aus, womit sie die Lage des Gleichgewichts nach rechts verschiebt und somit gleichzeitig die Trennung der Produkte voneinander ermöglicht. Dies ist die Grundlage für die technologische Verwertung reziproker Salzpaare.

Darstellung von As_2S_3 $As_2O_3 + 3 H_2S = As_2S_3 + 3 H_2O$
"   " $AgCl$ $AgNO_3 + HCl = AgCl + HNO_3$
"   " $NaHCO_3$ $NH_4HCO_3 + NaCl = NaHCO_3 + NH_4Cl$

(reziprokes Salzpaar
ohne Umwandlungspunkt)

Darstellung von Na$_2$SO$_4$ MgSO$_4$ + 2 NaCl = Na$_2$SO$_4$ + MgCl$_2$
(reziprokes Salzpaar
mit einem Umwandlungspunkt)

„   „   KNO$_3$ NaNO$_3$ + KCl = NaCl + KNO$_3$
(reziprokes Salzpaar
mit zwei Umwandlungspunkten)

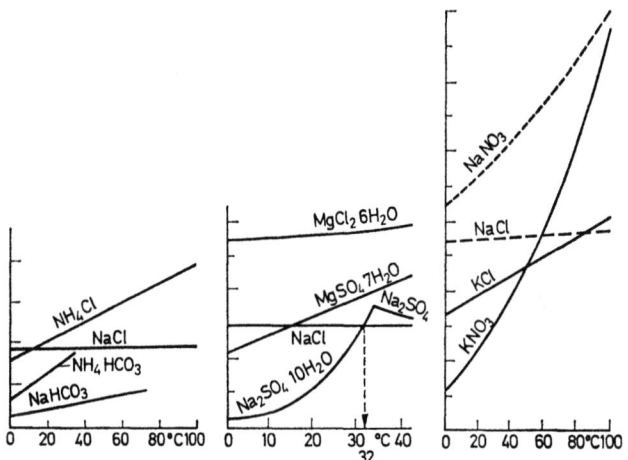

Abb. 16. Drei Fälle der reziproken Salzpaare

IV. Einen Sonderfall der doppelten Umsetzungen stellt die Hydrolyse dar, bei der das Lösungsmittel, das Wasser, als Reaktionspartner auftritt.

$$MX_n + HOH \rightleftarrows MOHX_{n-1} + HX$$

Diese Reaktion ist umkehrbar, sie verläuft in entgegengesetzter Richtung als Neutralisation. Auf diese Weise können aus Salzen Oxide, basische Salze oder, wenn anstatt Wasser Wasserstoffperoxid verwendet wird (Perhydrolyse), die Peroxiverbindungen dargestellt werden:

Darstellung von POCl   PCl$_3$ + H$_2$O = POCl + 2 HCl
„   „   BiOCl   BiCl$_3$ + H$_2$O = BiOCl + 2 HCL
„   „   HBr   PBr$_3$ + 3 H$_2$O = H$_3$PHO$_3$ + 3 HBr
„   Carosche-Säure   H$_2$S$_2$O$_8$ + H$_2$O = H$_2$SO$_5$ + H$_2$SO$_4$
„   „   „   HSO$_3$Cl + H$_2$O$_2$ = H$_2$SO$_5$ + HCl
„   von H$_2$O$_2$ H$_2$SO$_5$ + H$_2$O = H$_2$SO$_4$ + H$_2$O$_2$

V. Viele Darstellungsverfahren sind Redoxvorgänge; da bei einer Oxydation die zu oxydierende Verbindung Elektronen abgibt, sind stark elektronenaffine Substanzen Oxydationsmittel. Im Labor dienen dazu die Halogene (Cl$_2$, I$_2$, die oxydierenden Säuren HNO$_3$, HIO$_4$

usw.), die Verbindungen von Metallen höherer Oxydationsstufe (MnO_2, $KMnO_4$), aber auch die anodische Oxydation ist dafür geeignet.

Darstellung von

HIO_3	$^3/_2 I_2$	$+ 5 HNO_3$	$= 3 HIO_3$	$+ 5 NO + H_2O$	
HIO_3	I_2	$+ 5 Cl_2 + 6 H_2O$	$= 2 HIO_3$	$+ 10 HCl$	
$KClO_3$	KCl	$+ 3 H_2O + 6 F^*$	$= KClO_3$	$+ 3 H_2$	
$KClO_4$	$KClO_3$	$+ H_2O + 2 F^*$	$= KClO_4$	$+ H_2$	
SO_3	SO_2	$+ ^1/_2 O_2$	$= SO_3$	(Katalysator V_2O_5)	
NO	NH_3	$+ O_2$	$\rightarrow NO + H_2O$	(Katalysator Pt)	
CrO_3	$2 FeCr_2O_4 + 3^1/_2 O_2$		$= Fe_2O_3$	$+ 4 CrO_3$	

VI. Zur Reduktion eignen sich Elemente oder Verbindungen mit geringer Elektronen-Affinität, oder man reduziert die Substanzen an der Kathode.

Darstellung von	CO	CO_2	$+ C$	$= 2 CO$
"	"	Na_2S	$Na_2SO_4 + 4 C$	$= Na_2S + 4 CO$
"	"	$TiCl_3$	$2 TiCl_4 + Zn$	$= 2 TiCl_3 + ZnCl_2$
"	"	$CrSO_4$	$Cr_2(SO_4)_3 + Zn$	$= 2 CrSO_4 + ZnSO_4$
"	"	$CrSO_4$	$Cr_2(SO_4)_3 + 2 H + 2 F^*$	$= 2 CrSO_4 + H_2SO_4$
"	"	NO	$HNO_2 + HI$	$= H_2O + NO + ^1/_2 I_2$

Hierher gehört auch die Reduktion mit atomarem Wasserstoff, also Wasserstoff in statu nascendi, die bei Produkten herangezogen wird, die thermisch nicht stabil sind.

Darstellung von	AsH_3	$As + 3 H$	$= AsH_3$
"	"	SbH_3	$Sb_2O_3 + 12 H = 2 SbH_3 + 3 H_2O$

VII. Eine Reduktion ist immer an eine Oxydation gekoppelt, und umgekehrt gilt dies auch für die Oxydation. Unter V. und VI. haben wir die Vorgänge jeweils vom Standpunkt des gewünschten Reaktionsproduktes aus betrachtet und so nur von einer Oxydation bzw. Reduktion gesprochen. Es gibt jedoch auch Fälle, bei denen sowohl ein Oxydations- als auch Reduktionsmittel auf ein drittes Ausgangsprodukt einwirken. Bei der Darstellung wasserfreier Metallchloride beispielsweise werden Metalloxide zunächst durch Kohle reduziert und dann sofort chloriert. In diesem Falle wird das Metalloxid mit Kohle vermischt und im Chlorstrom erhitzt.

---

* $F = 1$ Faraday $= 96\ 494$ Coulomb.

Darstellung von $AlCl_3$ $Al_2O_3 + 3\,C + 3\,Cl_2 = 2\,AlCl_3 + 3\,CO$
„   „ BCl_3 $B_2O_3 + 3\,C + 3\,Cl_2 = 2\,BCl_3 + 3\,CO$

Auch bei der Elektrolyse, z. B. der des Kochsalzes, wirken ja die Kathode reduzierend bzw. die Anode oxydierend.

Darstellung von NaOH
$$NaCl + H_2O + F = NaOH + \tfrac{1}{2}\,Cl_2 + \tfrac{1}{2}\,H_2$$

Auch das Auflösen von Metallen in Säuren ist ein Redoxvorgang. Dieser Vorgang vollzieht sich bei allen Metallen, die positiver sind als der Wasserstoff.

Darstellung von $ZnCl_2$ $Zn + 2\,HCl = ZnCl_2 + H_2$
„   „ $FeSO_4$ $Fe + H_2SO_4 = FeSO_4 + H_2$

VIII. Die praktische Verwendung von Elementen und anorganischen Verbindungen

Die Bedeutung der anorganischen Chemie für die Praxis besteht einmal darin, daß sie durch die Darstellung der Elemente bzw. Verbindungen die Grundstoffe für viele technische Prozesse liefert. Darüber hinaus finden sehr viele anorganische Verbindungen selbst in der Praxis mannigfaltige Verwendung. Die Verwendungsmöglichkeiten für die anorganischen Substanzen sind so zahlreich, daß in den folgenden Abschnitten nur in groben Zügen darauf eingegangen wird. Es ist zweckmäßig, die Verwendung der Elemente und der Verbindungen getrennt zu behandeln.

1. Elemente

Man kann die Elemente danach einteilen, ob sie sich bei ihrer Verwendung verändern oder nicht. So benutzt man den Wasserstoff infolge seiner großen Wärmeleitfähigkeit zur Kühlung von Atomreaktoren, großer elektrischer Aggregate, den Diamant als Edelstein und für Schleif- und Bohrwerkzeuge, den Graphit als Elektroden- und Gefäßmaterial, ferner zum Schmieren von Reibungsoberflächen, das Germanium wird als Halbleiter geschätzt. In weit größerem Maßstab kommen jedoch die Elemente als Reaktionspartner bei chemischen Reaktionen zur Anwendung. So wird eine große Menge von Wasserstoff bei der Ammoniak-Synthese und bei der katalytischen Fetthydrierung verbraucht. Der Sauerstoff findet in der Stahlindustrie, er wird in die Hochöfen eingeblasen, und beim Schweißen Verwendung; er ist in Verbindung mit Holzkohle oder anderen Stoffen (Sägemehl) ein billiger Sprengstoff. Selbst in der Medizin (Bekämpfung von Atemnot) erfüllt er eine wichtige Funktion.

Chlor und Jod sind häufig angewandte Desinfektionsmittel (Chlorierung des Leitungswassers). Auch das Ozon, das ein sehr kräftiges Oxydationsmittel ist, ist für die Desinfizierung des Trinkwassers gut geeignet. Wichtig ist das Chlor auch für die Chlorkalk-Fabrikation $[Cl_2 + Ca(OH)_2 = CaCl(OCl) + H_2O]$ bzw. für die Darstellung anderer Hypohalogenite und die Chlorierung organischer Substanzen (Chloressigsäure, Tetrachlorkohlenstoff, Trichloräthylen). Auch um Zinn aus Weißblechabfällen zurückzugewinnen, wird Chlor in großem Maße benötigt. Das Brom dient zur Bromierung organischer Verbindungen und zur Darstellung des lichtempfindlichen Silberbromids, das die Grundsubstanz der photographischen Industrie darstellt. Jod ist der Grundstoff für zahlreiche Arzneimittel. Auch der elementare Schwefel ist ein Grundstoff für die pharmazeutische Industrie; er findet Verwendung in der Schwefelsäurefabrikation und bei der Vulkanisierung des Rohkautschuks. Der Bedarf an Schwefel ist so groß, daß die Weltproduktion oft unzureichend ist. Der Stickstoff ist ebenfalls ein wichtiger Grundstoff, z. B. für die Ammoniak-Industrie, er ist ferner wichtig für die Produktion von Kalk-Stickstoff ($CaCN_2$). Der Phosphor in seiner roten Modifikation begegnet uns täglich in den Zündhölzern.

Als Reduktionsmittel im Laboratorium werden außer Wasserstoff noch Natrium, Magnesium, Aluminium, Zink und Zinn herangezogen. In der Industrie werden die Reduktionen entweder mit Wasserstoff oder Kohle bzw. beim Aluminothermischen-Verfahren mit Aluminium durchgeführt.

Obwohl die Kunststoffe immer größere Bedeutung erlangen, sind die Metalle immer noch die wichtigsten Bau- und Konstruktionsstoffe. Die Metalle finden jedoch nur selten in völlig reinem Zustand, wie z. B. das Blei als Wasserleitungsrohr, Verwendung, sondern sie sind in den überwiegenden Fällen legiert. Völlig reines Eisen wäre genauso wie reines Aluminium nur beschränkt anwendbar, und auch Schmuckgegenstände aus Silber und Gold enthalten Kupfer oder andere Metalle. Primär ist zwar oft die Herstellung sehr reiner Metalle für die Legierungen notwendig, wie z. B. im Falle von Cu, Al, W (elektrische Leitungen, Glühlampen), jedoch nur, um gezielt und definiert andere Legierungskomponenten zusetzen zu können. So kann man beispielsweise die mechanische Festigkeit von Reinaluminium vergrößern, ohne daß seine elektrische Leitfähigkeit dabei wesentlich vermindert wird. Ähnliches gilt auch für Kupfer, dessen Leitfähigkeit durch Zugabe von Beryllium noch vergrößert werden kann.

Das Eisen ist auch heute noch das wichtigste Metall; die billigsten Stahlsorten enthalten Kohlenstoff, gegebenenfalls auch etwas Mangan. In den Edelstählen ist das Eisen je nach dem Verwendungszweck mit V, Cr, Mo, W, Ni oder mit mehreren dieser Elemente legiert. Die wichtigsten Legierungen des Kupfers sind die Bronze (Zinn) und das Messing (Zink). Zinn und Blei sind niedrig schmelzende Metalle, ihre mechanische Festigkeit ist aber gering, so daß sie mit Antimon, Wismut, Arsen, manchmal auch mit Alkali- bzw. Erdalkalimetallen legiert werden (Letternmetall, Lagermetall, Bahnmetall).

Nach dem Eisen ist wohl Aluminium das bedeutendste Gebrauchsmetall. Seine Legierungen, hauptsächlich mit leichten Metallen — größtenteils mit Magnesium —, besitzen eine um Größenordnungen höhere mechanische Festigkeit als das Reinaluminium selbst, ohne daß sie ihre geringe spezifische Dichte dabei einbüßen. Ebenfalls wichtige Hauptbestandteile für Legierungen sind das Magnesium und neuerdings das Titan. Eine Deckschicht aus Chrom, Kobalt, Nickel, Zink oder Zinn schützt Eisengegenstände vor Korrosion. Diese Schutzschicht wird entweder durch Eintauchen des Eisens in die Schmelze dieser Metalle oder durch elektrolytische Abscheidung dieser Elemente erzeugt. Widerstandsfähig gegen starke chemische Angriffe sind manche Edelstähle, wie Ni-Cr-Stähle (V2A-Stahl) und siliciumhaltige Legierungen (Ferrosilicium).

Der mikrokristalline Graphit, gewöhnlich Aktivkohle genannt, ferner der Ruß finden wegen ihrer großen spezifischen Oberfläche als Adsorptionsmaterialien bzw. als Farbstoffe technische Verwendung.

Das Quecksilber kann man in sehr reinem Zustand erhalten, es wird für verschiedene wissenschaftliche Zwecke (Thermometer usw.) benutzt. Man findet es in Quecksilberlampen und als Elektrodenmaterial, und auch beim Amalgamations-Verfahren hat es Bedeutung erlangt.

Nickel, Palladium und Platin können in metallischem Zustand als Katalysatoren wirken.

2. Verbindungen

Säuren, wie HF, HCl, H_2SO_4, HNO_3, H_3PO_4 usw., dienen hauptsächlich als Ausgangstoffe für die entsprechenden Salze; sie vermögen ferner viele Elemente und Verbindungen aufzulösen. Mit Fluorwasserstoff läßt sich Glas ätzen, und außerdem dient HF als spezielles Desinfektionsmittel z. B. zur Vernichtung wilder Heferassen. Schwefeldioxid, das sich bei der Verbrennung von Schwefel bzw. beim Rösten von sulfidischen Erzen bildet, ist für die Schwefelsäureproduktion und für die Herstellung von Cellulose (Sulfit-Cellulose) unentbehrlich. Gebraucht wird es auch in Kältemaschinen und als Desinfektions- und Bleichmittel. Eine außerordentlich große Menge von Schwefelsäure wird zur Darstellung von Superphosphat benutzt, wenn das in Wasser unlösliche Calciumphosphat in assimilierbares Hydrogenphosphat umgewandelt wird. Verwertet wird die Schwefelsäure in der Nitriersäure beim Nitrieren organischer Stoffe, bei der Raffination des Erdöls und als Akkumulatorensäure.

Die Salpetersäure wird in großem Maße in der organischen Chemie zur Nitrierung von organischen Stoffen herangezogen. Diese nitrierten Produkte sind teils Explosivstoffe, teils sind es Ausgangssubstanzen für zahlreiche Farbstoffe. Borane sind Treibstoffe für Raketen, die Silane die Grundstoffe für die technisch wichtigen Silicone. Verbindungen, die die $-O-O-$Gruppe enthalten, wie Wasserstoffperoxid, die Peroxosäuren und ihre Salze haben als starke Oxydations- und Bleichmittel Bedeutung erlangt.

Das Ammoniak ist der Grundstoff für die Darstellung der Salpetersäure, es ist damit für die Düngemittelindustrie wichtig. Ammoniak wird gerne verwendet als Lösungsmittel und in Kältemaschinen; in Wasser gelöst ist es ein gutes Reinigungsmittel.

Von den Oxiden des Kohlenstoffs bildet das Kohlenstoffmonoxid infolge seiner vielfachen Reaktionsfähigkeit mit Wasserstoff das Ausgangsprodukt bei der Synthese zahlreicher organischer Substanzen (Synthesegas). Das Kohlenstoffdioxid wirkt desinfizierend und wird deshalb in fester Form als Trockeneis für hygienische Tiefkühlung herangezogen; es wird weiterhin benötigt für die Darstellung von Soda und von Ammoniumcarbaminat.

Die natürliche, hexagonale, kristalline Modifikation des Siliciumdioxids, das Quarz, dient zur Herstellung optischer Geräte, es ist aber auch wegen seines kleinen Ausdehnungskoeffizienten für Laboratoriumsgeräte besonders geeignet. Seine künstliche, wasserhaltige Form, das Silicagel, wird infolge seiner großen Oberfläche als wirksames Adsorptionsmittel benutzt. Das weniger reine natürliche Siliciumdioxid ist das Ausgangsmaterial für die Glasfabrikation, während die aluminiumhaltigen Silicate den Grundstoff für die keramische Industrie (Kaolin) bilden. Andere Silicate, wie Bentonit, finden als Füllmaterial oder als molekulare Filter (Zeolite, Permutite) eine verbreitete Anwendung.

Von den Verbindungen des Natriums haben vor allem vier eine besondere praktische Bedeutung. Bei der Seifenfabrikation und für die Herstellung von Kunstfasern benötigt man NaOH; das Natriumchlorid, das physiologische Bedeutung besitzt, dient zur Herstellung von anderen Natriumverbindungen. Wichtig für die Glasfabrikation ist das Natriumsulfat, während das Natriumcarbonat in der Waschmittelindustrie verwendet wird.

Das einfachste Ammoniumsalz ist das Ammoniumchlorid. Es findet eine verbreitete Anwendung in chemischen Laboratorien als Reagens, in der Technik beim Löten und bei der Herstellung von Trockenelementen.

Ausgangsstoff für Kaliumverbindungen ist entweder das Kaliumchlorid oder das Kaliumcarbonat.

Von den Calciumsalzen, die in großen Mengen in der Natur vorkommen, ist das Carbonat (Dolomit, Kalkstein) das wichtigste, da aus ihm der Kalk gebrannt wird. Fast ebenso wichtig sind das Calciumsulfat (Gips und Anhydrit) sowie das Phosphat, das als Grundstoff des Superphosphats als Kunstdünger dient.

Von den Aluminiumverbindungen hat das Aluminiumoxid wegen seiner großen spezifischen Oberfläche als Adsorptionsmittel eine besonders große praktische Bedeutung. Von den anderen Salzen dienen das Sulfat und der Alaun als Beizen und Gerbstoffe. Die Aluminiumsilicate sind, wie schon oben erwähnt, die Grundstoffe für Tonwaren und andere keramische Produkte.

Das Titanoxid und einige Chromate sind Farbstoffe bzw. Grundmaterialien für diese. Das Titanoxid gehört gleichzeitig zu den feuerfesten Oxiden (ZrO_2, ThO_2 usw.), die in der modernen chemischen Technik bei hohen Temperaturen unentbehrlich sind.

Erschienene Bände der Heidelberger Taschenbücher

1. Max Born: Die Relativitätstheorie Einsteins. DM 10,80
2. K. H. Hellwege: Einführung in die Physik der Atome
   2. erweiterte Auflage. DM 8,80
3. Wolfhard Weidel: Virus und Molekularbiologie
   2. erweiterte Auflage. DM 5,80
4. L. S. Penrose: Einführung in die Humangenetik. DM 8,80
5. Hans Zähner: Biologie der Antibiotica. DM 8,80
6. Siegfried Flügge: Rechenmethoden der Quantentheorie
   3. Auflage. DM 10,80

7/8. G. Falk: Theoretische Physik I und Ia auf der Grundlage einer allgemeinen Dynamik
   Band 7: Elementare Punktmechanik (I). DM 8,80
   Band 8: Aufgaben und Ergänzungen zur Punktmechanik (Ia). DM 8,80

9. Kenneth W. Ford: Die Welt der Elementarteilchen. DM 10,80
10. Richard Becker: Theorie der Wärme. DM 10,80
11. P. Stoll: Experimentelle Methoden der Kernphysik. DM 10,80
12. B. L. van der Waerden: Algebra I
    7. neubearbeitete Auflage der Modernen Algebra. DM 10,80
13. H. S. Green: Quantenmechanik in algebraischer Darstellung. DM 8,80
14. Alfred Stobbe: Volkswirtschaftliches Rechnungswesen. 2. Aufl. DM 12,80
15. Lothar Collatz/Wolfgang Wetterling: Optimierungsaufgaben. DM 10,80

16/17. Albrecht Unsöld: Der neue Kosmos. DM 18,—

18. Fred Lembeck/Karl-Friedrich Sewing: Pharmakologie-Fibel. DM 5,80
19. A. Sommerfeld/H. Bethe: Elektronentheorie der Metalle. DM 10,80
20. K. Marguerre: Technische Mechanik. I. Teil: Statik. DM 10,80
21. K. Marguerre: Technische Mechanik. II. Teil: Elastostatik. DM 10,80
22. K. Marguerre: Technische Mechanik. III. Teil: Kinetik VIII. DM 12,80
23. B. L. van der Waerden: Algebra II
    5. Auflage der Modernen Algebra. DM 14,80
24. Manfred Körner: Der plötzliche Herzstillstand. DM 8,80
25. W. Reinhard: Massage und physikalische Behandlungsmethoden. DM 8,80
26. H. Grauert/I. Lieb: Differential- und Integralrechnung I. DM 12,80

27/28. G. Falk: Theoretische Physik II und IIa
   Band 27: Allgemeine Dynamik. Thermodynamik (II). DM 14,80
   Band 28: Aufgaben und Ergänzungen zur Allgemeinen Dynamik und Thermodynamik (IIa). DM 12,80

29. P. D. Samman: Nagelerkrankungen. DM 14,80

30 R. Courant/D. Hilbert: Methoden der mathematischen Physik I
3. Auflage. DM 16,80
31 R. Courant/D. Hilbert: Methoden der mathematischen Physik II
2. Auflage. DM 16,80
32 F. W. Ahnefeld: Sekunden entscheiden — Lebensrettende Sofortmaßnahmen. DM 6,80
33 K. H. Hellwege: Einführung in die Festkörperphysik I. DM 9,80
36 H. Grauert/W. Fischer: Differential- und Integralrechnung II. DM 12,80
37 V. Aschoff: Einführung in die Nachrichtenübertragungstechnik. DM 11,80
38 R. Henn/H. P. Künzi: Einführung in die Unternehmensforschung I. DM 10,80
39 R. Henn/H. P. Künzi: Einführung in die Unternehmensforschung II. DM 12,80
40 M. Neumann: Kapitalbildung, Wettbewerb und ökonomisches Wachstum. DM 9,80
41 G. Martz: Die hormonale Therapie maligner Tumoren. DM 8,80
42 W. Fuhrmann/F. Vogel: Genetische Familienberatung. DM 8,80
43 H. Grauert/I. Lieb: Differential- und Integralrechnung III. DM 12,80
44 J. H. Wilkinson: Rundungsfehler. DM 14,80
45 G. H. Valentine: Die Chromosomenstörungen. DM 14,80
46 R. D. Eastham: Klinische Hämatologie. DM 8,80
47 C. N. Barnard/V. Schrire: Die Chirurgie der häufigen angeborenen Herzmißbildungen. DM 12,80
48 R. Gross: Medizinische Diagnostik — Grundlagen und Praxis. DM 9,80
49 K. Jacobs: Selecta Mathematica I. DM 10,80
50 H. Rademacher/O. Toeplitz: Von Zahlen und Figuren. DM 8,80
51 E. B. Dynkin/A. A. Juschkewitsch: Sätze und Aufgaben über Markoffsche Prozesse. DM 14,80
52 H. M. Rauen: Chemie für Mediziner — Übungsfragen. DM 7,80
53 H. M. Rauen: Biochemie — Übungsfragen. DM 9,80
54 G. Fuchs: Mathematik für Mediziner und Biologen. DM 12,80
55 H. N. Christensen: Elektrolytstoffwechsel. DM 12,80
56 M. J. Beckmann/H. P. Künzi: Mathematik für Ökonomen I. DM 12,80
57/58 H. Dertinger/H. Jung: Molekulare Strahlenbiologie. DM 16,80
59/60 C. Streffer: Strahlen-Biochemie. DM 14,80
61 Herzinfarkt. Hrsg. von W. Hort. DM 9,80
62 K. W. Rothschild: Wirtschaftsprognose. Methoden und Probleme. DM 12,80
63 Z. G. Szabó: Anorganische Chemie. DM 14,80
64 F. Rehbock: Darstellende Geometrie. 3. Aufl. DM 12,80

Bitte Gesamtverzeichnis der Reihe anfordern!

MIX
Papier aus verantwortungsvollen Quellen
Paper from responsible sources
FSC® C105338

If you have any concerns about our products,
you can contact us on
ProductSafety@springernature.com

In case Publisher is established outside the EU,
the EU authorized representative is:
**Springer Nature Customer Service Center GmbH
Europaplatz 3, 69115 Heidelberg, Germany**

Printed by Libri Plureos GmbH
in Hamburg, Germany